Luigi Mirri   Michele Parente
Fisica ambientale
Energie alternative e rinnovabili

- **LE COMPETENZE DEL TECNICO AMBIENTALE**
- **GLI ESEMPI PRATICI**
- **ENVIRONMENTAL PHYSICS IN ENGLISH**

PER IL COMPUTER E PER IL TABLET

L'eBook multimediale

1 REGÌSTRATI
Vai su **my.zanichelli.it** e regìstrati come studente

2 ATTIVA IL TUO LIBRO
Una volta entrato in **myZanichelli**, inserisci la **chiave di attivazione** che trovi sul bollino argentato in questa pagina

3 CLICCA SULLA COPERTINA
Puoi:
- **scaricare l'eBook offline** sul tuo computer o sul tuo tablet
- **sfogliare un'anteprima** dell'eBook online

Copyright © 2014 Zanichelli editore S.p.A., Bologna [5584]
www.zanichelli.it

I diritti di elaborazione in qualsiasi forma o opera, di memorizzazione anche digitale su supporti di qualsiasi tipo (inclusi magnetici e ottici),
di riproduzione e di adattamento totale o parziale con qualsiasi mezzo (compresi i microfilm e le copie fotostatiche), i diritti di noleggio,
di prestito e di traduzione sono riservati per tutti i paesi. L'acquisto della presente copia dell'opera non implica il trasferimento dei suddetti
diritti né li esaurisce.

Le fotocopie per uso personale (cioè privato e individuale, con esclusione quindi di strumenti di uso collettivo) possono essere effettuate,
nei limiti del 15% di ciascun volume, dietro pagamento alla S.I.A.E del compenso previsto dall'art. 68,commi 4 e 5, della legge 22 aprile
1941 n. 633. Tali fotocopie possono essere effettuate negli esercizi commerciali convenzionati S.I.A.E. o con altre modalità indicate
da S.I.A.E.

Per le riproduzioni ad uso non personale (ad esempio: professionale, economico, commerciale, strumenti di studio collettivi,
come dispense e simili) l'editore potrà concedere a pagamento l'autorizzazione a riprodurre un numero di pagine non superiore
al 15% delle pagine del presente volume. Le richieste per tale tipo di riproduzione vanno inoltrate a

    Centro Licenze e Autorizzazioni per le Riproduzioni Editoriali (CLEAREdi)
    Corso di Porta Romana, n.108
    20122 Milano
    e-mail autorizzazioni@clearedi.org e sito web www.clearedi.org

L'editore, per quanto di propria spettanza, considera rare le opere fuori del proprio catalogo editoriale, consultabile al sito
www.zanichelli.it/f_catalogo.html. La fotocopia dei soli esemplari esistenti nelle biblioteche di tali opere è consentita, oltre il limite del 15%,
non essendo concorrenziale all'opera.
Non possono considerarsi rare le opere di cui esiste, nel catalogo dell'editore, una successiva edizione, le opere presenti in cataloghi
di altri editori o le opere antologiche. Nei contratti di cessione è esclusa, per biblioteche, istituti di istruzione, musei ed archivi, la facoltà
di cui all'art. 71 - ter legge diritto d'autore. Maggiori informazioni sul nostro sito: www.zanichelli.it/fotocopie/

Realizzazione editoriale:
- Coordinamento redazionale: Silvia Merialdo
- Realizzazione editoriale: Stilgraf, Bologna
- Segreteria di redazione: Deborah Lorenzini
- Progetto grafico: Studio Emme Grafica+, Bologna
- Disegni: Graffito, Cusano Milanino (MI)

Contributi:
- Stesura dei capitoli 8 e 9: Roberta Balducci
- Collaborazione alla stesura del capitolo 12: Maria Concetta Mastropieri
- Revisione: Antonia Ricciardi

Gli autori desiderano ringraziare: Anna Anselmi, Rosella Neri

I contributi alla realizzazione dell'eBook sono online su http://online.scuola.zanichelli.it/mirriparente/

Copertina:
- Progetto grafico: Miguel Sal & C., Bologna
- Realizzazione: Roberto Marchetti
- Immagini di copertina: Teun van den Dries/Shutterstock

Prima edizione: marzo 2014

Ristampa:

8 7 6 5 4   2018   2019   2020   2021   2022

Zanichelli garantisce che le risorse digitali di questo volume sotto il suo controllo saranno accessibili,
a partire dall'acquisto dell'esemplare nuovo, per tutta la durata della normale utilizzazione didattica
dell'opera. Passato questo periodo, alcune o tutte le risorse potrebbero non essere più accessibili
o disponibili: per maggiori informazioni, leggi my.zanichelli.it/fuoricatalogo

File per sintesi vocale
L'editore mette a disposizione degli studenti non vedenti, ipovedenti, disabili motori o con disturbi
specifici di apprendimento i file pdf in cui sono memorizzate le pagine di questo libro.
Il formato del file permette l'ingrandimento dei caratteri del testo e la lettura mediante
software screen reader. Le informazioni su come ottenere i file sono sul sito
www.scuola.zanichelli.it/bisogni-educativi-speciali

Suggerimenti e segnalazione degli errori
Realizzare un libro è un'operazione complessa, che richiede numerosi controlli: sul testo, sulle immagini
e sulle relazioni che si stabiliscono tra essi. L'esperienza suggerisce che è praticamente impossibile
pubblicare un libro privo di errori. Saremo quindi grati ai lettori che vorranno segnalarceli.
Per segnalazioni o suggerimenti relativi a questo libro scrivere al seguente indirizzo:

    lineauno@zanichelli.it

Le correzioni di eventuali errori presenti nel testo sono pubblicate nel sito www.zanichelli.it/aggiornamenti

Zanichelli editore S.p.A. opera con sistema qualità
certificato CertiCarGraf n. 477
secondo la norma UNI EN ISO 9001:2008

Questo libro è stampato su carta che rispetta le foreste.
www.zanichelli.it/chi-siamo/sostenibilita

Stampa: Grafica Ragno
Via Lombardia 25, 40064 Tolara di Sotto, Ozzano Emilia (Bologna)
per conto di Zanichelli editore S.p.A.
Via Irnerio 34, 40126 Bologna

Luigi Mirri   Michele Parente

Fisica ambientale

Energie alternative e rinnovabili

- **LE COMPETENZE DEL TECNICO AMBIENTALE**
- **GLI ESEMPI PRATICI**
- **ENVIRONMENTAL PHYSICS IN ENGLISH**

SCIENZE **ZANICHELLI**

Indice

Modulo A • LE GRANDEZZE FISICHE DELLA FISICA AMBIENTALE

1   Grandezze fisiche

1.1	Le grandezze fisiche	1
1.2	Le forze	4
1.3	Il lavoro	7
1.4	La potenza	8
1.5	L'energia	10
1.6	Il calore e il lavoro	13
1.7	Le macchine termiche	15
1.8	Altre unità di misura	18
ESERCIZI		20
ENVIRONMENTAL PHYSICS IN ENGLISH		22

Modulo B • L'ENERGIA SOLARE

2   Il Sole

2.1	La propagazione del calore per irraggiamento	23
2.2	Lo spettro di emissione di un corpo nero	25
2.3	Caratteristiche della radiazione solare	28
2.4	Il percorso del Sole e i diagrammi solari	31
ESERCIZI		34
ENVIRONMENTAL PHYSICS IN ENGLISH		36

3 Il solare termico

3.1	I pannelli solari	37
3.2	Impianti solari	39
3.3	Modalità di installazione	41
3.4	Dimensionamento di un impianto a pannelli solari	43
3.5	Vantaggi di un impianto a pannelli solari	48
ESERCIZI		51
ENVIRONMENTAL PHYSICS IN ENGLISH		53

4 Il fotovoltaico

4.1	L'effetto fotovoltaico	54
4.2	Componenti di un impianto fotovoltaico	58
4.3	Tipologie di impianti	65
4.4	Dimensionamento di un impianto fotovoltaico	66
4.5	Vantaggi di un impianto fotovoltaico	71
ESERCIZI		74
ENVIRONMENTAL PHYSICS IN ENGLISH		77

Modulo C • L'ENERGIA EOLICA

5 Energia dal vento

5.1	Generalità	78
5.2	Tipologia di macchine e pale	79
5.3	Potenza raccolta	80
5.4	Elementi costitutivi	87
5.5	Dimensionamento degli impianti	89
5.6	Impatto ambientale	91
5.7	La normativa in Italia	94
ESERCIZI		97
ENVIRONMENTAL PHYSICS IN ENGLISH		98

Modulo D • IL RISPARMIO ENERGETICO

6 Etichettatura energetica e norme di riferimento

6.1	L'etichetta energetica e le classi energetiche	100
6.2	Etichettatura energetica per elettrodomestici	101
6.3	Etichettatura energetica per apparecchiature da ufficio	104
6.4	Classe energetica di un edificio	105
ESERCIZI		109
ENVIRONMENTAL PHYSICS IN ENGLISH		111

7 Risparmio energetico con il riscaldamento

7.1	Edificio e impianto termico	113
7.2	Tipologia di caldaie	114
7.3	Sistema di distribuzione	115
7.4	Sistema di emissione	115
7.5	Costi e risparmio energetico	117
ESERCIZI		123
ENVIRONMENTAL PHYSICS IN ENGLISH		125

Modulo E • LE BIOMASSE

8 Energia da sostanze organiche

8.1	Le biomasse	127
8.2	Classificazione delle biomasse: aspetti e impatto ambientale	129
8.3	Biomasse per la produzione di biogas	136
8.4	Biomasse per la produzione di biocombustibili	139
ESERCIZI		144
ENVIRONMENTAL PHYSICS IN ENGLISH		146

9 Le centrali a biomassa

9.1	Utilizzo energetico delle biomasse	147
9.2	La conversione termochimica	148
9.3	Conversione biochimica	157
9.4	Conversione chimica	161
ESERCIZI		164
ENVIRONMENTAL PHYSICS IN ENGLISH		166

Modulo F • L'ENERGIA IDROELETTRICA

10 Le centrali idroelettriche

10.1	Dinamica dei fluidi	168
10.2	Definizioni operative	173
10.3	Classificazione delle centrali idroelettriche	175
10.4	Parti costitutive di un impianto idroelettrico	177
10.5	Il rendimento	178
10.6	Le turbine	181
ESERCIZI		183
ENVIRONMENTAL PHYSICS IN ENGLISH		185

INDICE

11 Sviluppo dell'energia idroelettrica

11.1 Interazione con l'ambiente	187
11.2 La situazione nel mondo	190
11.3 La situazione in Italia	192
11.4 Barriere allo sviluppo dell'idroelettrico	194
ESERCIZI	195
ENVIRONMENTAL PHYSICS IN ENGLISH	196

Modulo G • L'ENERGIA GEOTERMICA

12 Energia dalla Terra

12.1 Struttura della Terra	198
12.2 Calore dalla Terra	200
12.3 Struttura di una centrale geotermica	202
12.4 Cenni storici sull'energia geotermica	203
12.5 L'energia geotermica in Italia e nel mondo	204
12.6 Barriere allo sviluppo del geotermico	205
12.7 Prospettive future	206
ESERCIZI	209
ENVIRONMENTAL PHYSICS IN ENGLISH	210

Indice analitico 213

Tavole 220

Modulo A

CAPITOLO 1
Grandezze fisiche

In ambito scientifico e tecnologico è fondamentale il ricorso alla *misura* di grandezze.

Possiamo definire **grandezza** una qualsiasi proprietà di un corpo che possa essere misurata, cioè la cui caratteristica possa essere associata a un valore che rappresenta il risultato dell'operazione di misurazione.

Figura 1 La lunghezza delle pagine di questo libro può essere misurata confrontandola con la lunghezza di una penna a sfera.

1.1 Le grandezze fisiche

Misurare un oggetto significa confrontarlo con un *campione di unità di misura*, scelto in maniera opportuna. Il risultato della misura sarà quindi espresso da un numero, che rappresenta il risultato dell'operazione di confronto e che esprime quante volte il campione usato è «contenuto nell'oggetto da misurare», seguito dall'indicazione dell'unità di misura scelta.

Ad esempio si potrebbe misurare la lunghezza delle pagine di questo libro utilizzando come unità di misura una comune penna a sfera (figura 1). Poiché la penna entra due volte nella lunghezza del foglio e avanza 1/10 di penna, si può concludere che la pagina ha una lunghezza L pari a $2 + 1/10$ penne a sfera:

$$L = \left(2 + \frac{1}{10}\right) \text{penne a sfera} =$$

$$= 2{,}1 \text{ penne a sfera}$$

MODULO A LE GRANDEZZE FISICHE DELLA FISICA AMBIENTALE

Sorge allora l'esigenza di uniformare le unità di misura (perché non tutti avranno a disposizione la stessa penna dell'esempio), rendendo il campione di unità (la penna a sfera, nel nostro caso) disponibile nel modo più ampio possibile. Allo stesso tempo è necessario che tali campioni siano nel numero minore possibile e che la maggior parte delle grandezze fisiche possa essere misurata per mezzo di unità di misura ottenibili come combinazione di unità definibili tramite campioni.

Esisteranno quindi **grandezze e unità di misura fondamentali** (quelle cioè per le quali esiste un campione di unità di misura) e **grandezze e unità di misura derivate**.

La comunità scientifica internazionale ha identificato il numero minimo di grandezze fisiche che possono essere usate (tabella 1), che sono in totale sette, e di conseguenza ha definito quello che viene indicato come il **Sistema Internazionale di Unità di Misura(SI)**.

Tabella 1 Unità di misura del Sistema Internazionale

Grandezza	Unità di misura	Simbolo
Lunghezza	metro	m
Massa	kilogrammo	kg
Intervallo di tempo	secondo	s
Temperatura	kelvin	K
Quantità di sostanza	mole	mol
Intensità di corrente elettrica	ampere	A
Intensità luminosa	candela	cd

A fianco delle grandezze fisiche fondamentali, e delle relative unità di misura, esistono tutte le altre unità di misura derivate. Ad esempio la superficie, essendo, almeno in linea di principio, prodotto di due lunghezze, è una unità di misura derivata. L'unità di misura di superficie si ottiene moltiplicando l'unità di misura della lunghezza per se stessa, quindi $m \cdot m = m^2$.

Alla stessa maniera, la velocità è una grandezza derivata, essendo il rapporto tra lo spazio e il tempo; pertanto nel Sistema Internazionale si misura in m/s.

Spesso il valore di una grandezza fisica, espresso in unità del Sistema Internazionale, è troppo piccolo o troppo grande. Allora, per evitare di scrivere numeri troppo lunghi, che avrebbero bisogno di molto spazio, si ricorre alla **notazione esponenziale**.

Ad esempio, la massa della Terra risulta pari a circa:

$$M = 5\,972\,000\,000\,000\,000\,000\,000\,000 \text{ kg}$$

Un modo più compatto per scrivere tale numero può essere ottenuto sfruttando le potenze di 10. Ricordando che:

$$10^0 = 1$$
$$10^1 = 10$$
$$10^2 = 100$$
$$\dots$$

CAPITOLO 1 GRANDEZZE FISICHE

e che quindi il numero di zeri dopo la prima cifra coincide con il valore dell'esponente da attribuire al 10, si ha:

$$M = 5{,}972 \cdot 1\,000\,000\,000\,000\,000\,000\,000\,000 = 5{,}972 \cdot 10^{24} \text{ kg}$$

Analogamente la carica dell'elettrone è

$$e = 0{,}000\,000\,000\,000\,000\,000\,000\,16 \text{ C}$$

Ricordando che

$$10^{-1} = 0{,}1$$
$$10^{-2} = 0{,}01$$
$$10^{-3} = 0{,}001$$
$$...$$

e che la prima cifra diversa da zero dopo la virgola viene scritta nella posizione decimale corrispondente all'esponente del 10 (considerato in valore assoluto), si ha:

$$e = 1{,}6 \cdot 0{,}000\,000\,000\,000\,000\,000\,000\,1 = 1{,}6 \cdot 10^{-19} \text{ C}$$

In alternativa è possibile usare dei *prefissi*, da scrivere prima dell'unità di misura alla quale si riferiscono, la cui funzione è quella di aumentare (tabella 2), o diminuire (tabella 3), il valore dell'unità di misura.

Tabella 2 Multipli delle unità di misura

Multiplo	Simbolo	Valore
deca	da	10
etto	h	10^2
kilo	k	10^3
mega	M	10^6
giga	G	10^9
tera	T	10^{12}
peta	P	10^{15}
exa	E	10^{18}

Tabella 3 Sottomultipli delle unità di misura

Sottomultiplo	Simbolo	Valore
deci	d	10^{-1}
centi	c	10^{-2}
milli	m	10^{-3}
micro	µ	10^{-6}
nano	n	10^{-9}
pico	p	10^{-12}
femto	f	10^{-15}
atto	a	10^{-18}

MODULO A LE GRANDEZZE FISICHE DELLA FISICA AMBIENTALE

Spesso le unità di misura adottate dal Sistema Internazionale risultano di scomoda applicazione per cui, come vedremo, sono molto usati i cosiddetti *sistemi tecnici*.

ESEMPIO 1

▶ Scrivi il numero 1 250 000 000 000 in notazione esponenziale.

■ Poiché il numero indicato è uguale a

$$1{,}25 \cdot 1\,000\,000\,000\,000$$

e poiché il secondo numero è dato da 1 seguito da 12 zeri, si ha:

$$1{,}25 \cdot 1\,000\,000\,000\,000 = 1{,}25 \cdot 10^{12}$$

ESEMPIO 2

▶ Scrivi il numero 0,000 004 5 in notazione esponenziale.

■ Poiché il numero indicato è uguale a

$$4{,}5 \cdot 0{,}000001$$

e poiché il secondo numero è dato da 5 zeri dopo la virgola che precedono il primo numero diverso da zero, si ha:

$$4{,}5 \cdot 0{,}000001 = 4{,}5 \cdot 10^{-6}$$

ESEMPIO 3

▶ Nell'esperimento OPERA presso Il CERN di Ginevra, fasci di neutrini sono stati sparati in direzione dei Laboratori del Gran Sasso, dove sono arrivati dopo 0,0024 s. Esprimi il tempo di volo dei neutrini sia in notazione esponenziale sia utilizzando i sottomultipli.

■ Si ha

$$0{,}0024 \text{ s} = 2{,}4 \cdot 0{,}001 \text{ s} = 2{,}4 \cdot 10^{-3} \text{ s} = 2{,}4 \text{ ms}$$

1.2 Le forze

Tutti noi abbiamo un concetto intuitivo di forza. Quando teniamo sospeso un libro, esercitiamo su di esso una forza (che, in questo caso, deve essere uguale e contraria alla forza peso del libro). Analogamente, se dobbiamo spingere un'automobile rimasta in panne, dobbiamo esercitare su di essa una forza (che, in questo caso, serve a superare la forza di attrito statico e dinamico).

Alcune forze quindi equilibrano un corpo, altre servono a metterlo in moto.

Le forze sono **grandezze vettoriali**, in quanto non risultano solo caratterizzate da un valore (e da un'unità di misura), ma anche da una direzione e da un verso ben definiti. Infatti, se voglio sorreggere il libro, devo sostenerlo dal basso verso l'alto, così come la forza impressa all'automobile in panne ha una direzione e un verso ben determinati.

Non ci addentreremo tuttavia nel riepilogo delle proprietà delle grandezze vettoriali e delle regole che si utilizzano per la loro somma e sottrazione, in quanto non funzionali allo sviluppo della presente trattazione, rimandando a volumi di Fisica generale per eventuali approfondimenti.

Ci basta ricordare che il vettore forza è un vettore applicato e che il punto di applicazione della forza coincide con il suo **punto di azione**. Immaginiamo ora di appoggiare un corpo su di un piano orizzontale. Il corpo rimane in equilibrio in quanto la sua forza peso risulta equilibrata da un'altra forza, uguale e contraria, esercitata dal piano di appoggio. Ora immaginiamo di spingere questo corpo con un colpo secco. A causa della forza di attrito che si esercita tra piano di appoggio e corpo, questo si metterà in moto (se la forza iniziale è superiore alla forza di attrito statico), ma poco dopo si arresterà (in quanto la forza di attrito dinamico riduce la velocità del corpo fino ad arrestarlo).

Immaginando ora di ridurre l'attrito (ad esempio con dell'olio o del sapone), spingendo il corpo con la stessa forza iniziale; questo si fermerà dopo aver percorso una distanza maggiore. Siamo certi che, riducendo ulteriormente la forza di attrito, la distanza percorsa dal corpo, prima di arrestarsi, aumenterebbe continuamente.

Galileo Galilei fu il primo a intuire che un corpo non sottoposto ad alcuna forza, o sottoposto a più forze con risultante nulla, rimane in quiete (se lo è allo stato iniziale) oppure si muove di moto rettilineo uniforme.

Tale intuizione di Galilei va sotto il nome di **principio di inerzia** e fu formalizzata da Isaac Newton. Con terminologia moderna, viene enunciato nei termini seguenti:

> un corpo permane nel suo stato di quiete, o di moto rettilineo uniforme, fino a quando non interviene una forza che modifica tale stato.

Dal principio di inerzia possiamo dedurre due importanti considerazioni:

- lo stato naturale di un corpo è quello di quiete o di moto rettilineo uniforme;
- lo stato naturale di un corpo può essere perturbato da una causa esterna.

Quindi una forza, la causa esterna appunto, ha come effetto quello di modificare lo stato di quiete o di moto rettilineo uniforme. Pertanto può accelerare un corpo, mantenendo la traiettoria rettilinea, o modificarne la traiettoria, mantenendo la velocità invariata, o entrambe le cose.

Tornando al nostro esempio del corpo spinto sul piano di appoggio in assenza di attrito, se immaginiamo di applicare forze via via più intense vediamo che il corpo inizia a muoversi di moto rettilineo, ma la sua variazione di velocità, cioè la sua accelerazione, risulta via via maggiore. In particolare, raddoppiando la forza, osserviamo che anche l'accelerazione raddoppia. Possiamo quindi annotare che *vi è proporzionalità diretta tra forza e accelerazione*.

Immaginando ora di cambiare corpo; a parità di spinta iniziale, osserviamo che l'accelerazione varia. Quindi il rapporto tra la forza e l'accelerazione che ne consegue dipende dal tipo di corpo. In particolare, se appoggiamo sopra al primo corpo un altro corpo uguale, osserviamo che l'accelerazione si dimezza.

MODULO A LE GRANDEZZE FISICHE DELLA FISICA AMBIENTALE

Annotiamo allora che *il rapporto tra forza e accelerazione è una costante* che dipende unicamente dal corpo: tanto più tale costante ha valore elevato tanto più è difficile modificare lo stato naturale del corpo. Tale rapporto va sotto il nome di **massa inerziale**, in quanto è un indice della tendenza del corpo a non modificare il proprio stato naturale.

La **seconda legge della dinamica**(o **seconda legge di Newton** o **legge fondamentale della dinamica**) può allora essere riassunta con la seguente formula matematica:

$$\vec{F} = m\vec{a}$$

Osserviamo che, nella formula scritta sopra, solamente la massa è una unità fondamentale del Sistema Internazionale.

L'*accelerazione*, definita come una variazione della velocità nel tempo,

$$\vec{a} = \frac{\Delta \vec{v}}{\Delta t}$$

si misura in m/s^2. Conseguentemente la forza si misura in kg$\cdot$m/s^2 (prodotto tra l'unità di misura della massa e quella dell'accelerazione). A questa unità di misura, nel Sistema Internazionale, si dà il nome specifico di **newton** (N).

Tuttavia poiché la *forza peso* è pari a

$$\vec{p} = m\vec{g}$$

e poiché *g*, *accelerazione di gravità*, vale 9,8 m/s^2, spesso, in ambito tecnico, la forza viene misurata in daN, in quanto la forza peso di

$$1 \text{ daN} = 10 \text{ N}$$

è pressoché uguale alla forza peso esercitata da una massa di 1 kg (= 9,8 N).

Le forze hanno origine da interazioni tra corpi. Questo risultato, fondamentale per completare la definizione rigorosa di cosa sia una forza, è contenuto all'interno della **terza legge della dinamica**(o **terza legge di Newton** o **principio di azione e reazione**):

Se un corpo *A* esercita su un corpo *B* una forza (F_{AB}) allora *B* esercita su *A* una forza uguale e contraria $\vec{F}_{BA} = -\vec{F}_{AB}$. Le due forze costituiscono una *coppia*, detta **azione e reazione**, e agiscono lungo la stessa retta di azione, per cui la coppia ha braccio nullo.

Ad esempio la Terra esercita una forza di attrazione su un corpo posto nella vicinanze della sua superficie (detta **forza di attrazione gravitazionale**); allora anche il corpo esercita sulla Terra una forza uguale e contraria. Ovviamente le accelerazioni della Terra e del corpo, che conseguono da questa interazione, sono diverse in quanto le rispettive masse sono diverse.

1.3 Il lavoro

Quando si spinge un'automobile in panne, si esercita su di essa una forza che ne determina uno spostamento, se è sufficiente a vincere l'attrito tra i pneumatici e l'asfalto. Insieme all'auto, si sposta anche il punto di applicazione della forza. Maggiore è lo spostamento (dell'automobile e del punto di applicazione della forza, che quindi continua a spingere l'auto), maggiore è la fatica che si compie.

> La grandezza fisica che descrive l'effetto dello spostamento del punto di applicazione di una forza si chiama **lavoro**.

Il lavoro di una forza dipende quindi, oltre che dall'intensità di questa, anche dallo spostamento. Ma dipende anche dall'angolo formato tra la retta di azione della forza e quella dello spostamento.

Infatti, poiché sia la forza sia lo spostamento sono grandezze vettoriali, se si spinge l'automobile esattamente nella stessa direzione dello spostamento, tutta la forza che si esercita contribuisce a spostare l'automobile; se, invece, il corpo è vincolato a muoversi in una direzione ben definita (come l'automobile, che continuerà a muoversi in direzione orizzontale) e la forza non è parallela a tale direzione, solo la componente della forza nella direzione dello spostamento contribuirà a far muovere il corpo (figura 2).

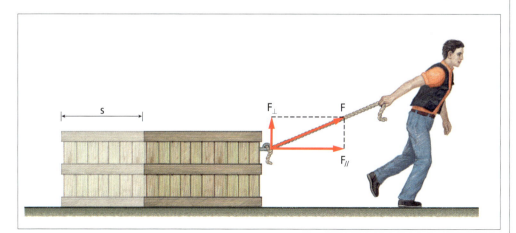

Figura 2 Se l'uomo tira la cassa con una forza che non è parallela alla direzione dello spostamento, solo la componente $F_{\parallel}$ risulterà utile ai fini dello spostamento stesso.

Formalmente allora, se la forza è costante in modulo, direzione e verso, si definisce **lavoro** il prodotto tra lo spostamento e la componente della forza nella direzione dello spostamento:

$$L = F_{\parallel} s$$

In particolare, se lo spostamento del punto di applicazione avviene in una direzione perpendicolare allo spostamento del punto di applicazione della forza, si ha

$$L = 0$$

condizione che traduce la completa ininfluenza dell'azione della forza rispetto a uno spostamento che avvenga in direzione perpendicolare.

Se la componente della forza nella direzione dello spostamento è opposta allo spostamento stesso, il lavoro risulta negativo e la forza in questione si dice **resistente** (è il caso questo delle forze di attrito). Infatti, risultando il lavoro negativo, la forza, sulla base della seconda legge della dinamica, causa un'accelerazione, e dunque una variazione di velocità, in questo caso negativa, con conseguente diminuzione della stessa.

L'unità di misura del lavoro è data dal prodotto tra quella della forza e quella dello spostamento. Quindi è data da N·m. Quando tale unità di misura si riferisce a un lavoro, prende il nume specifico di **joule** (J).

ESEMPIO 4

▶ Calcola il lavoro necessario a sollevare di 0,5 m una valigia di massa pari a 10 kg.

■ In questo caso la forza da applicare deve essere appena superiore alla forza peso della valigia e la direzione dello spostamento coincide con la direzione della forza applicata (entrambe verticali verso l'alto) (figura 3). Si ha pertanto:

$$\vec{F} = m\vec{g}$$

$$L = mgs = (10 \text{ kg})(9{,}8 \text{ m/s}^2)(0{,}5 \text{ m}) = 49 \text{ J}$$

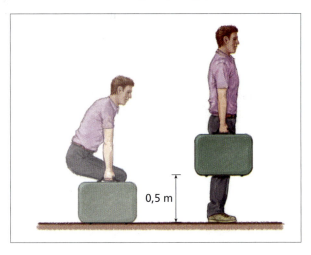

Figura 3 Lavoro compiuto per sollevare una valigia.

Se la forza non è costante, la definizione data rimane valida immaginando di poter suddividere lo spostamento in questione in tanti piccoli spostamenti parziali, detti **elementari**, tali che per ognuno di essi sia possibile considerare costante la forza. Per ciascun spostamento, e per ciascun corrispondente valore della forza, è possibile calcolare il lavoro con la formula indicata in precedenza ed il lavoro risultante sarà pari alla somma di tutti i *lavori elementari*.

1.4 La potenza

La rapidità con cui viene compiuto un lavoro è misurata tramite la grandezza fisica **potenza**, rapporto tra il lavoro sviluppato da una forza ed il tempo impiegato:

$$P = \frac{L}{t}$$

CAPITOLO **1** GRANDEZZE FISICHE

Conseguentemente l'unità di misura della potenza è J/s, che nel Sistema Internazionale è indicato con il nome di **watt** (W).

ESEMPIO 5

▶ Una pompa solleva 150 L di acqua da un pozzo profondo 50 m. Calcola il lavoro compiuto e la potenza sviluppata se tale lavoro viene compiuto in 5 s.

■ La pompa solleva 150 L di acqua; essendo la densità dell'acqua pari a $1 \text{ kg/dm}^3 = 1 \text{ kg/L}$, si ha

$$m = dV = (1 \text{ kg/L})(150 \text{ L}) = 150 \text{ kg}$$

cioè la pompa solleva 150 kg di acqua. Per sollevare quest'acqua a velocità costante, la forza esercitata dalla pompa, in ogni istante, deve essere uguale e contraria alla forza peso, quindi:

$$F = mg = (150 \text{ kg})(9,8 \text{ m/s}^2) = 1470 \text{ N} = 1,47 \text{ kN}$$

Poiché la forza esercitata è diretta verso l'alto, lo spostamento risulta parallelo alla direzione di azione della forza. Il lavoro compito dalla forza è quindi

$$L = Fs = (1470 \text{ N})(50 \text{ m}) = 73500 \text{ J} = 73,5 \text{ kJ}$$

■ Corrispondentemente la potenza sviluppata è pari a

$$P = \frac{L}{t} = \frac{73\,500 \text{ J}}{5 \text{ s}} = 14\,700 \text{ W} = 14,7 \text{ kW}$$

ESEMPIO 6

▶ Un motore sviluppa una potenza di 70 kW. Calcola il lavoro compiuto dal motore in 1 h.

■ Poiché 1 h = 3600 s, si ha

$$L = Pt = (70 \cdot 10^3 \text{ W})(3600 \text{ s}) = 2,52 \cdot 10^8 \text{ J} = 252 \text{ MJ}$$

Esplicitando la definizione di lavoro, si ottiene la relazione

$$P = \frac{L}{t} = \frac{F_{\parallel} s}{t} = F_{\parallel} v$$

ESEMPIO 7

▶ Con riferimento all'esempio 5, determina la velocità con la quale viene sollevata l'acqua e il tempo impiegato.

■ La velocità con la quale l'acqua viene sollevata può essere ricavata con la formula

$$v = \frac{P}{F} = \frac{14\,700 \text{ W}}{1470 \text{ N}} = 10 \text{ m/s}$$

Conseguentemente il tempo necessario risulta

$$t = \frac{s}{v} = \frac{50 \text{ m}}{10 \text{ m/s}} = 5 \text{ s}$$

In questo caso, aumentare la potenza del motore della pompa si traduce in una diminuzione del tempo necessario a portare l'acqua in superficie.

9

MODULO A LE GRANDEZZE FISICHE DELLA FISICA AMBIENTALE

1.5 L'energia

Consideriamo un corpo, di massa m, in moto con velocità costante v_0, al quale venga applicata una forza F, parallela a v_0; il corpo, per effetto dell'azione di F, subirà una accelerazione a che, per la seconda legge della dinamica, è data da

$$a = \frac{F}{m}$$

ed è parallela a F. Per effetto dell'accelerazione, la sua velocità aumenterà secondo la legge

$$v^2 = v_0^2 + 2as$$

da cui segue

$$a = \frac{v^2 - v_0^2}{2s}$$

Il lavoro compiuto dalla forza F è quindi

$$L = Fs = mas = m\frac{v^2 - v_0^2}{2s}s = \frac{1}{2}mv^2 - \frac{1}{2}mv_0^2$$

Introducendo la grandezza *energia cinetica*, definita dalla relazione

$$E_c = \frac{1}{2}mv^2$$

è possibile ricavare il **teorema del lavoro e dell'energia cinetica**:

il *lavoro* compiuto da una forza o dalla risultante delle forze applicate è pari alla variazione di energia cinetica:

$$L = E_{c,f} - E_{c,i}$$

dove abbiamo indicato con $E_{c,f}$ l'*energia cinetica finale* e con $E_{c,i}$ l'*energia cinetica iniziale*.

ESEMPIO 8

▶ Calcola il lavoro compiuto dal motore di una Ferrari F355, di massa pari a 1500 kg, quando accelera da 0 a 100 km/h.

■ Il lavoro compiuto dal motore può essere determinato mediante il teorema del lavoro e dell'energia cinetica; convertendo la velocità da km/h a m/s, si ricava

$$v = 100 \text{ km/h} = \frac{100}{3,6} \text{ m/s} = 27,8 \text{ m/s}$$

e quindi il lavoro risulta

$$L = \frac{1}{2}mv^2 = \frac{1}{2}(1500 \text{ kg})(27,8 \text{ m/s})^2 = 579 \text{ kJ}$$

CAPITOLO 1 GRANDEZZE FISICHE

ESEMPIO 9

▶ Confronta il lavoro compiuto dal motore della Ferrari dell'esempio 8 con quello di una Volkswagen Passat, di massa pari a 1500 kg, quando accelera da 0 a 100 km/h.

■ Poiché la massa dei due veicoli è la stessa, il motore della Volkswagen Passat compie lo stesso lavoro compiuto dal motore della Ferrari.

ESEMPIO 10

▶ Confronta la potenza dei due motori nelle condizioni descritte nell'esempio 8 e nell'esempio 9, sapendo che la Ferrari accelera da 0 a 100 km/h in 4,7 s, mentre la Volkswagen Passat impiega 12,5 s.

■ La potenza dei due motori può essere ricavata dividendo il lavoro compiuto per il tempo impiegato. Si ha quindi, per la Ferrari

$$P_F = \frac{L}{t_F} = \frac{579\,000 \text{ J}}{4,7 \text{ s}} = 123\,000 \text{ W} = 123 \text{ kW}$$

e per la Volkswagen Passat

$$P_V = \frac{L}{t_V} = \frac{579\,000 \text{ J}}{12,5 \text{ s}} = 46\,300 \text{ W} = 46,3 \text{ kW}$$

L'energia cinetica è solo una delle forme di energia possibili. Un'altra possibile forma di energia è l'**energia potenziale** della forza peso, posseduta da un corpo che si trova a una certa altezza h rispetto a una quota di riferimento.

Se calcoliamo il lavoro compiuto dalla forza peso quando questo corpo si sposta dalla posizione iniziale (ad altezza h_1) a quella finale (ad altezza h_2), possiamo stabilire che il lavoro compiuto non dipende dalla particolare traiettoria che ha seguito il corpo, ma unicamente dalla sua posizione iniziale e da quella finale.

È possibile allora introdurre una grandezza, chiamata **energia potenziale gravitazionale**, che dipende unicamente dalla quota alla quale si trova il corpo e tale che il lavoro compiuto dalla forza peso, quando il corpo si sposta tra due quote, sia legata alla variazione dell'energia potenziale gravitazionale tra questi punti.

Con riferimento alla figura 4, avremmo che il lavoro compiuto dalla forza peso quando il corpo si sposta da una posizione ad altezza h_1 a un'altra ad altezza h_2, è pari alla variazione, cambiata di segno, della energia potenziale:

$$L = mgh_1 - mgh_2 = -(mgh_2 - mgh_1) = (E_{p,2} - E_{p,1})$$

avendo introdotto la grandezza energia potenziale gravitazionale:

$$E_p = mgh$$

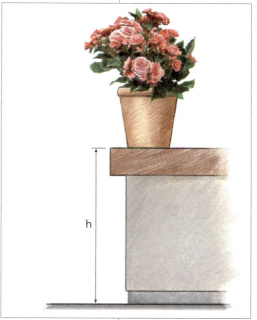

Figura 4 Un vaso da fiori, che si trova a un'altezza h dal suolo, ha energia potenziale gravitazionale mgh; infatti il lavoro fatto dalla forza-peso durante la caduta è pari al prodotto tra la forza peso (mg) e lo spostamento (h).

MODULO A LE GRANDEZZE FISICHE DELLA FISICA AMBIENTALE

ESEMPIO 11

▶ Calcola l'energia potenziale gravitazionale posseduta da un vaso di massa 5 kg che si trova a un'altezza di 10 m.

■ Applicando la definizione di energia potenziale si ha

$$E_p = (5 \text{ kg})(9,8 \text{ m/s}^2)(10 \text{ m}) = 490 \text{ J}$$

Se il vaso dell'esempio 11 dovesse cadere, la sua energia potenziale diminuirebbe, mentre la sua velocità man mano aumenterebbe e con essa l'energia cinetica; ma la somma tra energia cinetica ed energia potenziale, detta **energia meccanica**, rimarrebe costante.

I risultati appena ottenuti ci consentono di comprendere il significato della grandezza energia.

Un corpo che possiede una certa quantità di energia può produrre lavoro.

Infatti, come vedremo nel seguito, una pala eolica trasforma l'energia cinetica del vento in lavoro meccanico che genera la rotazione della pala stessa e con essa la produzione di energia elettrica. Analogamente una massa d'acqua, che si trova a una certa altezza h rispetto a una quota di riferimento, possiede energia potenziale; se l'acqua viene fatta cadere, la sua energia potenziale si converte in energia cinetica; tale energia genera il lavoro meccanico che produce la rotazione di una turbina e con essa l'energia elettrica.

Il lavoro è quindi energia che viene scambiata tra un sistema e l'ambiente esterno.

L'energia di un corpo può variare solamente se vi è un trasferimento di energia dall'ambiente circostante al sistema; tale trasferimento può avvenire, ad esempio, tramite lavoro meccanico. Ricordando la definizione di potenza, si ha allora che

$$E = Pt$$

ESEMPIO 12

▶ Un frigorifero in classe A+ assorbe, mediamente, circa 30 W di potenza. Calcola l'energia complessivamente assorbita in 1 anno.

■ Poiché 1 anno = (365 giorni)(24 h/giorno)(3600 s/h) = $3,15 \cdot 10^7$ s l'energia consumata in un anno è pari a

$$C = (30 \text{ W})(3,15 \cdot 10^7)\text{s} = 9,46 \cdot 10^8 \text{ J}$$

ESEMPIO 13

▶ Un asciugacapelli ha una potenza media di 700 W. Determina l'energia complessivamente consumata in 1 anno, considerando un uso settimanale medio di 30 min.

■ Poiché 1 anno = 52 settimane, il tempo di utilizzo annuo è

$$t = (30 \text{ min}) \, 52 = 1560 \text{ min} = 1560 \, (60 \text{ s}) = 93600 \text{ s}$$

quindi l'energia complessivamente consumata è

$$E = Pt = (700 \text{ W})(93600 \text{ s}) = 6,55 \cdot 10^7 \text{ J}$$

1.6 Il calore e il lavoro

Nello studio della termodinamica abbiamo visto che esiste un'altra forma di energia che è stata chiamata **energia interna**, proprio per distinguerla dall'energia cinetica e dall'energia potenziale, che sono forme di energia «esterne». Energia interna è un termine con il quale si indicano tutte le altre forme di energia, tra le quali, ad esempio, l'energia vibrazionale delle molecole e l'energia di legame tra gli atomi.

È una caratteristica posseduta da un corpo (come l'energia cinetica e l'energia potenziale) e una sua eventuale variazione si manifesta con variazioni di qualche grandezza fisica, come ad esempio la temperatura, o la fase e/o la composizione chimica. Per ottenere una variazione di energia interna è possibile somministrare calore al sistema o compiere su di esso del lavoro meccanico. Il calore, quindi, è un tipo particolare di energia, come il lavoro, in quanto non è una quantità posseduta da un corpo, ma unicamente scambiata in presenza di una differenza di temperatura.

> Il *calore* è energia che viene scambiata tra un sistema e l'ambiente in presenza di una *differenza di temperatura*.

Il calore scambiato tra due corpi (o tra un sistema e l'ambiente) dipende in maniera direttamente proporzionale dalla differenza di temperatura: se tra i due corpi vi è una notevole differenza di temperatura, infatti, il flusso di calore dal corpo a temperatura maggiore a quello a temperatura minore è elevato, mentre, riducendo la differenza di temperatura, si riduce anche il flusso di calore.

La *quantità di calore* Q che un corpo acquista o cede può quindi essere espressa con la formula:

$$Q = C \, \Delta T$$

avendo indicato con C la costante di proporzionalità, detta **capacità termica** del corpo in esame, e con ΔT la variazione di temperatura.

Per corpi omogenei, cioè costituiti dalla stessa sostanza, la quantità di calore risulta anche dipendente dalla massa del corpo: tanto più questa è elevata, tanto maggiore sarà la quantità di calore scambiata con l'ambiente (o con un altro corpo, sempre in presenza di differenze di temperatura).

Introducendo il **calore specifico** c, caratteristico della sostanza di cui è costituito il corpo, pari al rapporto tra la capacità termica e la massa del corpo,

$$c = \frac{C}{m}$$

la relazione precedente diventa

$$Q = m \, c \, \Delta T$$

nota come **equazione fondamentale della calorimetria**.

Poiché se il sistema passa da una temperatura iniziale T_i a una temperatura finale T_f si ha

$$\Delta T = T_f - T_i$$

il *calore scambiato* risulterà positivo se comporta un aumento di temperatura (calore assorbito), negativo se causa una sua diminuzione (calore ceduto).

MODULO A LE GRANDEZZE FISICHE DELLA FISICA AMBIENTALE

Analogamente possiamo considerare positivo il lavoro compiuto *dal sistema sull'ambiente esterno* (anche se ciò comporta, come abbiamo visto, una diminuzione dell'energia del sistema) e negativo quello compiuto *dall'ambiente sul sistema*. Si osserva allora che, in corrispondenza di una trasformazione da uno stato iniziale a uno stato finale, la somma (algebrica)

$$Q - L$$

rimane costante indipendentemente dalla particolare trasformazione che ha subìto il sistema.

La somma indicata rappresenta proprio la **variazione di energia interna del sistema**. Il **primo principio della termodinamica** può allora essere enunciato dicendo

in una *trasformazione termodinamica* la quantità $Q - L$ è una funzione di stato (quindi non dipende dalla particolare trasformazione, ma solo dallo stato iniziale e da quello finale) e definisce la variazione di energia interna tra questi due stati:

$$\Delta U = Q - L$$

In particolare valgono le seguenti osservazioni.

1. In un *sistema isolato* (in cui, quindi, non vi è scambio di calore o di lavoro con l'esterno) l'energia si conserva:

$$Q = 0, \Delta L = 0 \Rightarrow \Delta U = 0$$

2. Se una trasformazione è tale che

$$\Delta U = 0$$

allora $Q = L$ e quindi il primo principio della termodinamica non nega la possibilità che vi siano trasformazioni integrali di calore in lavoro e viceversa.

Un esempio di trasformazione per la quale possa essere $\Delta U = 0$ è una *trasformazione ciclica*, in cui quindi il sistema, dopo un certo numero di trasformazioni, ritorna nello stato iniziale.

È chiaro che, in tali circostanze, si ha

$$U_i = U_f$$

cioè

$$\Delta U = U_i - U_f = 0$$

Per una macchina che opera con una trasformazione ciclica, il calore scambiato dal sistema con l'ambiente è uguale al lavoro eseguito dal sistema sull'ambiente:

$$\Delta U = 0$$

da cui

$$Q = L$$

CAPITOLO 1 GRANDEZZE FISICHE

È impossibile quindi costruire una macchina, operante secondo un ciclo, che fornisca una quantità di lavoro maggiore rispetto al calore assorbito (impossibilità del **moto perpetuo di prima specie**).

ESEMPIO 14

▶ Un sistema termodinamico subisce una trasformazione durante la quale l'energia interna diminuisce di 800 J; se sul sistema viene compiuto un lavoro di 500 J, determina il calore assorbito o ceduto dal sistema stesso.

■ Poiché il sistema subisce lavoro:

$$L = -500 \text{ J}$$

e poiché l'energia interna diminuisce:

$$\Delta U = -800 \text{ J}$$

applicando il primo principio della termodinamica, si ha

$$\Delta U = Q - L \Rightarrow Q = \Delta U + L = -800 \text{ J} - 500 \text{ J} = -1300 \text{ J}$$

Essendo Q negativo, il sistema cede all'ambiente una quantità di calore pari a 1300 J.

ESEMPIO 15

▶ In un ciclo chiuso un sistema assorbe, dall'ambiente esterno, una quantità di calore pari a 1000 J. Quanto vale il lavoro compiuto dal sistema?

■ Poiché il sistema compie un ciclo chiuso, si ha

$$\Delta U = 0$$

Inoltre, poiché il sistema assorbe calore, si ha

$$Q = +1000 \text{ J}$$

Dal primo principio della termodinamica

$$\Delta U = 0 \Rightarrow Q = L = +1000 \text{ J}$$

Poiché il lavoro è positivo, il sistema compie sull'ambiente un lavoro di 1000 J.

1.7 Le macchine termiche

Immaginiamo di avere a disposizione una **sorgente termica**, cioè un corpo dotato di capacità termica estremamente elevata (tanto da poter fornire calore in quantità pressoché costante nel tempo senza variazioni apprezzabili di temperatura) o di un dispositivo che può essere mantenuto, mediante un qualche congegno, a temperatura costante.

Una **macchina termica** è allora un dispositivo che, scambiando calore con varie sorgenti termiche, è in grado di realizzare trasformazioni cicliche mediante le quali produce lavoro meccanico.

Una macchina termica, in particolare, assorbe calore da sorgenti a temperatura maggiore e cede calore a sorgenti a temperatura inferiore (figura 5). Il calore scambiato è quindi espresso dalla relazione

$$Q = Q_a - |Q_c|$$

dove Q_a è il *calore assorbito* e Q_c è il *calore ceduto*.

Storicamente è stato Sadi Carnot il primo a intuire che non tutto il calore fornito alla macchina termica può essere sfruttato per la produzione di lavoro meccanico. Ad esempio, tramite il vapore ad alta temperatura che, attraverso la valvola *A*, entra nel cilindro (figura 6), si realizza la trasformazione del calore assorbito Q_a in lavoro meccanico, che serve a spingere il pistone P; il pistone, mosso dall'inerzia della ruota, torna indietro e spinge fuori, attraverso la valvola B, i gas che cedono all'ambiente esterno la quantità di calore Q_c. Il calore che è stato trasformato in lavoro meccanico risulta quindi dato dalla differenza tra quello assorbito e il modulo del calore ceduto.

Figura 5 Una macchina termica (MT) assorbe calore (Q_1) da una o più sorgenti a temperatura elevata e cede calore (Q_2) a una o più sorgenti a temperatura minore, producendo un lavoro meccanico (*L*) pari, per il primo principio della termodinamica, alla differenza tra il calore assorbito e il calore ceduto (espresso in valore assoluto).

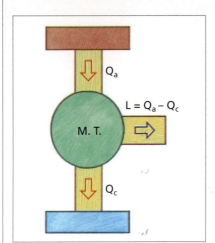

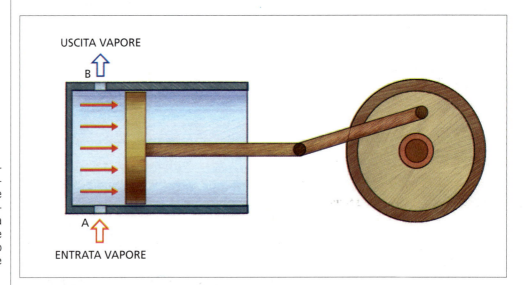

Figura 6 Il vapore, entrando attraverso la valvola *A*, spinge il pistone *P* che fa girare la ruota; l'inerzia della ruota spinge quindi il pistone all'indietro, causando la fuoriuscita del vapore freddo dalla valvola *B*.

Infatti dal primo principio della termodinamica

$$Q = L$$

si ha

$$Q_a - |Q_c| = L$$

Si definisce **rendimento della macchina termica**, il rapporto tra il lavoro effettivamente prodotto e il calore assorbito dal sistema:

$$\eta = \frac{L}{Q_a}$$

quindi risulta

$$\eta = \frac{L}{Q_a} = \frac{Q_a - |Q_c|}{Q_a} = 1 - \frac{|Q_c|}{Q_a}$$

Poiché una macchina termica opera sempre almeno tra due sorgenti che si trovano a temperature differenti, assorbendo calore da quella a temperatura maggiore e cedendo calore a quella a temperatura minore, si ha

$$|Q_c| \neq 0$$

e conseguentemente

$$\eta < 1$$

Quindi il lavoro prodotto da una macchina termica è sempre minore del calore che è stato necessario fornire alla stessa (impossibilità del **moto perpetuo di seconda specie**), in quanto una parte del calore viene sempre ceduto alla sorgente a temperatura minore mediante fenomeni dissipativi.

Quello appena descritto è uno dei possibili enunciati del **secondo principio della termodinamica**; altri possibili enunciati, storicamente più importanti, sono quello di Lord Kelvin e quello di Clausius.

Enunciato di Lord Kelvin: è impossibile realizzare una trasformazione il cui unico risultato finale sia quello di trasformare in lavoro il calore prodotto da un'unica sorgente.

Enunciato di Clausius: è impossibile realizzare una trasformazione il cui unico risultato finale sia quello di trasferire calore da un corpo a temperatura minore a un corpo a temperatura maggiore.

In genere il calore viene prodotto tramite combustione di sostanze, dette appunto **combustibili**.

Nella tabella 4 sono riportate la quantità di calore sviluppate dalla combustione di alcune sostanze.

Tabella 4 Quantità di calore sviluppate da alcune sostanze

Sostanza	Densità (kg/m³)	Calore sviluppato (J/kg)
Petrolio	820	$4{,}2 \cdot 10^7$
Benzina	740	$4{,}6 \cdot 10^7$
Gasolio	880	$4{,}5 \cdot 10^7$
Metano	0,717	$5{,}0 \cdot 10^7$
Legna	400 – 1100	$1{,}07 \cdot 10^7$
Lignite	720	$1{,}44 \cdot 10^7 - 2{,}09 \cdot 10^7$

MODULO A LE GRANDEZZE FISICHE DELLA FISICA AMBIENTALE

ESEMPIO 16

▶ Un'automobile di media cilindrata ha le seguenti caratteristiche:

- alimentazione a gasolio;
- consumo medio: 20 km/L;
- capacità serbatoio: 70 L.

Calcolare il consumo energetico medio per ogni km percorso (in J/km).

■ Considerando il consumo medio dell'automobile, è possibile ricavare che con un pieno di carburante l'auto percorre, in media

$$s = (70 \text{ L})(20 \text{ km/L}) = 1400 \text{ km}$$

Il serbatoio contiene 70 L di gasolio che, considerando la densità del combustibile, corrispondono a un volume

$$V = 70 \text{ L} = 70 \text{ dm}^3 = 0,07 \text{ m}^3$$

e a una massa

$$m = d\,V = (880 \text{ kg/m}^3)(0,07 \text{ m}^3) = 61,6 \text{ kg}$$

Considerando il calore sviluppato dalla combustione di 1 kg di gasolio, si ha che, con un pieno di carburante, è possibile sviluppare una quantità di energia pari a

$$E = (4,5 \cdot 10^7 \text{ J/kg})(61,6 \text{ kg}) = 2,77 \cdot 10^9 \text{ J}$$

da cui, dividendo per i kilometri che è possibile percorrere, si ottiene che il consumo di energia medio per kilometro è pari a

$$C = \frac{E}{s} = \frac{2,77 \cdot 10^9 \text{ J}}{1400 \text{ km}} = 1,98 \cdot 10^6 \text{ J/km}$$

1.8 Altre unità di misura

Come abbiamo visto, dai risultati degli esempi precedenti, l'unità di misura dell'energia nel Sistema Internazionale, il joule, è un'unità di misura piccola, se riferita alle normali attività umane. Conseguentemente i valori ricavati sono numeri estremamente grandi. Ciò suggerisce l'introduzione di altre unità di misura.

La più comune è il **kilowattora** (kWh), definita come l'energia sviluppata da una potenza di 1 kW per un periodo di 1 h.

Si ha pertanto:

$$1 \text{ kWh} = (1 \text{ kW})(1 \text{ h}) = (1000 \text{ W})(3600 \text{ s}) = 3,6 \cdot 10^6 \text{ J}$$

Altra unità di misura utilizzata è il **tep** (tonnellata equivalente di petrolio) o **toe** (*ton of oil equivalent*), che corrisponde all'energia sviluppata dalla combustione completa di 1 tonnellata di petrolio:

$$1 \text{ tep} = 1 \text{ toe} = 4,19 \cdot 10^{10} \text{ J} = 41,9 \text{ GJ}$$

Altre unità di misura sono le seguenti:

- **barile equivalente di petrolio** (**bep** o **boe**, *barrel of oil equivalent*):

$$1 \text{ bep} = 1 \text{ boe} = 6{,}12 \cdot 10^9 \text{ J}$$

- **kilocaloria**:

$$1 \text{ kcal} = 4{,}19 \cdot 10^3 \text{ J}$$

- **british thermal unit** (**btu**):

$$1 \text{ btu} = 1{,}05 \cdot 10^3 \text{ J}$$

ESEMPIO 17

▶ Trasformare in kWh e in tep il consumo energetico medio a kilometro dell'automobile di media cilindrata considerata nell'esempio 16.

■ Poiché

$$1 \text{ kWh} = 3{,}6 \cdot 10^6 \text{ J}$$

$$1 \text{ tep} = 4{,}19 \cdot 10^{10} \text{ J}$$

si ricava che

$$1 \text{ J} = \frac{1 \text{ kWh}}{3{,}6 \cdot 10^6}$$

e

$$1 \text{ J} = \frac{1 \text{ tep}}{4{,}19 \cdot 10^{10}}$$

■ Pertanto il consumo energetico medio per km, espresso in kWh e tep sarà rispettivamente:

$$C = \frac{1{,}98 \cdot 10^6 \text{ kWh/km}}{3{,}6 \cdot 10^6} = 0{,}55 \text{ kWh/km}$$

$$C = \frac{1{,}98 \cdot 10^6 \text{ tep/km}}{4{,}19 \cdot 10^{10}} = 4{,}7 \cdot 10^{-5} \text{ tep/km}$$

In altri campi l'unità di misura dell'energia è una quantità estremamente grande. Nella fisica atomica e nucleare, della quale non ci occuperemo, se non per brevissimi cenni, viene spesso usato l'**elettronvolt** (eV), pari all'energia posseduta da una carica elettrica elementare, accelerata da una differenza di potenziale di 1 V. Poiché la carica dell'elettrone è

$$e = 1{,}6 \cdot 10^{-19} \text{ C}$$

si ha

$$1 \text{ eV} = 1{,}6 \cdot 10^{-19} \text{ J}$$

ESERCIZI

MODULO A LE GRANDEZZE FISICHE DELLA FISICA AMBIENTALE

INDIVIDUA LA RISPOSTA CORRETTA

1 Nel Sistema Internazionale l'unità di misura della massa è il grammo. V **F̶**

2 Le unità di misura possono essere fondamentali o derivate e per ognuna di esse è definito un campione. V F̶

3 In assenza di attrito, se a un sistema è applicato un sistema di forze a risultante nulla, il sistema si muove lo stesso di moto rettilineo uniforme. V **F̶**

4 L'accelerazione di un corpo, sottoposto a una forza costante, è direttamente proporzionale alla sua massa. **V̶** F

5 Una forza perpendicolare allo spostamento produce un lavoro nullo. **V̶** F

6 Se due forze producono lo stesso lavoro, ma la prima impiega metà tempo, allora la sua potenza è doppia. **V̶** F

7 Il primo principio della termodinamica nega la possibilità del moto perpetuo di prima specie V F

8 Il secondo principio della termodinamica afferma che è possibile realizzare il moto perpetuo di seconda specie, anche se nessuno vi è ancora riuscito. V F

9 Se una macchina termica assorbe 500 J di calore da una sorgente a temperatura maggiore, la stessa macchina può produrre un lavoro di 500 J V **F̶**

10 La quantità di calore scambiata da un corpo con l'ambiente dipende solo dalla differenza di temperatura e non dal tipo di corpo. V F

TEST

11 Il rendimento di una macchina termica che assorbe 800 J di calore dalla sorgente a temperatura maggiore e cede 450 J di calore alla sorgente a temperatura minore è:

a. 78%   **c.** 44%

a. 56%   **d.** Dipende dal lavoro sviluppato.

12 L'energia sviluppata dalla combustione di 1 m^3 di metano è:

a. 10 kWh   **b.** 14 kWh   **c.** 1 kWh   **d.** 0,5 kWh

13 Luca intende smaltire 200 kcal sollevando di 1 m un bilanciere da 30 kg Quante volte deve ripetere il sollevamento?

a. 2900 volte circa   **c.** 67 volte circa

b. 29 volte circa   **d.** 28500 volte circa

14 Un sistema termodinamico subisce una trasformazione durante la quale la sua energia interna aumenta di 200 J. Se contemporaneamente il sistema cede all'ambiente 300 J di calore, quanto vale il lavoro compiuto?

a. 500 J   **b.** −500 J   **c.** 100 J   **d.** −100 J

15 Per eseguire un sorpasso, un'automobile, di massa pari a 1200 kg, accelera da 50 km/h a 80 km/h in 5,5 s. La potenza sviluppata è:

a. 425 kW   **b.** 3,3 kW   **c.** 33 kW   **d.** 0,33 kW

16 Un corpo di massa 12 kg si trova fermo a un'altezza da terra di 25 m. Successivamente il corpo viene lasciato libero di cadere. La sua energia cinetica, un istante prima di toccare il suolo, è:

a. dipendente dalla velocità finale

b. dipendente dalla velocità iniziale

c. 300 J   **d.** 2940 J

17 Una forza F, di modulo 500 N, è diretta perpendicolarmente verso l'alto ed è applicata a un corpo inizialmente fermo. Il lavoro compiuto dalla forza F in direzione orizzontale, quando il corpo si sposta di 25 m, è:

a. 7500 J   **b.** 0 J   **c.** 20 J   **d.** 0,05 J

18 Per scaldare 500 L di acqua da una temperatura iniziale di 15 °C a una temperatura finale di 45 °C è necessaria una quantità di energia pari a (calore specifico dell'acqua = 4186 J/(kg·°C)):

a. 17,4 kWh   **c.** 4186 kWh

b. 15000 J   **d.** 22,5 kWh

19 Un elettrodomestico assorbe una potenza di 700 W. Il consumo energetico annuo, considerando che lo stesso rimane in funzione per 2,5 ore/giorno è

a. 255 kWh circa   **c.** 1,75 kWh

b. 700 Wh volte circa   **d.** 640 kWh circa

20 Una lampadina consuma 80 W e resta accesa 3 ore al giorno. Per produrre l'energia necessaria al funzionamento della lampadina per 1 anno, un corpo di massa pari a 10 kg dovrebbe cadere da un'altezza pari a:

20

a. 2400 km circa
b. 3200 km circa
c. 24 km circa
d. 240 km circa

PROBLEMI

1 Una macchina termica ha un rendimento del 25%. Determina l'energia annua in ingresso necessaria per il funzionamento di un frigorifero che consuma 30 W. [1051 kWh]

2 Una caldaia ha un rendimento del 15% e consuma 1,3 m³ di metano in 1 ora di funzionamento. Determina il calore sviluppato. [1,95 kWh]

3 Per fare una doccia calda vengono consumati 0,15 m³ di metano. Determina l'energia necessaria per una doccia. [1,5 kWh]

4 Con riferimento all'esercizio precedente, durante la doccia sono stati consumati 30 L di acqua, che la caldaia ha riscaldato a 30 °C. Determina l'efficienza della caldaia e il calore dissipato, prodotto dalla caldaia. [70%]

5 Calcola l'energia cinetica di un'automobile, di massa pari a 1200 kg, che procede alla velocità di 90 km/h. A quale altezza da terra si dovrebbe trovare per avere un'energia potenziale uguale?
[375 kJ; 31,9 m]

6 Converti in J le seguenti espressioni:
– 80 MJ =   – 5 kcal =
– 5,7 kWh =   – 800 btu =
– 32 Wh =
[$8,0 \cdot 10^7$ J; $2,1 \cdot 10^7$ J; $1,15 \cdot 10^5$ J; $2,09 \cdot 10^4$ J; $8,4 \cdot 10^5$ J]

7 Un motore sviluppa una potenza di 55 kW quando l'automobile procede alla velocità costante di 75 km/h. Determina la forza sviluppata dal motore. Perché tale forza non determina un'accelerazione?
[2,6 kN; perché la forza sviluppata dal motore serve a contrastare le forze dissipative che agiscono sull'automobile.]

8 Un corpo si trova fermo a un'altezza di 2 m. Se viene lasciato cadere, con quale velocità tocca terra? [6,3 m/s]

9 Determina il calore necessario a riscaldare 80 L di acqua da una temperatura iniziale di 10 °C a una finale di 55 °C. [4,2 kWh]

Le competenze del tecnico ambientale

■ Rileva il consumo di energia elettrica nella tua camera, prendendo a riferimento un periodo di una settimana. Utilizza la tabella qui sotto riportata, nella quale devi specificare il tempo di utilizzo giornaliero e la potenza di ogni singolo dispositivo.

Data inizio rilevamento: ....

Dispositivo	Presente (Sì / No)	Potenza (w)	L	M	G	V	S	D	Totale (Wh)
Lampadina 1									
Lampadina 2									
Lampadina 3									
Computer									
Stereo									
Tv									
Altro									
Consumo totale									

■ Esegui quindi una proiezione per stabilire il consumo annuo atteso.

■ Considerando il periodo in cui hai eseguito le rilevazioni, ritieni che il consumo annuo reale sia maggiore, minore o uguale al valore ricavato dai tuoi dati? (Motiva la tua risposta)

ESERCIZI

MODULO A LE GRANDEZZE FISICHE DELLA FISICA AMBIENTALE

 # Environmental Physics in English

Energy and power

Most discussions of energy consumption and production are confusing because of the proliferation of units in which energy and power are measured, from "tons of oil equivalent" to "terawatt-hours" (TWh) and "exajoules" (EJ). Nobody but a specialist has a feeling for what "a barrel of oil" or "a million BTUs" means in human terms.

One unit of energy is the kilowatt-hour (kWh). This quantity is called "one unit" on electricity bills. Most individual daily choices involve amounts of energy equal to small numbers of kilowatt-hours. When we discuss powers (rates at which we use or produce energy), the unit is the watt (W). Other units are the kilowatt (1 kW = 1000 W = = 24 kWh/d) and the kilowatt-hour per day (kWh/d; 40 W ≈ 1 kWh/d). The kilowatt-hour per day is a nice human-sized unit: most personal energy-guzzling activities guzzle at a rate of a small number of kilowatt-hours per day. For example, one 40 W lightbulb, kept switched on all the time, uses one kilowatt-hour per day.

■ **Power is the rate at which something uses energy.**
Maybe a good way to explain energy and power is by an analogy with water and water-flow from taps. If you want a drink of water, you want a volume of water – one litre, perhaps (if you're thirsty).
When you turn on a tap, you create a flow of water – one litre per minute, say, if the tap yields only a trickle; or 10 litres per minute, from a more generous tap. You can get the same volume (one litre) either by running the trickling tap for one minute, or by running the generous tap for one tenth of a minute. The volume delivered in a particular time is equal to the flow multiplied by the time:

$$\text{volume} = \text{flow} \times \text{time}.$$

■ **We say that a flow is a rate at which volume is delivered.**
If you know the volume delivered in a particular time, you get the flow by dividing the volume by the time:

$$\text{flow} = \text{volume} / \text{time}$$

■ **Here's the connection to energy and power.**
Energy is like water volume: power is like water flow. For example, whenever a toaster is switched on, it starts to consume power at a rate of one kilowatt. It continues to consume one kilowatt until it is switched off. To put it another way, the toaster (if it's left on permanently) consumes one kilowatt-hour (kWh) of energy per hour; it also consumes 24 kilowatt-hours per day. The longer the toaster is on, the more energy it uses. You can work out the energy used by a particular activity by multiplying the power by the duration:

$$\text{energy} = \text{power} \times \text{time}.$$

■ **The joule is the standard international unit of energy, but sadly it's far too small to work with. The kilowatt-hour is equal to 3.6 million joules (3.6 megajoules).**
A power of one joule per second is called one watt. 1000 joules per second is called one kilowatt. Let's get the terminology straight: the toaster uses one kilowatt. It doesn't use "one kilowatt per second." The "per second" is already built in to the definition of the kilowatt: one kilowatt means "one kilojoule per second." Similarly we say "a nuclear power station generates one gigawatt." One gigawatt, by the way, is one billion watts, one million kilowatts, or 1000 megawatts. So one gigawatt is a million toasters.

(Adapted from David JC MacKay, Sustainable energy, Without the hot air, UIT Cambridge Ltd., December 2008)

GLOSSARY

- **Confusing**: poco chiaro
- **Barrel**: barile
- **Oil**: petrolio (in questo contesto)
- **Electricity bills**: bollette dell'energia elettrica
- **Lightbulb**: lampadina

READING TEST

1. Power is equal to energy divided by time. □T □F
2. The watt is the standard international unit for energy. □T □F
3. The kilowatt-hour per day is a nice human-sized unit because most personal energy-guzzling activities guzzle at a rate of a small number of kilowatt-hours per day. □T □F
4. In electricity bills the amount of energy is given in kWh. □T □F
5. If a toaster consumes power at a rate of 1,5 kW, during 20 minutes it will consume 0,5 kWh of energy. □T □F

Modulo B

CAPITOLO 2
Il Sole

2.1 La propagazione del calore per irraggiamento

Se ci sediamo di fronte a un camino acceso, o comunque di fronte a un fuoco acceso, la superficie del nostro corpo aumenta la sua temperatura più di quanto non faccia l'aria che ci circonda. In questo caso lo scambio di calore non avviene né per conduzione, in quanto manca il contatto tra il nostro corpo e la sorgente di calore, né per convezione, dato che l'aria ha temperatura inferiore rispetto al nostro corpo. Vediamo un altro esempio: l'energia emessa con continuità dal Sole, dopo aver attraversato lo spazio vuoto, raggiunge la Terra riscaldandola. Anche in questo caso il trasferimento di calore non avviene né per conduzione né per convezione.

Negli esempi appena considerati, lo scambio termico avviene per **irraggiamento**, quindi attraverso quel tipo di onde elettromagnetiche che va sotto il nome di **radiazione termica** e che comprende i raggi infrarossi, quelli visibili e gli ultravioletti.

Fu James Clerk Maxwell nel 1865, in un famoso articolo, a postulare l'esistenza di onde elettromagnetiche; combinando infatti le conoscenze dell'epoca in merito ai campi elettrici e magnetici, che riassunse in quattro equazioni, riuscì a dimostrare teoricamente che una combinazione dei due campi, il *campo elettromagnetico*, poteva propagarsi a distanza con una velocità che risultava pari alla *velocità di propagazione della luce nel vuoto c*:

$$c = 300\,000 \text{ km/s} = 3 \cdot 10^5 \text{ km/s} = 3 \cdot 10^8 \text{ m/s}$$

Successivamente, nel 1886, Heinrich Hertz verificò sperimentalmente la correttezza delle teorizzazioni di Maxwell, riuscendo a produrre, e a rilevare a distanza, onde elettromagnetiche.

Analogamente alle onde elastiche, anche le onde elettromagnetiche sono caratterizzate da una lunghezza d'onda e una frequenza.

Si chiama **frequenza di un'onda** (*f*) il numero di oscillazioni complete compiute nell'unità di tempo, cioè in 1 secondo. L'unità di misura, nel Sistema Internazionale, si chiama **hertz**(Hz).

L'inverso della frequenza, definito **periodo** (*T*), è il tempo necessario a compiere una oscillazione completa. Essendo un intervallo di tempo, la sua unità di misura è il secondo (s):

$$T = \frac{1}{f}$$

La **lunghezza d'onda**, invece, è la distanza tra due creste (o due minimi) successivi (figura 1). L'unità di misura, nel Sistema Internazionale, è il metro.

Il legame tra la lunghezza d'onda e la frequenza, o il periodo, è espresso tramite la velocità di propagazione dell'onda *v*:

$$\lambda = \frac{v}{f} = vT$$

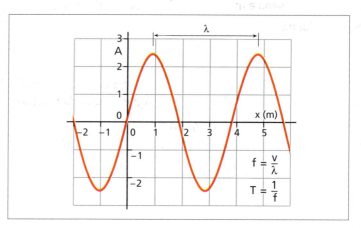

Figura 1 Caratteristiche principali di un'onda: lunghezza d'onda e legame con frequenza e periodo.

La velocità di propagazione di un'onda elettromagnetica nel vuoto è pari a *c*, cioè alla velocità di propagazione della luce nel vuoto; altrimenti, se la propagazione avviene in un mezzo, la velocità di propagazione è quella della luce in quel mezzo.

La radiazione elettromagnetica in grado di trasferire calore, detta **radiazione termica**, ha lunghezza d'onda compresa tra 10^{-2} μm e 10^{2} μm ed è suddivisa come indicato nella tabella 1.

Tabella 1 Spettro della radiazione termica

Lunghezza d'onda		Famiglia	Colore
Min (μm)	Max (μm)		
0,76	100	Infrarosso	
0,61	0,76	Visibile	Rosso
0,59	0,61	Visibile	Arancio
0,57	0,59	Visibile	Giallo
0,50	0,57	Visibile	Verde
0,45	0,50	Visibile	Blu
0,38	0,45	Visibile	Violetto
0,02	0,38	Ultravioletto	

CAPITOLO 2 IL SOLE

ESEMPIO 1

▶ Determina la lunghezza d'onda e il periodo di un'onda elettromagnetica la cui frequenza è pari a 105 MHz.

■ Poiché 1 MHz = $1 \cdot 10^6$ Hz, dalla relazione che lega frequenza e lunghezza d'onda si ottiene

$$\lambda = \frac{v}{f} = \frac{3 \cdot 10^8 \text{ m/s}}{105 \cdot 10^6 \text{ Hz}} = 2,86 \text{ m}$$

Dalla relazione che lega frequenza e periodo si ricava:

$$T = \frac{1}{f} = \frac{1}{105 \cdot 10^6 \text{ Hz}} = 9,5 \cdot 10^{-9} \text{ s}$$

ESEMPIO 2

▶ Calcola il periodo massimo e minimo della radiazione infrarossa.

■ Poiché $\lambda = vT$ si ha

$$T = \frac{\lambda}{v}$$

Essendo lunghezza d'onda e periodo direttamente proporzionali, il periodo minimo si avrà in corrispondenza della lunghezza d'onda minima:

$$T_{\min} = \frac{\lambda_{\min}}{v} = \frac{0,76 \cdot 10^{-6} \text{ m}}{3 \cdot 10^8 \text{ m/s}} = 2,5 \cdot 10^{-15} \text{ s}$$

Analogamente per il periodo massimo:

$$T_{\max} = \frac{\lambda_{\max}}{v} = \frac{100 \cdot 10^{-6} \text{ m}}{3 \cdot 10^8 \text{ m/s}} = 3,3 \cdot 10^{-13} \text{ s}$$

2.2 Lo spettro di emissione di un corpo nero

Nella seconda metà dell'800 vennero eseguiti molti studi sulle proprietà di emissione di un corpo in funzione della temperatura alla quale si trovava.

Venne dimostrato che la radiazione emessa da corpi che si trovano a temperatura ambiente è di tipo infrarosso e, al crescere della temperatura, diminuisce la lunghezza d'onda alla quale si verifica il massimo della emissione: un pezzo di ferro, infatti, a temperatura ambiente non emette radiazione visibile, mentre, riscaldandosi, assume una colorazione rossastra, quindi comincia a emettere nel campo della luce visibile.

Lo spettro della radiazione emessa, cioè l'analisi della radiazione in funzione della lunghezza d'onda, dipende non solo dalla temperatura del corpo, ma anche dalla sua natura. Infatti, nel processo di trasmissione di energia per irraggiamento, riveste un ruolo importante la superficie del corpo stesso. Se durante una calda giornata estiva si indossa una maglietta di colore nero, questa assorbe gran parte dell'energia del Sole che incide su di essa e si avverte una notevole sensazione di calore, dovuta all'energia che la maglietta riemette in direzione del corpo. Viceversa, indossando un capo di colore chiaro, si avverte una sensazione di maggiore freschezza, in quanto gran parte dell'energia che investe la maglietta viene riflessa.

MODULO B L'ENERGIA SOLARE

L'attenzione si concentrò su un particolare corpo, detto **corpo nero**, in grado di assorbire tutta l'energia (radiazione) incidente su di esso, tanto da apparire di colore nero. La caratteristica del corpo nero era rappresentata dal fatto che la radiazione emessa da esso dipendeva unicamente dalla temperatura alla quale si trovava e non dalla natura del corpo stesso.

Un primo risultato è costituito dalla **legge di Wien**, secondo la quale la temperatura assoluta alla quale si trova un corpo nero e la lunghezza d'onda, alla quale avviene la massima emissione, sono inversamente proporzionali:

$$\lambda\, T = a$$

con *a* **costante di Wien**, il cui valore risulta pari a $2,9 \cdot 10^{-3}$ m·K.

ESEMPIO 3

▶ Determina la lunghezza d'onda alla quale avviene il massimo della emissione di onde elettromagnetiche di un corpo, supposto nero, che si trova alla temperatura di 150 °C.

■ Poiché

$$T(K) = t(°C) + 273 = (150 + 273)\ K = 423\ K$$

Dalla legge di Wien segue che

$$\lambda = \frac{a}{T} = \frac{2,9 \cdot 10^{-3}\ m \cdot K}{423\ K} = 6,85 \cdot 10^{-6}\ m = 6,86\ \mu m$$

Si tratta quindi di una emissione nell'infrarosso.

Fu inoltre dimostrato sperimentalmente che la potenza emessa da un corpo nero risulta direttamente proporzionale alla superficie dello stesso e alla quarta potenza della temperatura assoluta.

Tale risultato, noto con il nome di **legge di Stefan-Boltzmann**, viene espresso tramite la relazione matematica:

$$P = \sigma A T^4$$

essendo σ una costante, nota con il nome di **costante Stefan-Boltzmann**, il cui valore è pari a $5,67 \cdot 10^{-8}$ W·m^{-2}·K^{-4}.

ESEMPIO 4

▶ Determina la potenza per unità di superficie emessa dal corpo considerato nell'esempio 3.

■ Dalla legge di Stefan-Boltzmann:

$$\frac{P}{A} = \sigma T^4 = \left(5,67 \cdot 10^{-8}\ W \cdot m^{-2} \cdot K^{-4}\right)\left(423\ K\right)^4 = 1,81\ kW/m^2$$

Furono eseguite anche misure per caratterizzare lo spettro della radiazione di corpo nero, determinando alle varie lunghezze d'onda la potenza emessa dal corpo nero per unità di superficie. Le curve ottenute hanno l'andamento riportato in figura 2.

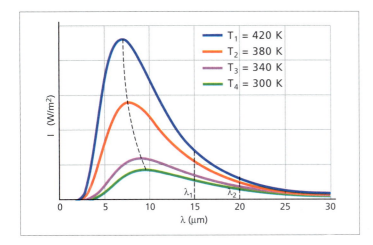

Figura 2 Potenza emessa da un corpo nero per unità di superficie in funzione della lunghezza d'onda e per varie temperature. La potenza irraggiata per unità di superficie, corrispondente a energia con lunghezza d'onda compresa tra λ_1 e λ_2, è pari all'area compresa tra il grafico della curva relativo alla temperatura T alla quale si trova il corpo, l'asse delle ascisse e i segmenti verticali $\lambda = \lambda_1$ e $\lambda = \lambda_2$. La linea tratteggiata unisce i punti in corrispondenza dei quali si ha il massimo della emissione e rappresenta quindi l'andamento della legge di Wien, mentre l'area completamente racchiusa tra la curva a una certa temperatura e l'asse delle lunghezze d'onda (che rappresenta quindi la potenza complessivamente emessa a una certa temperatura) risulta proporzionale alla quarta potenza della temperatura assoluta, in accordo con la legge di Stefan-Boltzmann.

L'andamento analitico della curva che descrive la potenza irraggiata per unità di superficie, in funzione della lunghezza d'onda e della temperatura alla quale si trova il corpo nero, fu ottenuto per la prima volta da Max Planck, utilizzando una relazione tra la frequenza della radiazione e l'energia trasportata:

$$E = hf$$

dove h è la **costante di Planck**, il cui valore è $h = 6{,}626 \cdot 10^{-34}$ J·s.

Va osservato che le relazioni tra frequenza, lunghezza d'onda e periodo sono valide per tutti i tipi di onde, mentre la relazione di Planck vale unicamente per onde di tipo elettromagnetico.

ESEMPIO 5

▶ Calcola l'energia corrispondente alla luce visibile di colore violetto. Esprimi il risultato in J e in eV.

■ Considerando la lunghezza d'onda media relativa alla luce di colore violetto, si ha:

$$E = hf = h\frac{v}{\lambda} =$$

$$= (6{,}626 \cdot 10^{-34} \text{ J·s})\left(\frac{3 \cdot 10^8 \text{ m/s}}{0{,}41 \cdot 10^{-6} \text{ m}}\right) = 4{,}85 \cdot 10^{-19} \text{ J}$$

Ricordando che

$$1 \text{ eV} = 1{,}6 \cdot 10^{-19} \text{ J}$$

risulta

$$E = \frac{4{,}85 \cdot 10^{-19} \text{ J}}{1{,}6 \cdot 10^{-19} \text{ eV}} = 3 \text{ eV}$$

2.3 Caratteristiche della radiazione solare

Il Sole emette onde elettromagnetiche in un intervallo di lunghezze d'onda comprese tra 0,17 μm e 4 μm.

La *radiazione solare* che arriva alla sommità dell'atmosfera terrestre è quindi costituita da ultravioletti (tra 0,17 μm e 0,4 μm), dall'intero spettro visibile (tra 0,4 μm e 0,74 μm) e da infrarossi (da 0,74 μm a 4 μm).

Lo spettro dell'energia emessa dal Sole per unità di tempo che arriva alla sommità dell'atmosfera terrestre ha la forma di quello relativo a un corpo nero che si trova alla temperatura di circa 5800 K (figura 3).

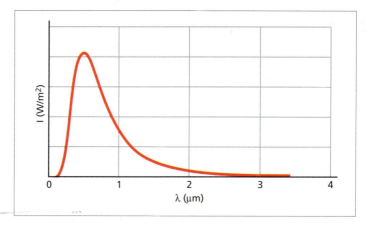

Figura 3 Spettro di emissione di un corpo nero alla temperatura di 5800 K. Lo spettro della luce solare, che incide su una superficie esterna all'atmosfera terrestre, risulta molto simile.

Sulla base della legge di Wien, indicando con T_S la temperatura della superficie solare, la lunghezza d'onda alla quale si ha la massima emissione risulta:

$$\lambda = \frac{a}{T_S} = \frac{2{,}9 \cdot 10^{-3}\ \text{m} \cdot \text{K}}{5{,}8 \cdot 10^3\ \text{K}} = 5 \cdot 10^{-7}\ \text{m} = 0{,}50\ \mu\text{m}$$

valore che si discosta poco dal massimo osservato, pari a 0,47 μm, che corrisponde a luce gialla. Dalla temperatura della superficie solare, tramite la legge di Stefan-Boltzmann, è possibile calcolare la potenza emessa dal Sole per unità di superficie solare:

$$\frac{P_S}{A_S} = \sigma T_S^4 = (5{,}67 \cdot 10^{-8}\ \text{W/m}^{-2} \cdot \text{K}^{-4})(5{,}8 \cdot 10^3\ \text{K})^4 = 6{,}42 \cdot 10^7\ \text{W/m}^2$$

Considerando la dimensione del raggio solare, pari a $6{,}96 \cdot 10^8$ m, è possibile determinare la superficie del Sole:

$$A_S = 4\pi(6{,}96 \cdot 10^8\ \text{m})^2 = 6{,}09 \cdot 10^{18}\ \text{m}^2$$

e quindi la potenza complessivamente emessa dal Sole, pari a

$$P_S = (6{,}42 \cdot 10^7\ \text{W/m}^2)(6{,}09 \cdot 10^{18}\ \text{m}^2) = 3{,}91 \cdot 10^{26}\ \text{W}$$

Tale potenza viene emessa in tutte le direzioni e risulta attenuata per effetto della distanza.

Il valore dell'energia solare che giunge alla sommità dell'atmosfera è definita **costante solare** e il suo valore risulta pari a circa 1400 W/m².

Vediamo ora come si effettua il calcolo del valore della costante solare.

La potenza emessa dal Sole si distribuisce in tutte le direzioni. Alla distanza alla quale si trova la Terra, pari a 150 milioni di kilometri circa ($d_{ST} = 1{,}496 \cdot 10^{11}$ m), la potenza emessa dal Sole risulta distribuita su una superficie sferica di raggio pari a d_{ST}. La potenza emessa dal Sole per unità di superficie alla distanza alla quale si trova la Terra risulta quindi pari a

$$P'(d = d_{ST}) = \frac{P_S}{4 \cdot \pi \cdot d^2_{ST}} =$$

$$= \frac{3{,}9 \cdot 10^{26} \text{ W}}{4 \cdot \pi (1{,}496 \cdot 10^{11} \text{m})^2} = 1390 \text{ W/m}^2$$

Poiché la Terra non segue una traiettoria circolare, ma ellittica, il valore della costante solare varia nel corso dell'anno (figura 4), assumendo il valore massimo nei mesi invernali, quando la distanza Terra-Sole è minima, e quello minimo nei mesi estivi, quando la distanza Terra-Sole è massima.

Attraversando l'atmosfera, la radiazione solare viene in parte assorbita dalle nuvole e dai gas presenti nell'atmosfera, in parte diffusa dai gas presenti in atmosfera e in parte riflessa dalla superficie terrestre e dalle nuvole (figura 5).

La radiazione diretta risulta attenuata dall'assorbimento atmosferico che dipende, prevalentemente, dallo spessore di aria attraversato. Nei mesi invernali, a causa dell'inclinazione dell'asse terrestre, la radiazione attraversa uno spessore di aria maggiore, rispetto a quanto avviene nei mesi estivi, per cui la radiazione diretta che giunge al suolo e incide su una superficie orizzontale risulta massima nei mesi estivi e minima nei mesi invernali (figura 6).

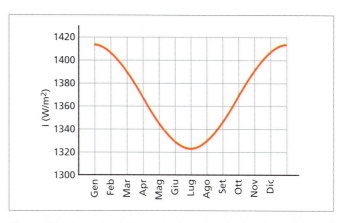

Figura 4 Andamento della costante solare in funzione dei mesi dell'anno.

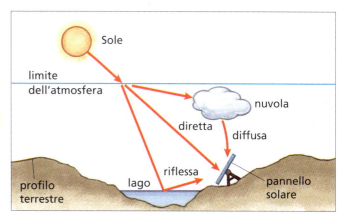

Figura 5 La radiazione solare nell'atmosfera risulta attenuata. La radiazione solare che incide su un pannello (o comunque su un corpo) è costituita dalla somma di tre componenti: la radiazione diretta, quella diffusa (ad esempio dalle nubi) e quella riflessa (ad esempio da specchi d'acqua).

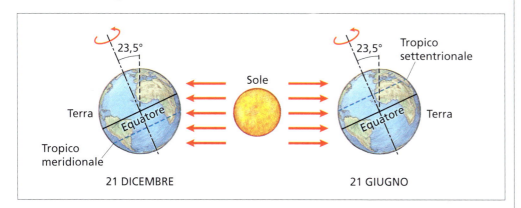

Figura 6 Posizione della Terra al solstizio d'estate e d'inverno e direzione di incidenza dei raggi solari.

L'andamento della potenza incidente su una superficie orizzontale (in questo caso orientazione ottimale), dovuto a radiazione diretta, è rappresentato dal grafico di figura 7.

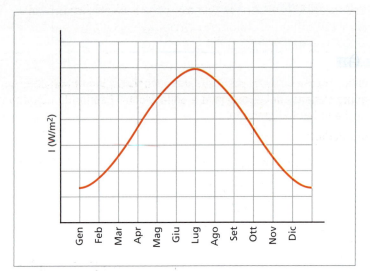

Figura 7 Andamento medio della potenza solare incidente su una superficie di area 1 m², in posizione orizzontale e appoggiata al suolo.

Un indice della massa d'aria attraversata è spesso fornito dal parametro MA (*Mass Air*), che è definito come rapporto tra la massa d'aria effettivamente attraversata e quella che verrebbe attraversata se il Sole fosse allo zenit: è quindi una grandezza adimensionale; MA = 1 significa che il Sole si trova allo zenit.

La **radiazione diffusa** varia sulla base delle condizioni meteorologiche; in giornate con cielo sereno il suo contributo risulta inferiore rispetto a quello della radiazione diretta, mentre in giornate nuvolose il suo contributo diviene superiore (figura 8).

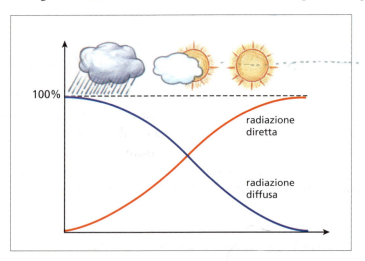

Figura 8 La percentuale di radiazione diretta e diffusa varia in funzione delle condizioni meteorologiche; in condizioni di cielo sereno e nitido il 100% della radiazione solare è diretto; in condizioni di tempo fortemente perturbato il 100% della radiazione solare è diffuso.

La **radiazione riflessa** dipende invece dalla stagione e dalla posizione specifica, risultando superiore in inverno, quando la superficie terrestre può essere ricoperta di neve, o in prossimità di specchi d'acqua. Al fine di massimizzare la componente riflessa della radiazione solare incidente su una superficie l'orientazione ottimale risulterebbe verticale.

La combinazione di tutti i contributi permette di determinare l'orientazione migliore per massimizzare la radiazione solare incidente su una superficie che, a latitudini italiane, deve essere pertanto rivolta a sud, con una inclinazione rispetto al suolo di circa 30°.

Sul territorio italiano la radiazione media annuale varia tra 3,6 kWh/m² al giorno in Pianura Padana, a 4,7 kWh/m² nel centro-sud e 5,4 kWh/m² in Sicilia.

ESEMPIO 6

▶ Determina la quantità di energia che è possibile raccogliere in un anno sul territorio della Pianura Padana, del centro–sud e della Sicilia. Esprimi la quantità di energia in kWh, in J e in barili di petrolio.

■ Pianura Padana:

$$E = (3,6 \text{ kWh/m}^2)365 = 1314 \text{ kWh/m}^2 = 4,73 \cdot 10^9 \text{ J/m}^2 =$$

$$= \frac{4,73 \cdot 10^9}{6,12 \cdot 10^9} = 0,77 \text{ bep/m}^2$$

Centro-sud:

$$E = (4,7 \text{ kWh/m}^2)365 = 1715 \text{ kWh/m}^2 = 6,17 \cdot 10^9 \text{ J/m}^2 =$$

$$\frac{6,17 \cdot 10^9}{6,12 \cdot 10^9} = 1,01 \text{ bep/m}^2$$

Sicilia:

$$E = (5,4 \text{ kWh/m}^2)365 = 1971 \text{ kWh/m}^2 = 7,1 \cdot 10^9 \text{ J/m}^2 =$$

$$\frac{7,1 \cdot 10^9}{6,12 \cdot 10^9} = 1,16 \text{ bep/m}^2$$

2.4 Il percorso del Sole e i diagrammi solari

Il Sole non percorre la stessa traiettoria tutti i mesi dell'anno. Basta un'osservazione diretta per rendersi conto che, durante il corso dell'anno, variano sia l'altezza massima raggiunta dal Sole sull'orizzonte, sia i punti in cui il Sole sorge e tramonta.

Infatti il Sole sorge a Est e tramonta a Ovest solamente agli equinozi (di primavera, 21 marzo, e d'autunno, 21 settembre); la posizione più alta sull'orizzonte viene raggiunta durante il solstizio d'estate (21 giugno) e quella più bassa durante il solstizio d'inverno (21 dicembre).

Inoltre la posizione del Sole varia da luogo a luogo: andando verso Nord la posizione del Sole, nella stessa giornata e alla stessa ora, si abbassa sull'orizzonte e si alza andando verso Sud.

Date le coordinate geografiche del luogo, esistono delle equazioni che permettono di calcolare, in funzione del tempo, la posizione in cui si trova il Sole. Sono equazioni molto complicate che necessitano di conoscenze di matematica avanzate.

Esistono comunque dei siti internet (ad esempio www.solaritaly.enea.it) nei quali è possibile visualizzare, sotto forma di diagrammi, il cammino del Sole in funzione del tempo e delle coordinate geografiche del luogo. Tali grafici vengono detti **diagrammi solari** e sono in generale forniti in forma polare o cartesiana. Come esempio, ripor-

MODULO B L'ENERGIA SOLARE

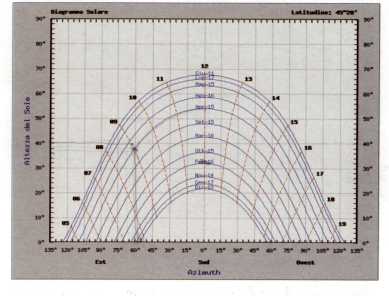

Figura 9 Diagramma solare relativo alla città di Milano.

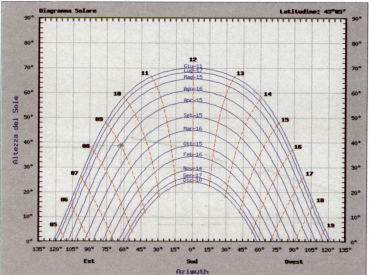

Figura 10 Diagramma solare relativo alla città di Perugia.

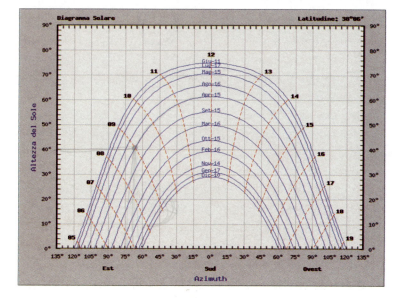

Figura 11 Diagramma solare relativo alla città di Palermo.

32

tiamo il diagramma solare cartesiano per tre città italiane: Milano (figura 9), Perugia (figura 10) e Palermo (figura 11).

Dall'analisi dei tre grafici si nota che:

- l'altezza massima del Sole passa dai 68°, misurati a Milano, ai 75° misurati a Palermo;

- a parità di giorno e ora (ad esempio alle ore 9 del 15 aprile) il Sole si trova a un'altezza di 40° e a un angolo di 65° circa verso Est a Palermo; a un'altezza di 38° e a un angolo di 60°-65° circa verso Est a Perugia; a un'altezza di 37° e a un angolo di 60° circa verso Est a Milano;

- il numero delle ore di Sole diminuisce da Palermo verso Roma.

L'orario di levata e di tramonto del Sole viene determinato unicamente sulla base delle coordinate geografiche, indipendentemente quindi dalla particolare morfologia del territorio (figura 12); per poter calcolare i predetti orari, o comunque le ore di soleggiamento delle quali è possibile usufruire in una determinata posizione, è necessario il rilievo del profilo dell'orizzonte e di eventuali ostruzioni, da riportare sul diagramma solare (figura 13).

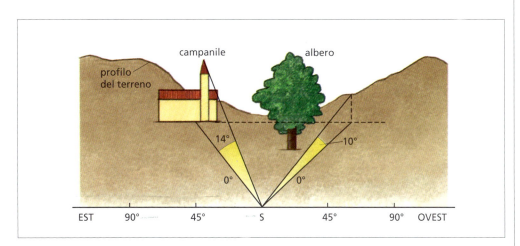

Figura 12 Esempio di profilo dell'orizzonte: individuata la direzione Sud, è necessario misurare le altezze (angolari) degli ostacoli sulla linea dell'orizzonte, determinandone l'angolazione rispetto al Sud.

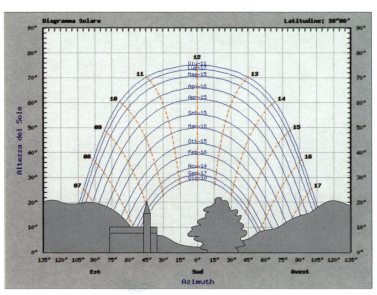

Figura 13 Il profilo viene quindi riportato sul diagramma solare cartesiano (con scala opportuna) al fine di determinare l'ora di levata e di tramonto del Sole nei vari mesi dell'anno.

ESERCIZI

MODULO B L'ENERGIA SOLARE

INDIVIDUA LA RISPOSTA CORRETTA.

1 La propagazione del calore per irraggiamento non può avvenire nello spazio vuoto.   V F

2 La lunghezza d'onda e il periodo di oscillazione sono grandezze direttamente proporzionali.   V F

3 La radiazione emessa da un corpo nero dipende sia dalla temperatura alla quale si trova il corpo stesso sia dal materiale di cui è costituito.   V F

4 La potenza emessa da un corpo nero dipende dalla quarta potenza della temperatura assoluta.   V F

5 Lo spettro dell'energia emessa dal Sole è analogo a quello di un corpo nero che si trova alla temperatura di 5800 K.   V F

6 Il valore della costante solare dipende dalla distanza Terra–Sole.   V F

7 La quantità di energia solare che raggiunge l'esterno dell'atmosfera terrestre è maggiore durante l'estate in quanto è più caldo.   V F

8 L'energia solare che raggiunge la superficie terrestre è maggiore durante l'estate perché la luce solare attraversa uno spessore di atmosfera minore.   V F

TEST

9 La lunghezza d'onda alla quale il Sole emette la maggiore potenza è 0,47 μm, che corrisponde alla frequenza di:

a. 0,47 Hz
c. $6,4 \cdot 10^{11}$ Hz
b. $6,4 \cdot 10^{14}$ Hz
d. $6,4 \cdot 10^{8}$ Hz

10 La superficie media del corpo umano è di circa 1,85 m²; assumendo che possa essere considerato come un corpo nero, la potenza irraggiata, considerando la temperatura media di 37 °C, è:

a. 970 W   **b.** 90 mW   **c.** 9,70 W   **d.** 970 J

11 La lunghezza d'onda alla quale si ha la massima energia emessa dal corpo umano è:

a. 9,35 m
c. 9,70 μm
b. 9,35 nm
d. 9,35 μm

12 L'energia irraggiata dal corpo umano in un periodo di 24 ore è:

a. 970 mJ
c. 23,3 kWh
b. 970 J
d. 23,3 kJ

13 L'energia di un fotone, con lunghezza d'onda pari a 9,70 μm, è:

a. 0,13 eV   **b.** 20 eV   **c.** 9,7 eV

d. Nessuna delle precedenti

14 Se la radiazione media giornaliera nel mese di gennaio è 3,24 kWh, allora l'energia totale mensile del mese di gennaio è pari a:

a. 100 kWh
c. 0,1 MJ
b. 3,24 kWh
d. 3,24 MJ

PROBLEMI

1 Completare la tabella 2.

Tabella 2 Spettro della radiazione termica

Lunghezza d'onda		Famiglia	Colore
Max (Hz)	Min (Hz)		
$3,95 \cdot 10^{14}$	$3 \cdot 10^{12}$	Infrarosso	
		Visibile	Rosso
		Visibile	Arancio
		Visibile	Giallo
		Visibile	Verde
		Visibile	Blu
		Visibile	Violetto
		Ultravioletto	

2 Lo spettro della radiazione cosmica di fondo, scoperta per la prima volta nel 1963 da Penzias e Wilson, è quello di un corpo nero che si trova alla temperatura di 2,725 K. Calcola la lunghezza d'onda e la frequenza alla quale si verifica l'emissione massima, la potenza incidente su una superficie di 1 m², e il numero di fotoni al secondo.

[1,1 mm; $2,8 \cdot 10^{11}$ Hz; 3,1 μW; $1,7 \cdot 10^{16}$ fotoni/s]

3 La Terra, riscaldata dal Sole, emette onde elettromagnetiche con lunghezza d'onda di massima intensità di 9,7 μm. Determina la temperatura superficiale della Terra, la potenza irraggiata per unità di superficie e la potenza com-

CAPITOLO 2 IL SOLE — ESERCIZI

plessivamente irraggiata ($R_T = 6{,}38 \cdot 10^3$ km).

[26 °C; 453 W/m²; 2,32·10¹⁷ W]

4 La stella Sirio, la più luminosa del cielo invernale, considerata come un corpo nero, ha lunghezza d'onda di massima emissione a 0,291 μm. Sapendo che il diametro medio della stella è di circa $2{,}62 \cdot 10^6$ km e che la sua distanza media dalla Terra è di 8,6 anni luce (1 anno luce è la distanza percorsa dalla luce nel tempo di 1 anno), determinare la temperatura superficiale della stella, la potenza irraggiata per unità di superficie, la potenza complessivamente irraggiata e la potenza totale che raggiunge 1 m² di superficie della Terra.

[9970 K; 5,6·10⁸ W/m²; 1,21·10²⁸ W; 1,45·10⁻⁷ W]

5 Convertire l'energia di 5,5 kWh in joule ed esprimere 8500 J in kWh. [2,0·10⁷ J; 2,4·10⁻³ kWh]

6 Convertire in joule il consumo medio di energia in un anno, pari a 1800 kWh. [6,48 GJ]

7 Una piscina ha dimensioni di 25 m × 12 m e ha profondità media pari a 2,5 m. Determinare la potenza media irraggiata dal Sole sull'acqua della piscina (assumere il valore di 180 W/m²) e l'aumento di temperatura medio dell'acqua della piscina, dovuto al solo irraggiamento solare, dopo una esposizione di 10 ore, supponendo che tutta l'energia solare incidente venga assorbita dall'acqua.

[54 kW; 0,62 °C]

8 Individua le coordinate geografiche della tua zona, ricerca la radiazione globale giornaliera media mensile (in kWh/m²) su superficie orizzontale e verticale e determina la radiazione globale annua su una superficie di 5 m².

Le competenze del tecnico ambientale

Con riferimento alla tua abitazione e prendendo ad esempio la figura 14:
- individua le coordinate geografiche;
- scarica, ad esempio da www.solaritaly.enea.it, il diagramma solare cartesiano relativo alle coordinate geografiche della zona dove abiti;
- realizza una planimetria della zona di tuo interesse (ad esempio scaricando l'immagine satellitare da Google Maps) e individua, su di essa i punti cardinali;
- esegui il rilievo dell'orizzonte e di eventuali ostacoli;
- completa la tabella 3.

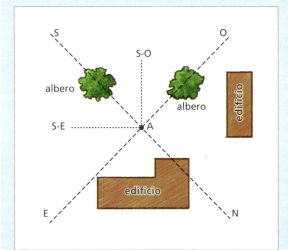

Figura 14 Esempio di planimetria nella quale sono stati individuati i punti cardinali rispetto ad A (punto di osservazione).

Tabella 3

Mese	Giorno	Ora Levata	Ora Tramonto
Gennaio			
Febbraio			
Marzo			
Aprile			
Maggio			
Giugno			
Luglio			
Agosto			
Settembre			
Ottobre			
Novembre			
Dicembre			

ESERCIZI
MODULO B L'ENERGIA SOLARE

Environmental Physics in English

Solar Spectrum and Solar Constant

The distribution of solar radiation as a function of the wavelength is called the solar spectrum, which consists of a continuous emission with some superimposed line structures. The Sun's total radiation output is approximately equivalent to that of a blackbody at 5776 K. The solar radiation in the visible and infrared spectrum fits closely with the blackbody emission at this temperature. However, the ultraviolet (UV) region (< 0,4 μm) of solar radiation deviates greatly from the visible and infrared regions in terms of the equivalent blackbody temperature of the Sun. In the interval 0,1–0,4 μm, the equivalent blackbody temperature of the sun is generally less than 5776 K with a minimum of about 4500 K at about 0,16 μm. The deviations seen in the solar spectrum are a result of emission from the nonisothermal solar atmosphere.

The solar constant is the amount of solar radiation received outside the Earth's atmosphere on a surface normal to the incident radiation per unit time and per unit area at the Earth's mean distance from the Sun. The solar constant is an important value for the studies of global energy balance and climate. Reliable measurements of solar constant can be made only from space and a more than 20-year record has been obtained based on overlapping satellite observations. The analysis of satellite data suggests a solar constant of 1366 W/m^2 with a measurement uncertainty of ± 3 W/m^2. Of the radiant energy emitted from the Sun, approximately 50% lies in the infrared region (> 0,7 μm), about 40% in the visibile region (0,4 – 0,7 μm), and about 10% in the UV region (< 0,4 μm). The solar constant is not in fact perfectly constant, but varies in relation to the solar activities. Beyond the very slow evolution of the Sun, a well-known solar activity is the sunspots, which are relatively dark regions on the surface of the Sun. The periodic change in the number of sunspots is referred to as the sunspot cycle, and takes about 11 years, the so-called 11-year cycle. The cycle of sunspot maxima having the same magnetic polarity is referred to as the 22-year cycle. The Sun also rotates on its axis once in about 27 days. Satellite observations suggest that the solar cycle variation of the solar constant is on the order of about 0,1%, which might be too small to directly cause more than barely detectable changes in the tropospheric climate. However, some indirect evidence indicates that the changes in solar constant related to sunspot activity may have been significantly larger over the last several centuries. Furthermore, solar variability is much larger (in relative terms) in the UV region, and induces considerable changes in the chemical composition, temperature, and circulation of the stratosphere, as well as in the higher reaches of the upper atmosphere.

(From Quiang Fu, Radiation (Solar), Encyclopedia of Atmospheric Sciences, Academic Press, Oxford (2003) pag. 1859)

GLOSSARY

- **Blackbody:** corpo nero
- **To fit:** adattarsi strettamente
- **Sunspots:** macchie solari
- **Tropospheric:** della troposfera (parte dell'atmosfera più vicina alla superficie terrestre; si estende fino a circa 16 km dalla superficie della Terra)
- **Stratosphere:** stratosfera (parte dell'atmosfera che si estende al di sopra della troposfera)
- **Reaches:** regioni

READING TEST

1. The solar spectrum consist of a continuous emission with some superimposed line structures. T F

2. The solar spectrum is approximately equivalent to that of a blackbody at constant temperature. T F

3. Approximately 50 % of the radiant energy emitted by the Sun lies in the visible region. T F

4. The solar constant varies in relation to the solar activities. T F

Modulo B
CAPITOLO 3
Il solare termico

3.1 I pannelli solari

Immaginiamo di lasciare al sole un corpo qualunque: esso si scalda, in quanto assorbe parte dell'energia che il Sole emette sotto forma di onde elettromagnetiche (che riceve sia direttamente, sia indirettamente, attraverso la radiazione riflessa e diffusa), trasformandola in energia termica, cioè calore.

Quando la temperatura del corpo diventa maggiore di quella dell'ambiente esterno, il corpo cede calore per *conduzione*, attraverso la parte a contatto con un piano di appoggio, per *convezione*, sulla superficie libera a contatto con l'aria, e per *irraggiamento*. Se il corpo che stiamo considerando è un recipiente contenente un liquido, dobbiamo considerare anche la perdita di calore per evaporazione.

Il corpo raggiunge una *temperatura di equilibrio* alla quale corrisponde una condizione, detta di **equilibrio termico**, in cui l'energia assorbita dal Sole è pari a quella ceduta all'ambiente (figura 1).

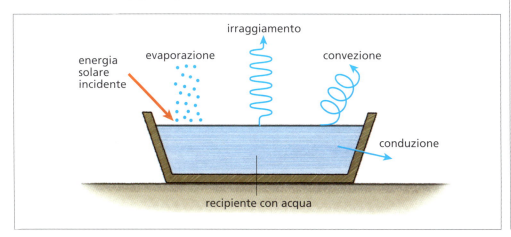

Figura 1 Un recipiente pieno di acqua assorbe energia dal Sole. Scaldandosi emette energia per irraggiamento, conduzione, convezione ed evaporazione dell'acqua, fino al raggiungimento dell'equilibrio termico.

37

Per fare in modo che la temperatura raggiunta dal corpo aumenti, dobbiamo aumentare la percentuale di energia assorbita e, al tempo stesso, ridurre quella emessa.

> Un **pannello solare** può essere definito come un dispositivo in grado di assorbire gran parte dell'energia solare che riceve (sia radiazione diretta sia radiazione diffusa), minimizzando le perdite verso l'esterno e trasformandola in calore.

■ Elementi costitutivi

Vediamo con maggiore dettaglio come è costituito un *pannello solare*, detto anche **collettore**.

La **superficie di raccolta** della radiazione solare è costituita da una lastra di materiale metallico che si scalda per effetto della radiazione stessa. Per massimizzare l'assorbimento di energia, tali lastre sono realizzate con materiali aventi un **coefficiente di assorbimento** molto elevato ($0,90 < \alpha < 0,95$). I materiali, riscaldandosi, cedono all'ambiente, tramite irraggiamento, parte della radiazione assorbita; si tende pertanto a utilizzare materiali che hanno anche un basso **coefficiente di emissione**, allo scopo di minimizzare le perdite.

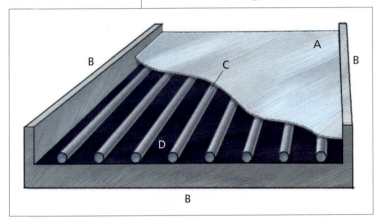

Figura 2 Pannello solare con copertura di vetro (A), isolato verso l'esterno (B); il fluido termovettore scorre nei tubi (C) posti a contatto con la superficie captante (D).

Alcuni materiali molto usati sono il rame e una lega rame-alluminio con uno strato nero di finitura. La superficie di colore nero del collettore ha lo scopo di assorbire la maggior parte della radiazione. L'inconveniente, però, è che, come succede per un corpo nero, il collettore emette anche gran parte della radiazione che incide su di esso.

Per limitare le perdite di calore per convezione, il collettore viene coperto superiormente con una **superficie vetrata** che ha anche lo scopo di limitare le perdite di calore per irraggiamento, favorendo l'effetto serra; infatti, la radiazione visibile solare attraversa il vetro (che risulta trasparente alla luce) e incide sulla lastra; questa, riscaldandosi, emette energia sotto forma di radiazione infrarossa che però non riesce più ad attraversare il vetro (che è opaco alla radiazione infrarossa) e rimane intrappolata nell'intercapedine, contribuendo ad aumentare la temperatura interna. Poiché il vetro determina un'ulteriore dispersione di calore verso l'esterno per conduzione, spesso si ricorre a un doppio vetro oppure a uno **strato selettivo**, ovvero uno strato costituito da sostanze con elevato valore del coefficiente di assorbimento e bassi va-

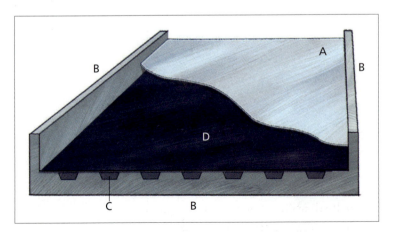

Figura 3 Pannello solare con copertura di vetro (A), isolato verso l'esterno (B); il fluido termovettore scorre in canali ricavati all'interno (C) sotto la superficie captante (D).

lori del coefficiente di emissione (ad esempio, ossido di alluminio, $Al_2 O_3$, pigmentato con nichel, che ha un coefficiente di assorbimento pari a 0,9 e un coefficiente di emissione pari a 0,1).

Per limitare le perdite di calore per conduzione attraverso la superficie inferiore e le superfici laterali, queste sono realizzate con materiali isolanti (coibenti).

La superficie di raccolta è lambita da un fluido che scorre all'interno di tubi posti a contatto con la lastra, o in canali ricavati all'interno della piastra stessa. Il fluido ha lo scopo di prelevare il calore accumulato dal collettore e trasferirlo all'impianto vero e proprio ed è detto **fluido termovettore** perché trasporta l'energia termica (figure 2 e 3).

■ Rendimento del pannello

Il **rendimento di un pannello solare** è una misura della capacità del pannello di trasferire al fluido termovettore l'energia proveniente dal Sole.

È definito dal rapporto tra l'*energia trasferita* sotto forma di calore al fluido termovettore, Q_t, e l'*energia incidente* sulla piastra stessa, Q_i.

$$r_p = \frac{Q_t}{Q_i}$$

L'attuale tecnologia permette di ottenere elevati valori di rendimento, riuscendo a convertire in calore fino all'80% dell'energia che incide sulla piastra.

Il rendimento del pannello è fornito dal costruttore mediante appositi grafici che ne descrivono l'andamento in funzione della differenza tra la temperatura media di esercizio, ovvero la temperatura media esterna, e la quantità di radiazione incidente sul pannello.

L'energia solare che incide sul pannello, come vedremo in seguito, dipende dalla località, dall'inclinazione e dall'orientamento del pannello stesso, nonché dalle condizioni ambientali del sito. Sono valori che possono essere calcolati con software specifici e risultano tabulati. Dalla conoscenza del rendimento del pannello e dell'energia incidente è possibile ricavare l'energia trasferita al fluido termovettore (che sarà poi utilizzata per lo scopo del pannello):

$$Q_t = r_p \, Q_i$$

3.2 Impianti solari

Un *impianto solare* può fornire *acqua calda sanitaria* (per la doccia e per l'igiene personale) e può essere utilizzato per la produzione di *acqua calda per il riscaldamento* degli ambienti domestici.

Il *fluido termovettore* può essere lo stesso che viene utilizzato dall'impianto vero e proprio, quindi acqua. Questo tipo di impianto è molto economico, ma non può essere installato in località dove le temperature minime sono tali da non escludere la possibilità di congelamento dell'acqua.

Il fluido termovettore può essere differente da quello di utilizzazione, quindi acqua con liquido anticongelante (ad esempio, glicole). In questo caso è necessaria la presenza di due distinti circuiti idraulici. Questo tipo di impianto è più complesso e costoso, ma spesso produce risultati migliori.

Le parti fondamentali di un impianto solare, oltre ai collettori solari, sono:

- il serbatoio di accumulo;
- gli scambiatori termici;
- un'eventuale caldaia ausiliaria;
- la tubazione.

Il **serbatoio di accumulo** è il luogo in cui viene immagazzinata l'acqua calda prodotta dall'impianto, prima di essere fornita all'utilizzatore. La sua dimensione dipende dall'area complessiva dei pannelli solari.

Gli **scambiatori termici** sono costituiti da serpentine all'interno delle quali scorre il fluido termovettore, che proviene direttamente dal collettore, mentre esternamente a esso vi è l'acqua che verrà poi utilizzata direttamente dall'impianto (acqua calda sanitaria o acqua per l'integrazione del sistema di riscaldamento). Sono assenti in sistemi in cui il fluido termovettore è l'acqua che viene poi fornita all'utilizzatore.

L'integrazione tra impianto solare e **caldaia ausiliaria** rende sempre disponibile l'acqua calda, specialmente in impianti destinati sia alla produzione di acqua calda sanitaria sia di acqua calda per il riscaldamento domestico. Infatti il collettore solare produce la massima quantità di calore nei mesi estivi (quando la richiesta di acqua calda per riscaldamento è assente) e la minima in inverno (quando la richiesta di acqua calda per riscaldamento è invece massima). Pertanto, nei mesi invernali, il circuito solare può essere utilizzato per un primo riscaldamento dell'acqua, con un risparmio sul consumo del gas per il successivo riscaldamento con una caldaia ausiliaria. Se un impianto è progettato anche per la produzione di acqua calda per riscaldamento deve necessariamente produrre acqua calda sanitaria per consentire lo smaltimento del calore accumulato nei mesi estivi ed evitare la stagnazione dell'acqua nel serbatoio di accumulo.

Le **tubazioni**, infine, garantiscono la circolazione del fluido termovettore e dell'acqua nell'impianto.

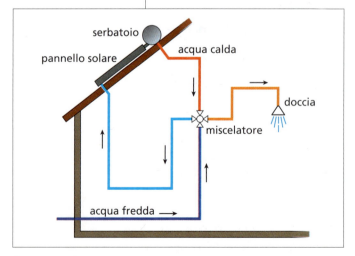

Figura 4 Sistema a circolazione naturale. L'acqua entra nella parte più bassa del pannello ed esce dalla parte più alta del serbatoio di accumulo; prima di essere utilizzata viene miscelata con acqua fredda.

■ Impianto a circolazione naturale

In un **impianto a circolazione naturale,** il fluido termovettore non ha bisogno di pompe per spostarsi dal pannello al serbatoio di accumulo, ma circola nell'impianto per il fenomeno della convezione.

Il fluido, infatti, entra nel pannello solare dalla posizione più bassa e, riscaldandosi, si espande e inizia a salire (in quanto subisce una spinta di Archimede maggiore) fino a uscire dal pannello nel punto più alto, dove è posto il serbatoio di accumulo. A causa della differenza di densità del fluido, si instaura una circolazione naturale.

In tali impianti il serbatoio deve essere posto più in alto dei pannelli solari.

■ Impianto a circolazione forzata

In un **impianto a circolazione forzata** il movimento del fluido termovettore è garantito da una pompa che viene attivata quando la temperatura all'interno del collettore è maggiore della temperatura impostata nel serbatoio di accumulo.

Il vantaggio principale di un impianto a circolazione forzata sta nel fatto che il serbatoio di accumulo può essere posizionato in qualunque punto, ad esempio anche all'interno della casa, limitando le perdite di calore inevitabili in sistemi con serbatoio all'aperto.

Questo è l'unico sistema possibile in impianti nei quali i collettori solari non siano installati sul tetto, ma, ad esempio, nel giardino.

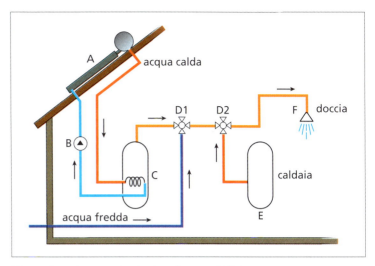

Figura 5 Impianto a circolazione forzata. Il fluido termovettore attraversa il pannello (A) tramite una pompa (B), e quindi raggiunge lo scambiatore di calore all'interno del serbatoio di accumulo (C). Prima di raggiungere l'utilizzatore (F) viene miscelata con acqua fredda o con acqua calda proveniente dalla caldaia (E).

3.3 Modalità di installazione

■ Orientazione e inclinazione del pannello

Abbiamo visto che il pannello solare assorbe l'energia proveniente dal Sole sia direttamente sia indirettamente, attraverso la radiazione diffusa e quella riflessa. La suddivisione tra radiazione diretta e indiretta dipende prevalentemente dalle condizioni meteorologiche: con cielo coperto la radiazione è principalmente diffusa, mentre con cielo sereno la radiazione diffusa è una percentuale piccola del totale (tabella 1).

Tabella 1 Radiazione totale che incide sull'unità di superficie e contributi relativi al variare delle condizioni metereologiche.

Radiazione solare	Condizioni del tempo					
	Sereno	Nuvoloso	Nebbia	Nebbia fitta	Sole appena percettibile	Coperto
Totale (W/m²)	1000	500	600	100	200	50
Diretta (%)	90	70	50	0	0	0
Diffusa (%)	10	30	50	100	100	100

Per massimizzare l'assorbimento della *radiazione diretta* il pannello dovrebbe essere inclinato fino ad assumere un angolo, detto **tilt**, pari alla latitudine del luogo, e orientato verso Sud, cioè con un angolo di **azimut** nullo; per massimizzare l'assorbimento della *radiazione diffusa*, proveniente da ogni parte del cielo, sarebbe invece necessario ridurne l'inclinazione.

MODULO B L'ENERGIA SOLARE

In generale, nota la latitudine L del luogo in cui viene installato il pannello, possiamo distinguere due casi per l'*inclinazione ottimale*: durante i mesi estivi, quando il Sole è più alto sull'orizzonte, è un valore superiore alla latitudine L di una quantità compresa tra 10° e 15°; nei mesi invernali, quando il Sole è più basso, è un valore inferiore alla latitudine L di una quantità sempre compresa tra 10° e 15°.

L'inclinazione ottimale per un funzionamento annuale, nell'ottica di massimizzare la radiazione indiretta anche nei mesi invernali, è pari a 0,9 L.

Tabella 2 Inclinazione ottimale di un pannello solare, riferita alla latitudine L del luogo di installazione e alla stagione di utilizzo.

Funzionamento prevalente	Angolo di inclinazione (°)
Mesi estivi	$L + 10°$
Mesi invernali	$L - 10°$
Annuale	0,9 L

Va comunque segnalato che, fissato l'orientamento ottimale (verso Sud), una variazione di inclinazione di ±15° rispetto al valore ottimale (dovuto ad esempio all'inclinazione del tetto) comporta una riduzione dell'efficienza del pannello non superiore al 3%.

Fissata, viceversa, l'inclinazione ottimale, una variazione di orientamento rispetto a quella migliore compresa in un intervallo di 45° verso Est o verso Ovest, comporta una riduzione non superiore al 5%.

Sono possibili anche orientazioni a Est o a Ovest, con una riduzione dell'efficienza dell'ordine del 10-15%.

■ Posizionamento del pannello

Nella progettazione di un impianto a pannelli solari è molto importante la scelta del punto dove posizionare i pannelli.

La scelta preferibile rimane il tetto, sempre che l'orientazione dello stesso lo consenta, anche perché l'influenza dell'inclinazione, come abbiamo visto, è modesta.

Nel caso di un *tetto a falde* è sempre preferibile mantenere, anche per motivi estetici, l'inclinazione del tetto stesso. Il *tetto piano*, invece, se da un lato rappresenta una soluzione ottimale in quanto consente di scegliere l'inclinazione del pannello, dall'altro impone il calcolo della distanza tra pannelli per evitare l'ombreggiamento di un pannello da parte di un altro.

Qualora non sia possibile sistemare i pannelli sul tetto (perché, ad esempio, vi sono dei vincoli oppure perché il tetto rimane in ombra a causa della presenza di alberi o di altri edifici) è necessario valutare altre possibilità, quali ad esempio eventuali giardini.

Nella scelta del posizionamento riveste una notevole importanza lo *studio delle ombre*. Questo va eseguito riferendosi alla posizione del Sole nel solstizio d'inverno, poiché, trovandosi nella posizione più bassa sull'orizzonte, vengono proiettate le ombre più lunghe.

CAPITOLO 3 IL SOLARE TERMICO

3.4 Dimensionamento di un impianto a pannelli solari

Ai fini del corretto dimensionamento di un impianto solare, è necessario determinare:

- il fabbisogno di acqua calda sanitaria;
- la superficie captante necessaria;
- il numero di pannelli solari;
- il volume del serbatoio di accumulo.

■ Fabbisogno di acqua calda sanitaria

Il fabbisogno di acqua calda sanitaria rimane pressoché costante durante l'intero anno e dipende dal numero di persone che abitano l'edificio.

> In mancanza di dati certi sui consumi giornalieri di una famiglia, si può assumere che, nel caso di abitazioni di dimensioni medie e di stili di vita normali, il fabbisogno di acqua calda sanitaria sia pari a circa 65 L/giorno per persona e a una temperatura di 45 °C.

Nelle strutture con funzione ricettiva (alberghi, ostelli, agriturismi, campeggi ecc.) il fabbisogno di acqua calda è fortemente influenzato dalla presenza di clienti. Il calcolo del fabbisogno viene eseguito quindi sulla base della presenza media di persone nel periodo di maggiore turismo e su tale dato si esegue il calcolo per il dimensionamento.

Per il consumo medio giornaliero si utilizzano dati inferiori allo standard medio per famiglia (nel caso di ostelli della gioventù o strutture comunque a standard semplice) e valori superiori (per standard elevati).

ESEMPIO 1

▶ In una famiglia vivono 4 persone. Determinare il fabbisogno giornaliero e annuo di acqua calda sanitaria.

■ Poiché dobbiamo considerare 65 L di acqua al giorno per persona, il fabbisogno giornaliero F_g sarà:

$$F_g = 4 \ (65 \text{ L/giorno}) = 260 \text{ L/giorno}$$

Il fabbisogno annuo invece sarà:

$$F_a = 365 \ (260 \text{ L/giorno}) = 94\,900 \text{ L/anno}$$

In base al fabbisogno di acqua calda sanitaria si determina la quantità di energia necessaria a riscaldare l'acqua dalla temperatura di ingresso nel sistema (che è pari alla temperatura dell'acqua di rete) alla temperatura richiesta (generalmente, per uso domestico, viene considerato il valore di 45 °C); dall'equazione fondamentale della calorimetria si ricava:

$$Q = mc(t_2 - t_1)$$

dove m è la massa di acqua espressa in kg, c è il suo calore specifico (pari a 4186 J/kg·°C)

43

MODULO B L'ENERGIA SOLARE

e t_1 e t_2 sono rispettivamente la temperatura iniziale e quella finale (quest'ultima pari, in generale, a 45 °C).

Tuttavia, per motivi pratici, risulta più utile esprimere il calore specifico dell'acqua in un'altra unità di misura. Infatti il fabbisogno giornaliero (o annuo) è espresso in litri, mentre il calore specifico dell'acqua è riferito alla unità di massa (il kilogrammo). Sapendo che

$$d_{\text{acqua}} = \frac{m_{\text{acqua}}}{V_{\text{acqua}}}$$

e ricavando il volume di acqua si ha:

$$V_{\text{acqua}} = \frac{m_{\text{acqua}}}{d_{\text{acqua}}} = \frac{1\,\text{kg}}{1\,\text{kg/dm}^3} = 1\,\text{dm}^3 = 1\,\text{L}$$

Cioè una massa d'acqua pari a 1 kg occupa un volume di 1 L, pertanto numericamente il valore della massa e del volume dell'acqua coincidono, quindi

$$c = 4186\,\text{J/(kg} \cdot °\text{C)} = 4186\,\text{J/(L} \cdot °\text{C)}$$

Inoltre l'energia solare incidente viene spesso fornita in kWh, quindi è preferibile esprimere anche il calore specifico dell'acqua in questa unità di misura. Ricordando che:

$$1\,\text{kWh} = 3,6 \cdot 10^6\,\text{J}$$

ricaviamo:

$$c = \frac{4,186 \cdot 10^3}{3,6 \cdot 10^6}\,\text{kWh/(L} \cdot °\text{C)} = 1,16 \cdot 10^{-3}\,\text{kWh/(L} \cdot °\text{C)} = 1,16\,\text{Wh/(L} \cdot °\text{C)}$$

> Il *calore specifico dell'acqua* può essere espresso anche come 1,16 Wh/(L·°C).

ESEMPIO 2

▶ Determina l'energia necessaria a soddisfare il fabbisogno giornaliero e annuo di acqua calda sanitaria dell'esempio precedente, considerando che la temperatura media dell'acqua in ingresso al pannello è 10 °C (pari alla temperatura media dell'acquedotto) e la temperatura media dell'acqua in uscita è 45 °C.

■ Usando l'equazione fondamentale della calorimetria, otteniamo quanto segue.

Fabbisogno giornaliero:

$$Q_g = F_g\,c(t_2 - t_1) = (260\,\text{L/giorno})[1,16\,\text{Wh/(L} \cdot °\text{C)}](45\,°\text{C} - 10\,°\text{C}) =$$

$$= 10,6 \cdot 10^3\,\text{Wh/giorno} = 1,6\,\text{kWh/giorno}$$

Fabbisogno annuo:

$$Q_a = F_a\,c(t_2 - t_1) = (94,9 \cdot 10^3\,\text{L/anno})[1,16\,\text{Wh/(L} \cdot °\text{C)}](45\,°\text{C} - 10\,°\text{C}) =$$

$$= 3,85 \cdot 10^6\,\text{Wh/anno} = 3,85 \cdot 10^3\,\text{kWh/anno}$$

CAPITOLO 3 IL SOLARE TERMICO

ESEMPIO 3

▶ Un agriturismo viene gestito da una famiglia di 4 persone e durante la stagione estiva la presenza media di ospiti è di 10 al giorno. Determina il fabbisogno medio giornaliero di acqua calda sanitaria.

■ Il fabbisogno può essere determinato considerando il valore medio standard per i componenti della famiglia e un consumo leggermente inferiore per gli ospiti.

$$F_{g,m} = 4 \,(65 \text{ L/giorno}) + 10 \,(50 \text{ L/giorno}) = 760 \text{ L/giorno}$$

■ Determinazione della superficie captante necessaria

Prima approssimazione

Questo metodo è di semplice esecuzione, ma fornisce risultati approssimati. Può essere utile per un primo approccio al problema, non prevedendo l'utilizzo di un pannello specifico.

La stima della *superficie captante* può essere eseguita considerando 1 m² di pannello per ogni 100 L di fabbisogno giornaliero.

ESEMPIO 4

▶ Con riferimento ai dati dell'esempio 1, determina la superficie captante necessaria.

■ Poiché, come regola pratica, possiamo assumere 1 m² ogni 100 L di fabbisogno giornaliero, si ha:

$$S = \frac{F_g}{100 \,(\text{L/giorno})/\text{m}^2} = \frac{260 \text{ L/giorno}}{100 \,(\text{L/giorno})/\text{m}^2} = 2,60 \text{ m}^2$$

ESEMPIO 5

▶ Con riferimento ai dati dell'esempio 3, determina la superficie captante necessaria.

■ Poiché come regola pratica possiamo assumere 1 m² ogni 100 L di fabbisogno giornaliero, si ha:

$$S = \frac{F_g}{100 \,(\text{L/giorno})/\text{m}^2} = \frac{760 \text{ L/giorno}}{100 \,(\text{L/giorno})/\text{m}^2} = 7,60 \text{ m}^2$$

In pratica

La scelta del pannello andrà effettuata, tra quelli disponibili in commercio, approssimando per eccesso (mai per difetto) il valore della superficie captante calcolato, cioè scegliendo un componente commerciale leggermente sovradimensionato.

MODULO B L'ENERGIA SOLARE

Metodo analitico

Per eseguire un calcolo più preciso della superficie captante necessaria a soddisfare il fabbisogno di acqua calda sanitaria dobbiamo conoscere:

- l'energia solare disponibile per metro quadrato di superficie captante per un pannello posto in una determinata località, con una certa orientazione e inclinazione;

- il rendimento del pannello.

Come già accennato, l'**energia solare disponibile** può essere ricavata con una procedura di calcolo complessa a partire dai dati tabulati nella norma UNI 10349, che fornisce l'energia solare incidente su una superficie orizzontale in alcune località italiane. Esistono anche dei programmi che eseguono in automatico tale procedura di calcolo. All'indirizzo internet www.solaritaly.enea.it, è possibile, date le coordinate del luogo, l'orientazione e l'inclinazione del pannello, ricavare il valore dell'energia solare media in un periodo di tempo prefissato.

Il **rendimento del pannello** è una grandezza che viene fornita dal costruttore, dipendendo dallo specifico pannello. In generale non è un valore costante e dipende dalla differenza di temperatura tra quella media di esercizio del pannello (che varia, anche se poco, nel corso dell'anno, essendo differente la temperatura di ingresso dell'acqua) e quella esterna. Il rendimento massimo si ha quando la temperatura media di esercizio del pannello è uguale alla temperatura esterna (in quanto sono minime le perdite di calore verso l'esterno) e diminuisce al crescere di tale differenza. I pannelli non coperti da vetro, convenienti dal punto di vista economico, hanno un rendimento più variabile e sono perciò prevalentemente usati nelle situazioni in cui si richiede un modesto apporto di acqua calda. I pannelli tecnologicamente più avanzati, e quindi più costosi, hanno invece un rendimento meno sensibile alla temperatura esterna.

Partendo dal fabbisogno giornaliero F_g di acqua calda sanitaria dell'edificio che stiamo esaminando possiamo ricavare il fabbisogno annuo F_a:

$$F_a = 365 \, F_g$$

La quantità totale di energia necessaria, fissati i valori di temperatura dell'acqua in ingresso al pannello (t_1) e quella di esercizio del sistema (t_2), si ricava tramite l'equazione fondamentale della calorimetria:

$$Q = F_a \, c(t_2 - t_1)$$

Dall'energia solare disponibile E_d che incide in un anno su 1 m^2 di superficie orientata, come il pannello che stiamo esaminando, possiamo ricavare l'energia trasformata in calore dal pannello:

$$E = r_p \, E_d$$

dove r_p è il *rendimento del pannello*.

La superficie richiesta sarà pertanto data da:

$$S = \frac{Q}{E}$$

CAPITOLO 3 IL SOLARE TERMICO

ESEMPIO 6

▶ Con riferimento all'esempio 2, esegui il calcolo della superficie necessaria per un pannello esposto in maniera tale da ricevere, in un anno, 1750 kWh di energia solare per m^2 di superficie e considerando un pannello il cui rendimento sia pari al 70%.

■ L'energia solare trasformata in calore dal pannello è

$$E = r_p E_d = 0{,}70 \, [1750 \, (\text{kWh/anno})/\text{m}^2] = 1{,}23 \cdot 10^3 (\text{kWh/anno})/\text{m}^2$$

La superficie richiesta sarà pertanto:

$$S = \frac{Q}{E} = \frac{3{,}85 \cdot 10^3 \ \text{kWh/anno}}{1{,}23 \cdot 10^3 \ (\text{kWh/anno})/\text{m}^2} = 3{,}1 \ \text{m}^2$$

Tale calcolo, basato su valori medi annuali, comporta che nei mesi estivi la produzione di acqua calda sanitaria sarà superiore alla richiesta, mentre nei mesi invernali potrebbe esserci una carenza della stessa. È preferibile quindi avere sempre a disposizione anche l'impianto tradizionale e inserire, tra i parametri di progetto, anche il **fattore di copertura** F_c, che indica la frazione complessiva di calore che deve essere soddisfatta, su base annua, mediante impianto solare.

Per la produzione di acqua calda sanitaria si adotta, in generale, $F_c = 70\%$, indicando quindi che, tramite l'impianto solare, si vuole soddisfare mediamente il 70% del fabbisogno annuale.

ESEMPIO 7

▶ Ripeti il calcolo dell'esempio 6, considerando un fattore di copertura pari al 70%.

■ Il fabbisogno annuo di acqua calda sanitaria da voler coprire con l'impianto solare sarà quindi:

$$F_{a,s} = F_c F_a = 0{,}70 (9{,}49 \cdot 10^4 \ \text{L/anno}) = 66{,}4 \cdot 10^3 \ \text{L/anno}$$

Conseguentemente l'energia necessaria si ridurrà a:

$$Q_{a,s} = 2{,}7 \cdot 10^3 \ \text{kWh/anno}$$

e la superficie dei pannelli diviene:

$$S = \frac{Q}{E} = \frac{2{,}7 \cdot 10^3 \ \text{kWh/anno}}{1{,}23 \cdot 10^3 \ (\text{kWh/anno})/\text{m}^2} = 2{,}2 \ \text{m}^2$$

■ **Determinazione del numero di pannelli solari necessari**

Il numero di pannelli solari necessari può essere facilmente calcolato a partire dalle dimensioni del singolo pannello prodotto dall'azienda fornitrice scelta. Infatti se S_d è la dimensione del pannello prodotto, il numero di pannelli necessario risulterà dato da:

$$n \geq \frac{S}{S_d}$$

47

MODULO B L'ENERGIA SOLARE

essendo n un numero intero e quindi avendo arrotondato il risultato all'intero successivo. La superficie effettivamente installata sarà quindi:

$$S_i = nS_d$$

■ Determinazione del volume del serbatoio di accumulo

Dobbiamo premettere che un serbatoio abbastanza voluminoso, benché permetta di superare anche lunghi periodi di brutto tempo, causa maggiori dispersioni di calore. Inoltre, in alcuni casi, il consumo di acqua rimane pressoché costante nel tempo, mentre in altri, ad esempio nell'edilizia residenziale, il consumo di acqua è concentrato maggiormente in alcuni periodi della giornata (mattina e sera).

Nell'edilizia residenziale è spesso conveniente utilizzare un serbatoio di accumulo pari a 100 L per ogni m^2 di superficie del collettore.

ESEMPIO 8

▶ Con riferimento all'esempio 7, determina il volume di accumulo necessario.

■ Poiché, come regola pratica, è necessario prevedere 100 L di accumulo per m^2 di superficie captante, sarà necessario un volume di accumulo pari a $(2,2 \text{ L})(100 \text{ L/m}^2) = 220$ L, da arrotondare sempre per eccesso, in base alle tipologie di serbatoi presenti sul mercato.

3.5 Vantaggi di un impianto a pannelli solari

■ Vantaggi economici

Il costo di un impianto solare è costituito da più voci:

- costo dell'impianto vero e proprio, che dipende dalla scelta dei componenti e dalla tipologia di impianto;

- costo della installazione, che dipende dalla scelta della tipologia di impianto da realizzare e dalla sua ubicazione;

- costo da sostenere per l'ottenimento dei permessi e delle autorizzazioni.

Allo stato attuale, a partire dal 1 gennaio 2013, le agevolazioni fiscali per gli interventi di riqualificazione energetica sono assimilate a quelle per la ristrutturazione (per le quali è prevista una detrazione del 36%), non cumulabili con eventuali altri incentivi, mentre l'aliquota da applicare per l'IVA è del 10%.

Il costo standard per un impianto a circolazione forzata con 5 m^2 di pannelli solari è dell'ordine di 5000 €, con una vita minima dell'impianto stimata in 20 anni e un costo annuo di manutenzione dell'ordine del 2,5% del costo di impianto.

Il risparmio, e quindi la convenienza, deve essere valutato riferendosi al costo dell'energia tradizionale. Allo stato attuale il costo dell'energia per la produzione di acqua calda sanitaria è riassunto nella tabella 3.

CAPITOLO 3 IL SOLARE TERMICO

Tabella 3 Costo della produzione di acqua calda sanitaria.

Tipo di caldaia	Energia consumata	Costo (€/kWh)
Scaldabagno	Elettrica	0,18
Caldaia	Metano	0,08

ESEMPIO 9

▶ Valuta il costo sostenuto dalla famiglia dell'esempio 1 in 20 anni con una caldaia a metano tradizionale (rendimento del 65%) e con un impianto solare, considerando un investimento iniziale di 5000 € per l'impianto, una manutenzione annua del 2,5% e una copertura del 70% del fabbisogno di acqua calda sanitaria.

■ *Caldaia a metano*

- Fabbisogno annuo: $3,85 \cdot 10^3$ kWh

- Consumo di metano: $(3,85 \cdot 10^3)/0,65 = 5,9 \cdot 10^3$ kWh

- Costo annuo: $(0,08 \text{ €/kWh})(5,9 \cdot 10^3 \text{ kWh}) \approx 475$ €

- Costo in 20 anni: $20(475 \text{ €}) = 9500$ €

■ *Con impianto solare*

- Costo iniziale per un impianto da 2,2 m²: 2500 €

- IVA (10%): 250 €

- Consumo gas (30% del costo complessivo): $0,30 \cdot 9500 \text{ €} = 2850$ €

- Costo totale: 5600 €

La manutenzione non è stata conteggiata perché comune a entrambi gli impianti.

Con una detrazione del 36% sul costo dell'impianto, IVA compresa, il costo totale si abbatte a $5600 \text{ €} - 0,36 \cdot (2500 \text{ €} + 250 \text{ €}) = 4610$ €.

Per valutare il tempo di ritorno dell'investimento dobbiamo considerare il costo iniziale, sia senza considerare gli incentivi, $C = 2750$ €, sia considerando la detrazione del 36%, $C = 2750 \text{ €} - 0,36 \cdot (2750 \text{ €}) = 1760$ €, e dividerlo per il risparmio annuo ottenibile, pari al 70% del costo con carburante tradizionale, $R = 0,70 \cdot (475 \text{ €}) = 332,50$ €.

Il *tempo di ritorno dell'investimento* risulta, nei due casi, pari a:

$$t = \frac{C}{R} = \begin{cases} \dfrac{2750 \text{ €}}{332,50 \text{ €/anno}} = 8,3 \text{ anni, senza incentivi} \\[2ex] \dfrac{1760 \text{ €}}{332,50 \text{ €/anno}} = 5,3 \text{ anni, con detrazione del 36\%} \end{cases}$$

■ Vantaggi ambientali

I vantaggi ambientali che si hanno con l'utilizzo di sistemi di riscaldamento dell'acqua sanitaria a energia solare derivano dalla notevole riduzione di produzione di CO_2.

Come abbiamo visto, è sempre preferibile inserire, insieme al sistema di riscalda-

MODULO B L'ENERGIA SOLARE

mento a energia solare, un sistema di riscaldamento tradizionale, che, per contro, produce CO_2.

Si è stimato che una famiglia di 4 persone che utilizza per la produzione di acqua calda sanitaria uno scaldabagno elettrico, consuma 7,7 kWh di energia elettrica al giorno. Poiché la produzione di 1 kWh di energia elettrica comporta l'emissione di 0,7 kg di CO_2, lo scaldabagno usato dalla famiglia è responsabile della produzione 5,4 kg di CO_2 al giorno.

Una caldaia a metano, invece, consuma mediamente, per la produzione di acqua calda sanitaria, 0,9 m^3 di combustibile al giorno per famiglia. Poiché alla produzione di 1 m^3 di metano corrisponde l'emissione 1,96 kg di CO_2, complessivamente una caldaia a metano produce 1,8 kg di CO_2 al giorno.

ESEMPIO 10

▶ Con riferimento all'esempio 7, determina la riduzione di emissione di CO_2 in un anno per una famiglia che copra, con un impianto solare, il 70% del fabbisogno di acqua calda sanitaria.

■ Poiché il 30% dell'acqua calda sanitaria sarà prodotto con metodi tradizionali, considerando una produzione mediante scaldabagno elettrico si avrà un fabbisogno medio di

$$0,3 \cdot (7,7 \text{ kWh}) = 2,3 \text{ kWh al giorno}$$

con conseguente emissione di

$$(2,3 \text{ kWh})(0,7 \text{ kg/kWh}) = 1,6 \text{ kg di } CO_2 \text{ al giorno}$$

quindi

$$365 (1,6 \text{ kg}) = 590 \text{ kg di } CO_2 \text{ annui}$$

Senza impianto solare la produzione di CO_2 sarebbe stata pari a

$$365 (5,4 \text{ kg}) = 1970 \text{ kg di } CO_2$$

e quindi si avrebbe avuto un aumento della emissione di CO_2 pari a

$$1970 \text{ kg} - 590 \text{ kg} = 1380 \text{ kg}$$

Considerando una produzione mediante caldaia a metano, si avrà un fabbisogno medio di

$$0,3 (0,9 \text{ m}^3) = 0,27 \text{ m}^3 \text{ di metano al giorno}$$

con conseguente emissione di

$$(0,27 \text{ m}^3)[1,96 \text{ kg}/(L \cdot \text{m}^3)] = 0,53 \text{ kg di } CO_2 \text{ al giorno}$$

quindi

$$365 (0,53 \text{ kg}) = 190 \text{ kg di } CO_2 \text{ annui}$$

Senza impianto solare la produzione di CO_2 sarebbe stata pari a

$$365 (1,8 \text{ kg}) = 657 \text{ kg di } CO_2$$

e quindi si avrebbe avuto un aumento della emissione di CO_2 pari a

$$657 \text{ kg} - 190 \text{ kg} = 467 \text{ kg}$$

CAPITOLO 3 IL SOLARE TERMICO

ESERCIZI

INDIVIDUA LA RISPOSTA CORRETTA

1 In un pannello solare vetrato la copertura in vetro serve a proteggere il pannello stesso da eventuali urti. V F

2 In un pannello solare l'energia del Sole viene trasformata in energia termica e ceduta a un liquido che scorre all'interno del pannello stesso. V F

3 I pannelli solari di un impianto a circolazione naturale possono essere installati in giardino. V F

4 La circolazione di acqua in un impianto a circolazione naturale viene ottenuta per effetto della convezione. V F

5 Un impianto a circolazione forzata è più costoso di uno a circolazione naturale. V F

6 Un impianto a circolazione forzata deve essere installato in luoghi dove la temperatura può scendere sotto 0 °C. V F

7 Il rendimento di un pannello solare è una grandezza costante che dipende unicamente da elementi costitutivi del pannello stesso. V F

8 La componente diffusa della radiazione solare è predominante in giornate di cielo nuvoloso. V F

TEST

9 Il calore specifico dell'acqua può essere misurato in:

a. $J/(kg \cdot h)$
b. $W/(kg \cdot °C)$
c. $Wh/(l \cdot °C)$
d. $W/(kg \cdot h)$

10 Se C è il costo dell'impianto e R_a il risparmio annuo che è possibile ottenere, il tempo medio di ritorno T_m dell'investimento si calcola:

a. $T_m = R_a/C$
b. $T_m = C/R_a$
c. $T_m = CR_a$
d. $T_m = 2\,C/R_a$

11 Quanti kg di anidride carbonica immette mensilmente in atmosfera una famiglia di 4 persone per il consumo di acqua calda sanitaria con una caldaia a metano?

a. 72 kg **b.** 54 kg **c.** 12 kg **d.** 90 kg

12 Quanta energia è necessaria per riscaldare 70 L di acqua, aumentando la sua temperatura di 25 °C?

a. 2,03 kWh
b. 203 kWh
c. 20,3 kWh
d. 2,03 Wh

13 Una famiglia di 6 persone ha un fabbisogno giornaliero medio di acqua calda sanitaria a 45 °C pari a:

a. 300 L
b. 350 L
c. 390 L
d. 440 L

14 In corrispondenza di una superficie captante pari a 3,7 m², è necessario un serbatoio di accumulo di volume almeno pari a:

a. 200 L
b. 370 L
c. 500 L
d. 1000 L

15 In una certa località la radiazione globale annua su una superficie inclinata è di 1600 kWh/m². L'energia che incide giornalmente su 5 m² di superficie è:

a. 8000 kWh
b. 21,9 kWh
c. 8 Wh
d. 21,9 Wh

16 Se una località si trova a una latitudine di 43°, l'inclinazione ottimale per la produzione annua di acqua calda sanitaria è:

a. 43° **b.** 35° **c.** 0° **d.** 39°

PROBLEMI

1 Determina il fabbisogno annuo di acqua calda sanitaria a 45 °C per una famiglia di 5 persone.

[118 (625 L/anno]

2 La radiazione media globale annua in una località è pari a 1500 kWh/m². Quanta energia può essere trasformata in calore da un sistema di pannelli solari, di area complessiva pari a 3,1 m², con un rendimento del 65%? [3022,5 kWh]

3 Determina il calore necessario per riscaldare 100 L di acqua da una temperatura iniziale di 15 °C a una temperatura finale di 45 °C. Esprimi il risultato sia in kWh sia in J.

[3480 Wh; 12 558 kJ]

4 La radiazione solare media giornaliera a Perugia (latitudine: 43°5'51" e longitudine 12°23'2") che incide su una superficie orizzontale varia, nel corso dell'anno, secondo la seguente tabella:

51

ESERCIZI — MODULO B L'ENERGIA SOLARE

Tabella 4 Tabella problema 4

Mese	Radiazione solare media (kWh/m²)
Gennaio	1,8
Febbraio	2,5
Marzo	3,8
Aprile	4,8
Maggio	5,9
Giugno	6,4
Luglio	6,5
Agosto	5,5
Settembre	4,2
Ottobre	3,0
Novembre	2,0
Dicembre	1,5

▶ Costruisci un istogramma riportando in ascissa i mesi (considerati tutti di 30 giorni) e in ordinata la radiazione solare media. Determina l'energia globale che incide su una superficie orizzontale in 1 anno solare (considerato di 360 giorni). [1,44 MWh]

5 Determina la superficie captante necessaria a soddisfare un fabbisogno annuo di $5 \cdot 10^3$ kWh, considerando un'energia incidente in 1 anno pari a 1600 kWh/m² e un rendimento del 75%. Sapendo che il produttore realizza pannelli da 1,5 m × 2,5 m, determina anche il numero di pannelli necessari alla installazione. [4,2 m²; 2]

6 Determina il fabbisogno energetico mensile per la produzione di acqua calda sanitaria a 45 °C per una famiglia di 8 persone. Supponi che l'acqua in ingresso all'impianto abbia una temperatura di 10 °C. [633 kWh]

7 Sapendo che il costo dei pannelli solari per un impianto è pari a 2500 €, l'installazione incide per 900 € e le spese di progettazione ammontano a 200 €, determina il tempo medio di ritorno dell'investimento, considerando la detrazione del 36% e un risparmio medio annuo di 650 €. [3,5 anni]

8 Determina il costo per la produzione di acqua calda sanitaria in 1 anno per una famiglia di 6 persone che usa:
– caldaia a metano;
– scaldabagno elettrico.

▶ Supponi che l'acqua in ingresso all'impianto abbia una temperatura di 10 °C. [462 €; 1040 €]

Le competenze del tecnico ambientale

Sei stato incaricato, da un abitante del tuo stesso Comune, di verificare la possibilità di realizzare un impianto a energia solare per il fabbisogno di acqua calda sanitaria. Nella palazzina in cui vive, abitano con lui altre 5 persone. Supponi che non vi siano problemi legati a ombreggiature.

■ Al fine di adempiere all'incarico che ti è stato assegnato:
- individua le coordinate geografiche (latitudine e longitudine) del tuo Comune di residenza;
- verifica le temperature massime e minime annuali della tua zona;
- stabilisci l'inclinazione migliore dei pannelli, immaginando di poterli orientare verso Sud;
- trova l'insolazione media (ad esempio, dal sito web www.solaritaly.enea.it);
- determina il fabbisogno annuale di acqua calda sanitaria;
- calcola la superficie necessaria dei pannelli solari, supponendo un rendimento degli stessi pari al 70% e di voler coprire, con l'impianto, il 70% del fabbisogno di acqua calda sanitaria;
- verifica il costo dell'impianto, se possibile rivolgendoti a installatori che operano nel tuo territorio;
- valuta il tempo medio di ritorno dell'investimento.

■ Redigi una breve relazione tecnica in cui esponi la tipologia di impianto che, secondo te, si adatta meglio alle richieste del tuo cliente, determina l'area della superficie captante necessaria e il costo da sostenere. Discuti, infine, i vantaggi dell'impianto.

CAPITOLO 3 IL SOLARE TERMICO — **ESERCIZI**

Environmental Physics in English

Barriers to technology diffusion: the case of solar thermal technologies

Barriers to the diffusion of solar thermal technology can be ranked in three main categories – technical barriers, economic barriers, and other barriers including legal, cultural or behavioural barriers.

■ Technical barriers
Solar thermal technologies have been considered and developed over decades. Although most technical problems met have been fixed, they have a long history of disappointing customers with poorer-than-expected performances. After decades of development, most of the technical barriers have been fixed, at least with respect to the basic components of the systems. Theories for optimal design and sizing have been elaborated and computer tools designed and most products are now technically reliable.

■ Economic barriers
Solar thermal technology seems less convenient with respect to the other intermittent renewable energy systems, because this resource is lower in winter when, as water from outside is cooler, the energy required to produce hot water is greater. More costs vary greatly according to climate conditions, requiring more or less complex installation. For example the cost for a system for one family in Germany, fully protected against freeze, is greater then for the same family in Greece. Another economical barrier is due to the very common use of the "pay back time" criteria for selecting investments. This criterion is the worse possible, for it ignores completely the economic life of an investment after its pay back time. For example, it leads to prefer an investment with 2 years pay back and 3 years lifetime to an investment of 3 years pay back but 10 years lifetime, while the latter would be more profitable with all credible discount rates. Customers, especially the less wealthy, may have high implicit discount rates, i.e. a strong preference for the money they have today over the same amount of money tomorrow. Initial cost may thus be a real deterrent.

■ Institutional, legal and behavioural barriers
Institutional barriers arise in existing collective dwellings. In case any flat owner has its own system it would be a coincidence if every one feels the need to modify its installation to open it to solar heat, and a chance if a strong majority decision (if unanimity is not required) could be adopted. Moreover, buildings owners renting their properties have little incentive to invest in energy saving equipments, including solar thermal devices, while the returns on investments will go to actual occupants. Legal barriers vary greatly from country to country. In many places, following local or national regulations, either ground mounted or roof mounted installations, or both, will require some kind of permits. Often, permits are simply refused, solar systems being considered not compatible with existing community aesthetic standards and architectural requirements. Even when permits are given, they may create delays and have costs, from permit fees to lawyer fees.

(Adapted from Cédric Philibert, Barriers to technology diffusion: the case of solar thermal technologies, International Energy Agency, October 2006)

GLOSSARY

- **Behavioural:** legate alle abitudini
- **Poorer than expected performances:** risultati inferiori alle attese
- **Pay back time:** tempo di recupero dell'investimento
- **Less wealthy:** meno abbienti
- **Collective dwelling:** condomini
- **Flat:** appartamento
- **Fee:** parcella, tassa

READING TEST

1. Technical barriers have been fixed because most products are now technically reliable. □T □F
2. Water hot system are more profitable in sunny and hot areas, requiring less complex installation. □T □F
3. The consumption of hot water is constant in all season, so the energy required to produce it is the same all over the year. □T □F
4. The return of an investment in solar thermal technology is shared between buildings owners and occupants. □T □F
5. To determine the cost of a solar thermal installation, you must consider permit and lowyer fees. □T □F

53

Modulo B
CAPITOLO 4
Il fotovoltaico

4.1 L'effetto fotovoltaico

Le molecole di clorofilla presenti nelle foglie delle piante assorbono la luce solare trasformandola in energia chimica, fondamentale per trasformare acqua e anidride carbonica in sostanze, come ossigeno e carboidrati, necessarie allo sviluppo della pianta.

Anche in una cella fotovoltaica avviene una conversione di energia, da solare a elettrica, sfruttando quello che viene chiamato **effetto fotovoltaico**.

> Una **cella fotovoltaica** è uno strumento in grado di convertire l'energia solare in energia elettrica.

Per comprendere come avvenga questa conversione, è necessario capire perché alcuni materiali vengono classificati come **isolanti**, altri come **conduttori** e altri come **semiconduttori**.

■ Conduttori, isolanti e semiconduttori

In un atomo gli elettroni occupano determinati *livelli energetici* e possono «saltare» da un livello all'altro (sempre che il livello di arrivo sia libero) tramite *assorbimento* o *emissione* di energia.

Ad esempio, l'atomo di silicio ha 14 elettroni che si dispongono nei livelli energetici a minore energia possibile (figura 1); in particolare la configurazione elettronica risulta $1s^2\ 2s^2\ 2p^6\ 3s^2\ 3p^2$.

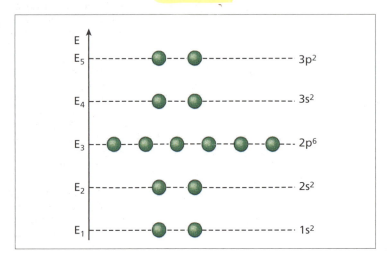

Figura 1 Configurazione elettronica del silicio.

A ogni livello energetico corrisponde una ben definita energia: livelli più bassi hanno energia minore in quanto gli elettroni che si trovano in essi sono maggiormente legati al nucleo. Un elettrone può passare da un livello più alto a uno più basso emettendo una quantità di energia pari alla differenza tra i due livelli. Oppure può passare da un livello più basso a uno più alto assorbendo una quantità di energia pari alla differenza tra i due livelli.

Quando più atomi si uniscono a formare una struttura solida, i livelli energetici dei singoli atomi si fondono e formano le cosiddette **bande di energia**. L'energia degli elettroni non è più ben definita, ma diviene variabile tra un minimo e un massimo. Gli elettroni più interni, cioè quelli che appartengono a bande con minore energia, non contribuiscono alle proprietà chimico-fisiche dell'elemento, in quanto sono così strettamente legati al nucleo da non subire alcuna influenza da parte dell'ambiente circostante.

Tra una banda e la successiva vi è un *intervallo di energia proibito*, così chiamato perché non può essere occupato da alcun elettrone (figura 2); per passare da una banda a un'altra, l'elettrone deve assorbire o emettere la quantità di energia necessaria, pari al *gap* tra le due bande.

Le due bande a energia maggiore contribuiscono al particolare comportamento del materiale e vengono chiamate **banda di valenza** (tra le due, quella a energia minore) e **banda di conduzione**.

In un materiale *isolante* la banda di valenza è completa, mentre la banda di conduzione è totalmente vuota e il *gap* di energia tra le due bande è elevato, in relazione all'energia cinetica media posseduta da un elettrone per effetto dell'agitazione termica. Conseguentemente gli elettroni, anche se sottoposti a un campo elettrico, non hanno possibilità di muoversi all'interno della banda di valenza e non possono, in condizioni ordinarie, passare in banda di conduzione; pertanto, non essendo possibile alcun moto di elettroni (e quindi il passaggio di corrente elettrica) il materiale risulta isolante (figura 3).

In un *conduttore*, invece, la banda di valenza è riempita solo parzialmente e risulta sovrapposta alla banda di conduzione: gli elettroni, quindi, possono muoversi all'interno della banda stessa. In presenza di un campo elettrico si genera un moto ordinato di elettroni, cioè si genera di fatto un passaggio di corrente.

Una situazione intermedia si verifica in un materiale *semiconduttore* (come ad esempio il silicio), nel quale, come per gli isolanti, la banda di valenza risulta completa e quella di conduzione vuota, ma, a differenza degli isolanti, il *gap* di energia tra le due bande è di entità inferiore.

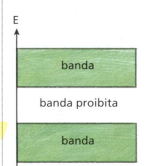

Figura 2 Struttura a bande per un solido. Tra le bande di energia permesse vi sono le bande proibite, che non possono essere occupate dagli elettroni.

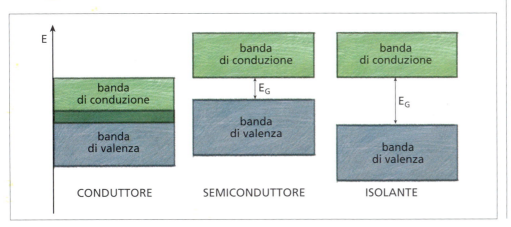

Figura 3 Struttura a bande per un materiale conduttore, semiconduttore e isolante. Le bande di valenza e di conduzione per un metallo risultano parzialmente sovrapposte, mentre per un semiconduttore e un isolante vi è un intervallo di energia proibito, detto *energy gap*, E_G. In un semiconduttore E_G è minore rispetto a un isolante, per cui le due bande sono più vicine e un elettrone può più facilmente passare dalla banda di valenza alla banda di conduzione, assorbendo una quantità di energia E_G minore.

MODULO B L'ENERGIA SOLARE

Il silicio, ad esempio, è un *elemento tetravalente*, ovvero con 4 elettroni che possono essere condivisi con altri atomi per formare legami. Nel reticolo di silicio ogni atomo è legato ad altri quattro adiacenti e la banda di valenza risulta quindi completa.

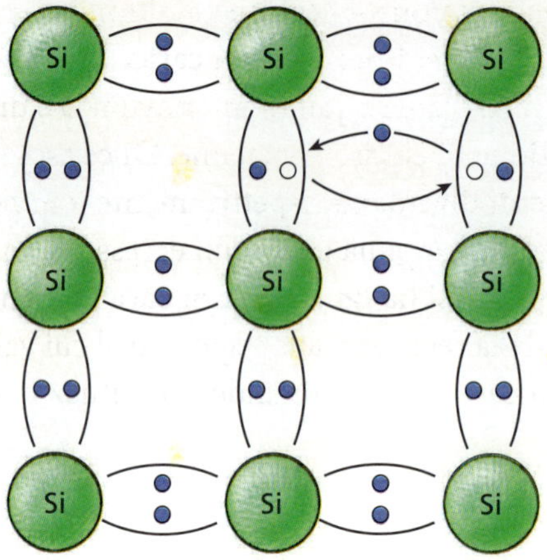

Al crescere della temperatura, alcuni elettroni acquistano una energia sufficiente per passare dalla banda di valenza alla banda di conduzione: per ognuno di questi elettroni un legame rimane incompleto e si forma una **lacuna**. Un elettrone proveniente da un atomo vicino può andare a occupare questa lacuna, generandone così un'altra (figura 4), perciò al movimento di elettroni corrisponde un movimento di lacune. Questo movimento di elettroni da una lacuna a un'altra può quindi essere visualizzato come un movimento di cariche positive (le lacune) che si muovono in direzione opposta a quella degli elettroni. In presenza di un campo elettrico il movimento delle cariche risulta ordinato e la corrente elettrica risulta costituita da un trasporto di portatori *n*, cioè elettroni in banda di conduzione, e portatori *p*, cioè lacune nella banda di valenza.

Per ridurre ancora il *gap* tra le due bande, e aumentare la conducibilità in presenza di un campo elettrico, si ricorre alla tecnica del **drogaggio** del materiale semiconduttore, che diventa di tipo *n*, se le impurità sono elementi pentavalenti, o di tipo *p*, se le impurità sono elementi trivalenti.

Infatti, inserendo all'interno di un reticolo di silicio un'impurità di un *elemento pentavalente* (ad esempio, arsenico), si viene a creare, in prossimità di questo, un elettrone quasi libero (il quinto dell'elemento pentavalente) al quale basta poca energia per passare in banda di conduzione. Quanto descritto può essere visualizzato introducendo nel diagramma a bande un livello intermedio, al di sotto della banda di conduzione, occupato dall'elettrone introdotto dall'impurità. In questo modo si riduce il *gap* energetico e per questo elettrone risulta più facile subire un'eccitazione termica che lo porta in banda di conduzione.

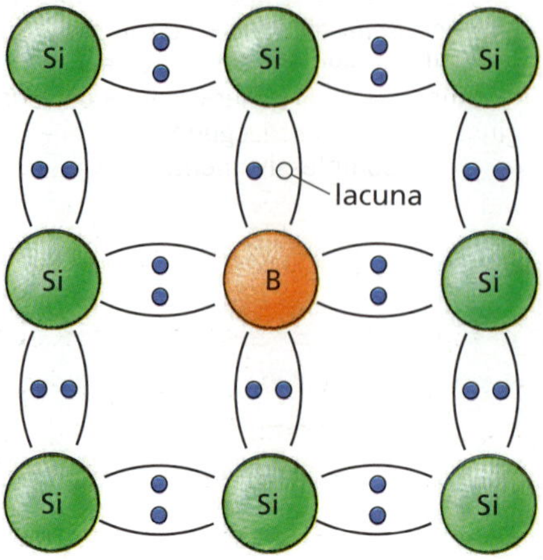

Inserendo invece un'impurità di un *elemento trivalente* (ad esempio, boro), i tre elettroni di questo si legano con tre atomi vicini di silicio, ma rimane un legame non completo. L'atomo trivalente tende quindi ad accettare un elettrone proveniente dalla banda di valenza, dove si genera una lacuna. Il movimento delle cariche elettriche può essere perciò visualizzato come un movimento di lacune all'interno della banda di valenza (figura 5).

Figura 4 Se in un reticolo di silicio si genera una lacuna (indicata con il pallino vuoto), un elettrone dall'atomo di silicio adiacente (ad esempio quello posto a destra in figura) si sposta per colmare la lacuna, generando un movimento di elettroni da destra verso sinistra e un movimento di lacune da sinistra verso destra.

Figura 5 Atomo di silicio drogato con un elemento trivalente (boro, nell'esempio). I tre elettroni liberi dell'atomo di boro completano tre legami con gli atomi di silicio adiacenti, ma rimane un legame non completato. Si viene quindi a generare una lacuna. In uno schema a bande questo equivale ad assumere che vi sia un movimento di lacune in banda di valenza.

56

La giunzione p-n

Una **giunzione** *p-n* è un cristallo semiconduttore drogato in maniera selettiva, in modo che una parte di esso sia di tipo *n* e la parte adiacente sia di tipo *p*.

I portatori di carica negativa, in eccesso nella regione *n*, tendono a diffondere nella regione *p*, dove possono ricombinarsi con le lacune; i portatori di carica positiva, al contrario, tendono a diffondere nella regione *n*. Si genera quindi un movimento di cariche attraverso la giunzione con ricombinazione di elettroni e lacune. Di conseguenza gli elementi droganti pentavalenti e trivalenti diventano rispettivamente ioni positivi e ioni negativi. Nella zona *n* vicina alla giunzione si ha perciò un eccesso di carica positiva, mentre nella zona *p* vicina alla giunzione si ha un eccesso di carica negativa. Si instaura allora un campo elettrico, diretto dalla regione *n* alla regione *p*, il cui valore cresce fino a opporsi al moto dei portatori di carica, determinando una situazione di equilibrio (figura 6a).

Applicando una differenza di potenziale agli estremi della giunzione tramite un generatore di tensione, in modo che il polo positivo sia connesso alla zona *p* e quello negativo alla zona *n* (**polarizzazione diretta**), si genera un campo elettrico che risulta opposto a quello interno della giunzione *p-n* e che ne diminuisce l'entità. Se il campo elettrico della giunzione scende al di sotto di un certo valore, non è più in grado di opporsi alla diffusione dei portatori di carica e perciò si ha un passaggio di corrente (figura 6b).

Viceversa, se il polo positivo viene connesso alla zona *n* e il polo negativo alla zona *p* (**polarizzazione inversa**), il campo elettrico della giunzione viene rafforzato e, a maggior ragione, si oppone al moto diffusivo dei portatori di carica; quindi la corrente nella giunzione rimane nulla.

La giunzione *p-n* funziona come un **diodo**, cioè permette il passaggio della corrente in un solo verso, dalla regione *p* alla regione *n* (figura 6c).

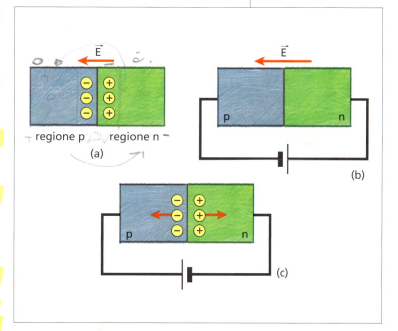

Figura 6 (a) Ponendo a contatto due regioni drogate diversamente, si ha un movimento di elettroni verso la regione *p* e di lacune verso la regione *n*. Si genera un campo elettrico *E* che tende a opporsi a tale passaggio fino al raggiungimento di una situazione di equilibrio. (b) *Giunzione polarizzata inversamente*: il campo elettrico generato dalla batteria aumenta il campo elettrico della giunzione con la conseguenza che la giunzione non consente il passaggio della corrente. (c) *Giunzione polarizzata direttamente*: il campo elettrico generato dalla batteria annulla il campo elettrico della giunzione con la conseguenza che la giunzione consente il passaggio della corrente. Complessivamente si ha un funzionamento tipo *diodo*.

La produzione di corrente elettrica mediante l'effetto fotovoltaico

Quando la luce solare illumina una giunzione *p-n* (abbastanza sottile da permettere ai fotoni di arrivare fino a essa), un fotone che ha energia sufficiente può consentire a un elettrone di passare in banda di conduzione, generando al tempo stesso una lacuna in banda di valenza. Il campo elettrico presente nella giunzione fa sì che l'elettrone si diriga verso il lato *n*, mentre la lacuna si dirige verso il lato *p*, separandoli ed evitando, in tal modo, che vi sia ricombinazione.

MODULO B L'ENERGIA SOLARE

La giunzione illuminata dal Sole ha un funzionamento analogo a un diodo polarizzato in modo diretto, permettendo il passaggio di corrente in un solo verso.

Se sono presenti dei contatti elettrici sui due lati della giunzione e se tra essi è presente un carico, si genera una corrente elettrica dal lato *p* verso il lato *n*.

> Mediante una giunzione di tipo *p-n*, si realizza la conversione di energia luminosa in energia elettrica e questo è chiamato **effetto fotovoltaico**.

4.2 Componenti di un impianto fotovoltaico

Un impianto fotovoltaico è costituito da:

1. *celle solari*, che rappresentano l'unità costitutiva fondamentale;

2. *moduli*, *pannelli* e *stringhe*, che sono combinazioni di celle solari elettricamente connesse tra loro;

3. *inverter*, che converte la corrente continua, prodotta per effetto fotovoltaico, in corrente alternata, utilizzabile dall'utenza;

4. batterie di accumulo.

■ La cella solare

Andiamo ora ad analizzare le caratteristiche di una cella solare e in particolare:

1. le modalità costitutive;

2. l'efficienza di conversione;

3. le caratteristiche elettriche.

La conversione da energia solare in energia elettrica avviene all'interno della cella, unità costitutiva fondamentale di un impianto fotovoltaico, realizzata con uno strato di semiconduttore drogato, generalmente di superficie compresa tra 100 e 256 cm^2.

Il materiale più usato per la realizzazione della cella solare è il silicio monocristallino, usato anche nell'industria elettronica (con grado di purezza maggiore). Tramite processi metallurgici si ottiene una striscia di silicio di spessore compreso tra 0,25 e 0,35 mm, drogato *p* tramite l'inserzione di atomi di boro; successivamente il materiale così ottenuto viene trattato con diffusione controllata delle impurità di tipo *n*, generalmente fosforo, che viene fatto diffondere fino a una profondità di 0,3-0,4 μm.

La parte drogata *n* sarà quella rivolta verso l'esterno, quindi esposta direttamente alla luce solare, che, grazie al piccolo spessore, riuscirà a raggiungere la zona della giunzione.

Nella parte superiore viene realizzata la griglia metallica frontale di raccolta delle cariche elettriche, mentre, nella parte inferiore, si realizza l'altro contatto elettrico.

Una cella fotovoltaica è caratterizzata dall'**efficienza di conversione**, espressa in percentuale e data dal rapporto tra la potenza elettrica P_e prodotta dalla cella e quella solare P_s incidente:

$$\eta = \frac{P_e}{P_s}$$

Con le tecnologie attuali è possibile ottenere celle con efficienza compresa tra il 12% e 17%.

ESEMPIO 1

▶ Una cella fotovoltaica, di superficie di 100 cm², è in grado di erogare, nelle condizioni di soleggiamento standard (pari a 1 kW/m²), una potenza di 1,5 W. Determina l'efficienza di conversione.

■ In condizioni di soleggiamento standard, la potenza solare incidente sulla superficie della cella, pari a 100 cm² = 0,01 m², è data da:

$$P_s = I_0 \, S = (1000 \text{ W/m}^2)(0,01 \text{ m}^2) = 10 \text{ W}$$

L'efficienza di conversione risulta quindi pari a:

$$\eta = \frac{P_e}{P_s} = \frac{1,5 \text{ W}}{10 \text{ W}} = 0,15 = 15\%$$

La limitazione dell'efficienza di conversione è dovuta a:

1. fattori di tipo *fisico* e intrinseci al fenomeno (che quindi non possono essere eliminati);

2. fattori *tecnologici* (sui quali la ricerca sta lavorando al fine di cercare soluzioni migliori).

La radiazione incidente è infatti quella solare, che ha lunghezza d'onda compresa tra 0,2 e 3 µm; tramite la relazione di Planck è possibile ricavare l'energia associata alla radiazione luminosa, compresa tra un minimo di

$$E = \frac{hc}{\lambda} = \frac{(6,626 \cdot 10^{-34} \text{ J} \cdot \text{s})(3 \cdot 10^8 \text{ m/s})}{3 \cdot 10^{-6} \text{ m}} = 6,6 \cdot 10^{-20} \text{ J} = 0,4 \text{ eV}$$

e un massimo di

$$E = \frac{hc}{\lambda} = \frac{(6,626 \cdot 10^{-34} \text{ J} \cdot \text{s})(3 \cdot 10^8 \text{ m/s})}{0,2 \cdot 10^{-6} \text{ m}} = 9,9 \cdot 10^{-19} \text{ J} = 6 \text{ eV}$$

Per la produzione di una coppia elettrone-lacuna, in un cristallo di silicio, è necessaria un'energia di almeno 1,1 eV.

Una prima limitazione all'efficienza della cella è costituita proprio dall'energia di quei fotoni solari incidenti, aventi energia minore di 1,1 eV, che risulta insufficiente alla produzione di una coppia elettrone-lacuna e viene quindi dissipata sotto forma di calore.

Allo stesso tempo l'energia in eccesso dei fotoni solari, pari alla differenza tra l'energia posseduta e quella ceduta all'atomo di silicio per la produzione della coppia elettrone-lacuna, non viene convertita nella produzione di un'altra coppia (in quanto insufficiente), e viene anch'essa dissipata sotto forma di calore.

Infine non tutte le coppie elettrone-lacuna prodotte riescono a essere separate dal campo elettrico della giunzione, e si ricombinano.

Le limitazioni tecnologiche sono dovute alla riflessione della luce solare sulla superficie della cella, che si cerca di ridurre trattando la superficie stessa con materiali antiriflesso, come l'ossido di titanio (TiO$_2$), all'ombreggiamento della superficie esposta al sole per la presenza dei contatti elettrici e alle resistenze interne del sistema (figura 7).

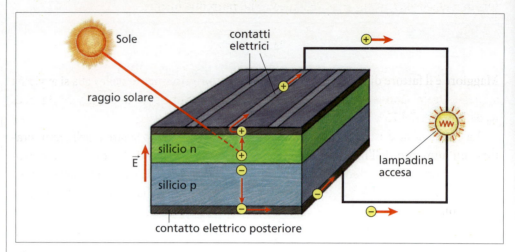

Figura 7 Schema di una cella solare. Il raggio luminoso genera una coppia elettrone-lacuna il cui movimento viene favorito dal campo elettrico prodotto dalla giunzione e determina una corrente elettrica.

Nella figura 8 è riportata la curva caratteristica della corrente I in funzione della tensione ΔV di una cella fotovoltaica.

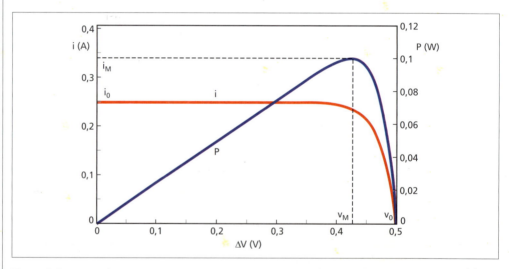

Figura 8 Curva tensione-corrente per una cella solare (linea rossa). La linea blu indica la potenza, data dal prodotto $i \, \Delta V$ e si riferisce all'asse posto a destra; il punto in cui la curva della potenza ha il suo massimo è quello in corrispondenza del quale si selezionano i valori i_M e V_M. È indicata inoltre la corrente di cortocircuito i_0 e la tensione a circuito aperto V_0.

I parametri di maggiore interesse, deducibili dal grafico, sono i seguenti:

- i_0, che rappresenta la *corrente di cortocircuito*; è la corrente prodotta quando $V = 0$. È la massima corrente che la cella può produrre quando è illuminata ed è proporzionale all'irraggiamento.

- V_0 è la *tensione a circuito aperto*.

- V_M e i_M sono rispettivamente la tensione e la corrente nel *punto di massima potenza*.

Da questi valori, caratteristici di ogni cella e forniti dal costruttore, è possibile ricavare il **fattore di riempimento** (*fill-factor*) dato dal rapporto tra la potenza reale fornita dalla cella e quella massima ideale che potrebbe fornire:

$$\eta_{ff} = \frac{i_M V_M}{i_0 V_0}$$

Maggiore è il fattore di riempimento, tanto più il comportamento della cella si avvicina a quello ideale. Con le tecnologie attualmente disponibili è possibile ottenere valori di η_{ff} dell'ordine del 75%-80%.

La curva caratteristica varia in funzione dell'irraggiamento solare e della temperatura: un aumento dell'irraggiamento determina un aumento della corrente di cortocircuito, mentre un aumento della temperatura determina una riduzione della tensione a circuito aperto. Per questo motivo il costruttore fornisce la curva caratteristica in condizioni standard, con una temperatura di 25 °C e un irraggiamento di 1000 W/m².

Si ha inoltre un legame tra l'efficienza di conversione e il fattore di riempimento; infatti

$$\eta_{ff} = \frac{i_M V_M}{i_0 V_0} = \frac{P_e}{i_0 V_0} = \eta \frac{P_s}{i_0 V_0}$$

ESEMPIO 2

▶ Con riferimento alla cella fotovoltaica dell'esempio 1, ricava la tensione nel punto di massima potenza, sapendo che la corrente in tale punto è 3 A, e il fattore di riempimento della cella, sapendo che la tensione a circuito aperto è 0,6 V e la corrente di cortocircuito vale 3,2 A.

■ Poiché la cella produce una potenza di 1,5 W, la tensione nel punto di massima potenza risulta pari a

$$V_M = \frac{P}{i_M} = \frac{1,5 \text{ W}}{3 \text{ A}} = 0,5 \text{ V}$$

Il fattore di riempimento, invece, risulta pari a

$$\eta_{ff} = \frac{P_e}{i_0 V_0} = \frac{1,5 \text{ W}}{(3,2 \text{ A})(0,6 \text{ V})} = 0,78 = 78\%$$

■ Moduli, pannelli e stringhe

Le celle solari vengono collegate tra loro, in serie o in parallelo, per formare moduli, pannelli e stringhe. Considerando un sistema costituito da n celle identiche, connesse in serie, la corrente complessiva sarà pari alla corrente della singola cella, mentre la tensione ai capi del sistema sarà data dalla somma delle singole tensioni:

$$V_{tot} = V_1 + V_2 + V_3 + \ldots + V_n = \sum_{j=1}^{n} V_j = nV$$

Per un sistema di n celle identiche collegate in serie, la potenza complessiva è pari a n volte la potenza fornita dalla singola cella.

MODULO B L'ENERGIA SOLARE

Viceversa, per un collegamento in parallelo di m celle identiche, avremo che la tensione ai capi del sistema è uguale alla tensione di una singola cella, mentre la corrente sarà data dalla somma della corrente di una singola cella:

$$i_{tot} = i_1 + i_2 + i_3 + \dots + i_m = \sum_{j=1}^{m} i_j = mi$$

> Per un sistema di m celle identiche connesse in parallelo, la corrente complessiva è pari a m volte la corrente della singola cella.

In generale un insieme di celle solari collegate tra di loro in serie viene chiamato **modulo**.

I moduli attualmente in commercio hanno superficie variabile tra un minimo di 0,5 m² e un massimo di 2 m².

Le celle fotovoltaiche, assemblate in un modulo, vengono coperte da uno strato protettivo, trasparente alla radiazione luminosa e autopulente, e contornate da una cornice, il cui scopo è quello di conferire maggiore robustezza e di permettere l'ancoraggio alla struttura di sostegno.

ESEMPIO 3

▶ Un modulo fotovoltaico, di dimensioni 1,046 m x 1,559 m, è caratterizzato dai seguenti valori.

- Per un soleggiamento pari a 1 kW/m²:

  $i_M = 5,82$ A

  $V_M = 54,7$ V

  $i_0 = 6,20$ A

  $V_0 = 64,7$ V

- Per un soleggiamento pari a 0,8 kW/m²:

  $i_M = 4,69$ A

  $V_M = 50,4$ V

  $i_0 = 5,02$ A

  $V_0 = 60,6$ V

Determina la potenza massima, l'efficienza di conversione e il fattore di riempimento del modulo, nelle due condizioni considerate.

■ Per soleggiamento pari a 1 kW/m² = 1000 W/m² la potenza elettrica prodotta è

$$P = V_M \, i_M = (54,7 \text{ V})(5,82 \text{ A}) = 318 \text{ W}$$

La potenza solare P_s che incide sulla superficie del modulo è invece data dal prodotto del soleggiamento I_0 per la superficie S:

$$P_s = I_0 \, S = I_0(bh) = (1000 \text{ W/m}^2)(1,046 \text{ m})(1,559 \text{ m}) = 1630 \text{ W}$$

quindi, sapendo che la potenza elettrica prodotta è pari a 318 W, si ha

$$\eta = \frac{P_e}{P_s} = \frac{318 \text{ W}}{1630 \text{ W}} = 0,195 = 19,5\%$$

e

$$\eta_{ff} = \eta \frac{P_s}{i_0 V_0} = 0{,}195 \frac{1630 \text{ W}}{(6{,}20 \text{ A})(64{,}7 \text{ V})} = 0{,}79 = 79\%$$

- Per soleggiamento pari a 0,8 kW/m² = 800 W/m² la potenza elettrica prodotta è

$$P_e = i_M V_M = (4{,}69 \text{ A})(50{,}4 \text{ V}) = 236 \text{ W}$$

La potenza solare che incide sulla superficie del modulo è

$$P_s = I_0 S = I_0(bh) = (800 \text{ W/m}^2)(1{,}046 \text{ m})(1{,}559 \text{ m}) = 1305 \text{ W}$$

per cui, sapendo che la potenza prodotta è pari a 236 W, si ha:

$$\eta = \frac{P_e}{P_s} = \frac{236 \text{ W}}{1305 \text{ W}} = 0{,}181 = 81{,}1\%$$

e

$$\eta_{ff} = \eta \frac{P_s}{i_0 V_0} = 0{,}181 \frac{1305 \text{ W}}{(5{,}02 \text{ A})(60{,}6 \text{ V})} = 0{,}78 = 78\%$$

Più moduli collegati tra di loro in serie o in parallelo costituiscono un **pannello** (figura 9). Più pannelli collegati tra di loro in serie formano una **stringa** (figura 10). Un *campo* o *generatore fotovoltaico* è quindi costituito da un insieme di stringhe connesse elettricamente tra di loro.

La potenza nominale, o massima, del generatore fotovoltaico costituito da *n* stringhe connesse in parallelo è data dalla somma delle *potenze nominali* (o massime) di ciascuna stringa, misurate in condizioni standard.

In generale le caratteristiche del generatore fotovoltaico vengono definite mediante:

- la *potenza nominale*, cioè quella erogata in condizioni standard (soleggiamento pari a 1000 W/m² e temperatura pari a 25 °C);

- la *tensione nominale*, cioè quella alla quale viene erogata la potenza nominale.

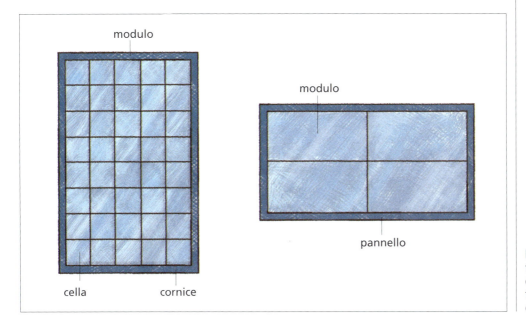

Figura 9 Modulo fotovoltaico (costituito da più celle solari) e pannello fotovoltaico (costituito da più moduli).

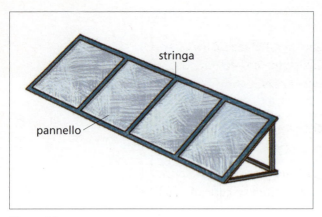 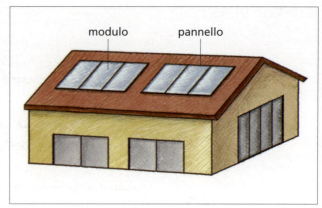

Figura 10 Moduli e stringhe.

■ Inverter

La corrente prodotta da un impianto fotovoltaico è continua, mentre l'utenza funziona in corrente alternata, per questo motivo è necessario convertire la corrente prodotta dall'impianto in una forma che possa essere utile all'utenza.

Questa conversione viene effettuata dall'**inverter**, il cui scopo è anche quello di garantire che l'impianto funzioni sempre in prossimità del punto di massima potenza. Poiché la corrente e la tensione in uscita variano con il soleggiamento e con la temperatura della cella, è importante che il sistema vari il punto di funzionamento in maniera da garantire comunque la massima potenza disponibile. Tale funzione viene denominata MPPT (*Maximum Power Pint Tracker*, inseguitore del punto di massima potenza).

Il **rendimento**, o **efficienza**, dell'inverter è il rapporto tra il valore della potenza in alternata P_{ca}, erogata verso la rete elettrica, e la potenza in continua P_{cc} prodotta dal generatore fotovoltaico:

$$\eta = \frac{P_{ca}}{P_{cc}}$$

Il rendimento è sempre minore di 1, in quanto una parte della potenza in ingresso all'inverter viene dissipata all'interno dell'inverter stesso.

Il rendimento non è costante nel corso della giornata: al sorgere del Sole, la potenza fornita dal generatore fotovoltaico è minima, per cui la percentuale dissipata all'interno dell'inverter è considerevole, mentre, quando il Sole raggiunge il massimo, la percentuale di potenza dissipata risulta minima e il rendimento può raggiungere anche valori del 97%-98%.

Per tenere conto di questa variabilità è stato introdotto il cosiddetto **rendimento europeo**, che non è altro che una media dei vari rendimenti nel corso della giornata, pesati in maniera opportuna (ad esempio, al sorgere e al calare del sole il rendimento è minimo, ma anche la durata di queste due fasi è abbastanza breve, per cui in media il contributo «pesa» poco).

Un buon inverter è quindi caratterizzato da un alto valore del rendimento europeo, ma anche da un modesto scarto tra rendimento massimo e rendimento europeo (che indica che non vi sono picchi di potenza, di scarso interesse pratico).

I valori del rendimento europeo per inverter commerciali oggi disponibili sul mercato possono arrivare fino al 95%-96%.

■ Accumulatori

Quando il generatore fotovoltaico non è connesso direttamente all'utenza, è necessario prevedere delle batterie di accumulatori, in quanto il funzionamento del carico deve essere garantito anche durante le ore di non funzionamento del generatore.

Gli accumulatori sono caratterizzati da:

1. una *capacità*, definita come la quantità di carica elettrica che può essere estratta dal sistema durante la fase di scarica, espressa in Ah;
2. una *efficienza energetica*, definita come il rapporto tra l'energia scaricata e quella necessaria per riportare il sistema di accumulo nelle condizioni di carica iniziali. Nei sistemi attuali tale efficienza raggiunge l'80% circa.

4.3 Tipologie di impianti

■ Impianti non collegati alla rete (stand-alone)

Sono impianti non collegati alla rete elettrica, che garantiscono il funzionamento delle utenze collegate anche durante le ore di non funzionamento mediante sistemi di accumulo.

È quindi necessario che l'impianto sia sovradimensionato rispetto alle utenze da alimentare, in maniera che, durante le ore di funzionamento dell'impianto, oltre alla normale alimentazione del carico connesso, sia garantita la ricarica delle batterie del sistema di accumulo.

Qualora il sistema garantisca anche il funzionamento di apparecchiature in corrente alternata, è necessaria l'interposizione di un inverter. È una soluzione particolarmente conveniente qualora la rete elettrica sia assente o difficilmente raggiungibile, potendo sostituire i gruppi elettrogeni (figura 11).

Figura 11 Esempio di impianto stand-alone: il modulo fotovoltaico alimenta il lampione stradale.

■ Impianti collegati alla rete (grid-connected)

Gli impianti collegati alla rete elettrica nazionale hanno il vantaggio di poter usufruire della corrente erogata dalla rete durante le ore di non funzionamento dell'impianto e non necessitano quindi delle batterie di accumulo.

Quando il sistema è in funzione, l'eventuale energia elettrica in eccesso viene immessa in rete tramite un inverter, che la converte in corrente alternata (figura 12). Tra i vantaggi di questi sistemi va ricordata:

- la produzione di energia elettrica diurna, con conseguente diminuzione di utilizzo di energia dalla rete nella fascia oraria in cui la richiesta è maggiore;
- l'utilizzazione di energia in prossimità della zona di produzione, con conseguente limitazione delle perdite che si generano nelle fasi di trasporto.

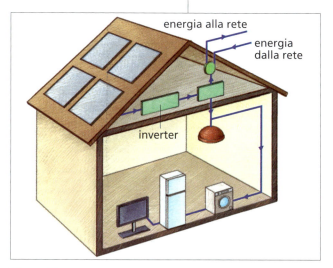

Figura 12 Schema di un impianto grid-connected. Da notare la presenza dell'inverter. Il collegamento alla rete elettrica permette la cessione dell'energia non consumata e il prelievo di energia elettrica dalla rete in condizioni di necessità.

MODULO B L'ENERGIA SOLARE

4.4 Dimensionamento di un impianto fotovoltaico

■ Stima del fabbisogno dell'utenza

Il primo passo, nel dimensionamento dell'impianto fotovoltaico, consiste nella stima del fabbisogno dell'utenza.

Secondo il Gestore della rete elettrica il valore medio annuo per famiglia è pari a 2700 kWh, anche se alcune rilevazioni, eseguite da enti di ricerca, hanno evidenziato valori medi annui maggiori e dell'ordine dei 3300 kWh a famiglia.

In generale il consumo energetico, riferito a un periodo preciso, è calcolabile sommando l'energia consumata da ciascun dispositivo da alimentare:

$$E = E_1 + E_2 + \ldots + E_n = \sum_{j=1}^{n} E_j$$

Poiché per ogni singolo dispositivo l'energia consumata è data dal prodotto tra la potenza elettrica assorbita P_e e il tempo di utilizzo, si può scrivere

$$E_i = P_{ej} \Delta t_j$$

Il consumo energetico diviene quindi:

$$E = P_{e1}\Delta t_1 + P_{e2}\Delta t_2 + \ldots + P_{en}\Delta t_n = \sum_{j=1}^{n} P_j\Delta t_j$$

ESEMPIO 4

▶ Calcola il consumo energetico annuo di una lampadina da 60 W, stimando un suo utilizzo medio di 2 h/giorno.

■ Il consumo energetico annuo è

$$E = P_e \Delta t = (60 \text{ W}) (2 \text{ h}) \, 365 = 43\,800 \text{ Wh} = 43,8 \text{ kWh}$$

ESEMPIO 5

▶ Calcola il consumo energetico annuo di un frigorifero, considerando una potenza assorbita media di 20 W.

■ Poiché il frigorifero è sempre acceso, il consumo energetico annuo è

$$E = P_e \Delta t = (20 \text{ W}) (24 \text{ h/giorno}) (365 \text{ giorni}) = 175\,200 \text{ Wh} = 175,2 \text{ kWh}$$

ESEMPIO 6

▶ Calcola il consumo energetico annuo di una lavabiancheria, stimando 2 lavaggi settimanali con cicli da 1,5 h ciascuno e considerando una potenza assorbita media di 450 W.

■ Poiché in un anno ci sono 52 settimane, il consumo energetico annuo è

$$E = P_e \Delta t = (450 \text{ W}) \, 2 \, (1,5 \text{ h/settimana}) (52 \text{ settimane}) =$$
$$= 70\,200 \text{ Wh} = 70,2 \text{ kWh}$$

CAPITOLO 4 IL FOTOVOLTAICO

ESEMPIO 7

▶ Un lampione per l'illuminazione stradale è dotato di una lampada a vapori di sodio a bassa pressione che consuma 16 W. Calcolare il consumo medio annuo se il lampione viene installato nel Comune di Perugia.

■ Nel Comune di Perugia la durata media annuale del giorno è di 12 h e 22 min. Considerando che i lampioni vengono accesi, di norma, 30 min dopo il tramonto e vengono spenti 30 min prima del sorgere del sole, i lampioni vengono accesi, mediamente, per circa 11 h e 22 min al giorno, pari a 11,4 h/giorno. Il consumo annuo medio, pertanto, è

$$E = P_e \, \Delta t = (16 \text{ W}) \, (11,4 \text{ h/giorno}) \, (365 \text{ giorni}) = 66\,576 \text{ Wh} = 66,6 \text{ kWh}$$

■ Impianti stand-alone

La tipologia di impianto fotovoltaico più semplice è quello *stand-alone a utilizzo diretto*, nel quale il generatore fotovoltaico alimenta direttamente il carico.

In questo caso il dimensionamento avviene o in funzione della potenza da installare o dell'energia che si desidera ottenere. Poiché il sistema deve funzionare sia in estate, quando il soleggiamento è maggiore, sia in inverno, conviene eseguire il dimensionamento in relazione a periodi sfavorevoli.

Come abbiamo visto, il costruttore fornisce la potenza massima erogata dal modulo in risposta a un irraggiamento solare di 1000 W/m² e a una temperatura di 25 °C, mentre l'irraggiamento solare reale, cioè quello che di fatto incide sul modulo, è variabile sia nell'arco della giornata sia nell'arco dell'anno, dipendendo dall'altezza del Sole sull'orizzonte.

È conveniente allora introdurre una nuova grandezza, chiamata **ore annue di insolazione equivalente** (h_{eq}), che rappresenta il numero di ore di insolazione nell'arco dell'anno riportate alla condizione di irraggiamento standard, cioè $I_{std} = 1000$ W/m².

Nel Comune di Perugia, ad esempio, la radiazione solare globale che mediamente incide ogni giorno su una superficie orizzontale varia da un minimo di 1,46 kWh/m², nel mese di dicembre, a 6,46 kWh/m², nei mesi di giugno e luglio, con una media annua giornaliera di 4 kWh/m² e un valore complessivo sull'intero anno pari a 1460 kWh/m² (fonte: www.solaritaly.enea.it). Ciò equivale a dire che l'intensità della radiazione solare nel mese di dicembre è equivalente a

$$h_{eq} = \frac{I_{dicembre}}{I_{std}} = \frac{1460 \text{ Wh/m}^2}{1000 \text{ W/m}^2} = 1,46 \text{ h}$$

cioè le ore di insolazione a 1000 W/m² sono 1,46.

Analogamente l'intensità della radiazione solare nei mesi di giugno e luglio è equivalente a 6,46 h di insolazione a 1000 W/m², la media giornaliera annua è pari a 4 h e la radiazione solare incidente in un intero anno è equivalente a 1460 h di soleggiamento a 1000 W/m².

Le **ore di insolazione equivalente** sono le ore necessarie perché la radiazione solare, incidente con una intensità costante di 1000 W/m², possa determinare una intensità pari a quella realmente incidente in una certa regione in un arco di tempo definito.

La potenza da installare si ricava uguagliando il fabbisogno energetico dell'utenza (E_u), riferito a un determinato intervallo di tempo, con l'energia che l'impianto fotovoltaico può produrre (E_{IF}):

$$E_u = E_{IF}$$

L'energia fornita dall'impianto fotovoltaico (E) risulta pari al prodotto dei seguenti termini:

- potenza nominale dell'impianto da installare, P_{IF}, fornita dal costruttore considerando una insolazione standard di intensità 1000 W/m²;

- numero di ore di insolazione equivalente mensile, h_{eq};

- rendimento dell'inverter, η_{inv}, pari al 95% circa;

- rendimento delle batterie (se presenti), η_{bat}, dell'ordine dell'80%;

- rendimento degli altri componenti esterni, η_{ce}, dell'ordine del 90%; ad esempio, l'incidenza della temperatura di esercizio del modulo, in generale diversa da quella indicata dal costruttore.

Quindi risulta

$$P_{IF} = \frac{E}{\eta_{inv}\,\eta_{bat}\,\eta_{ce}\,h_{eq}}$$

Se i moduli prescelti hanno potenza nominale massima P_M, il numero di moduli necessari sarà

$$n = \frac{P_{IF}}{P_M}$$

dove n è da arrotondare all'intero successivo.

Il dimensionamento di impianti fotovoltaici di tipo *stand-alone* va riferito alle condizioni più sfavorevoli, quindi al minore numero di ore di insolazione equivalenti nel corso dell'anno (cioè relative a uno dei mesi invernali).

■ Impianti grid-connected

Il calcolo per il dimensionamento di un impianto collegato alla rete, detto *grid-connected* (figura 13), è del tutto analogo a quello eseguito per gli impianti di tipo *stand-alone*.

Evidentemente il dimensionamento va eseguito sulla base della potenza da installare, che può essere rapportata al consumo di una famiglia, ma che può anche essere scelta in maniera del tutto indipendente dai consumi e non collegata a una utenza.

Eseguiremo il calcolo del dimensionamento supponendo di volerlo adattare a un consumo medio familiare. Rispetto all'impianto isolato dalla rete, in questo caso non è previsto l'utilizzo di batterie di accumulo (in quanto l'utenza preleva energia dalla rete, quando non è in funzione l'impianto) e il dimensionamento va eseguito non in base alle condizioni più sfavorevoli, ma sulla base delle ore equivalenti di insolazione mediate sull'intero anno.

Figura 13 Impianto fotovoltico *grid-connected*.

La potenza da installare viene calcolata quindi con la formula

$$P_{IF} = \frac{E}{\eta_{inv}\,\eta_{ce}\,h_{eq}}$$

e il numero di moduli necessari risulta

$$n \geq \frac{P_{IF}}{P_M}$$

essendo *n* un numero intero e quindi avendo arrotondato il risultato all'intero successivo.

ESEMPIO 8

▶ Determina la superficie del modulo fotovoltaico necessaria per alimentare il lampione dell'esempio 7, considerando un modulo fotovoltaico con rendimento pari al 19,5%, misurato in condizioni di insolazione standard di intensità 1000 W/m².

■ Nel Comune di Perugia l'insolazione minima giornaliera nel corso dell'anno è pari a 1460 W/m², che corrispondono a 1,46 ore di insolazione equivalenti.

Poiché il modulo ha un rendimento del 19,5%, la potenza che il modulo può convertire è

$$P = \eta\, I_{min}\, S = 0{,}195\,(1460\ \text{W/m}^2)$$

dove *S* è la superficie del modulo.

■ Considerando il rendimento delle batterie (necessarie perché il modulo fornisce corrente elettrica quando il lampione è spento) e degli altri componenti, la potenza elettrica utile è

$$P_u = \eta_{bat}\,\eta_{ce}\,P = 0{,}8 \cdot 0{,}9 \cdot 0{,}195 \cdot (1460\ \text{W/m}^2)\,S = (205\ \text{W/m}^2)\,S$$

Poiché il lampione consuma 16 W si ha

$$P_{lamp} = 16\ \text{W} = (205\ \text{W/m}^2)\,S$$

da cui si ricava $S = 0{,}078\ \text{m}^2$.

MODULO B L'ENERGIA SOLARE

ESEMPIO 9

▶ Determina il numero di moduli (da 318 W di potenza di picco) necessari al dimensionamento di una utenza domestica da collegare in rete, il cui fabbisogno energetico sia 3000 kWh all'anno, con installazione a Modena e rivolta verso Sud; considera i pannelli inclinati di 20°.

■ Nella città di Modena (latitudine: 44° 38′ N; longitudine: 10° 55′ E) l'insolazione media annuale è pari a 1568 kWh/m^2.

■ Il valore dell'insolazione media può essere ricavato da varie risorse online; ad esempio su http://www.solaritaly.enea.it/, inserendo il valore del coefficiente di riflessione del suolo (in mancanza di dati certi è consigliabile inserire il valore 0, quindi suolo non riflettente) e il valore dell'angolo di azimut, che rappresenta la posizione della superficie del pannello rispetto al meridiano S-N e vale 0° quando la superficie è rivolta a Sud, come in questo caso; l'angolo di azimut è inoltre assunto positivo se il pannello è rivolto verso est, dove vale +90°, negativo se è rivolto verso ovest, dove raggiunge il valore di –90°.

■ Ciò significa che la radiazione solare incidente equivale a un'intensità da 1 kW/m^2 per un totale di 1568 h.

■ La potenza da installare risulta

$$P_{IF} = \frac{E}{\eta_{inv}\,\eta_{bat}\,h_{eq}} = \frac{3000 \text{ kWh}}{0{,}95 \cdot 0{,}9 \cdot (1568 \text{ h})} = 2{,}24 \text{ kW}$$

Sarà quindi necessario un numero di moduli pari a

$$n = \frac{P_{IF}}{P_{M}} = \frac{2{,}24 \text{ kW}}{0{,}318 \text{ kW}} = 7 \text{ moduli}$$

ESEMPIO 10

▶ Ripeti il calcolo per una utenza e tipologia di pannelli similare, situata a Cagliari, di tipo *stand-alone*, con installazione rivolta a S-SE e pannelli inclinati di 20°.

■ Le coordinate geografiche della città di Cagliari sono: latitudine: 39° 13′ N, longitudine: 9° 70′ E.

■ L'insolazione minima si ha nel mese di dicembre, durante il quale l'insolazione media giornaliera è di 2,66 kW/m^2; riferendosi a un anno di 365,25 giorni, l'insolazione del mese di dicembre equivale a una insolazione annua di 970 kWh/m^2.

■ La potenza da installare risulta quindi

$$P_{IF} = \frac{E}{\eta_{inv}\,\eta_{bat}\,\eta_{ce}\,h_{eq}} = \frac{3000 \text{ kWh}}{0{,}95 \cdot 0{,}9 \cdot 0{,}8 \cdot (970 \text{ h})} = 4{,}52 \text{ kW}$$

■ Sarà quindi necessaria un numero di moduli pari a

$$n = \frac{P_{IF}}{P_{M}} = \frac{4{,}52 \text{ kWh}}{0{,}318 \text{ kWh}} = 14{,}2 \text{ moduli}$$

cioè 15 moduli.

CAPITOLO 4 IL FOTOVOLTAICO

4.5 Vantaggi di un impianto fotovoltaico

■ Vantaggi economici

Da analisi eseguite, il costo dell'energia elettrica prodotta tramite un impianto fotovoltaico (valutato suddividendo la somma tra il costo iniziale e quello di esercizio per l'energia totalmente prodotta dall'impianto stesso) è ancora superiore rispetto al costo dell'energia prodotta con fonti energetiche tradizionali. Conseguentemente la convenienza economica di un impianto fotovoltaico è ancora legata alla presenza di fonti di incentivazione, che è limitata agli impianti collegati alla rete.

È attualmente in vigore il V Conto energia (Decreto 5 luglio 2012, pubblicato nella Gazzetta Ufficiale il 10 luglio 2012) che cesserà di valere trascorsi 30 giorni dal raggiungimento del tetto di spesa di 6,7 miliardi di euro di costo cumulato annuo degli incentivi per il fotovoltaico.

Entrato in vigore l'11 luglio 2012, prevede una suddivisione in cinque semestri successivi (fino al semestre che va dal 27 agosto 2014 al 26 febbraio 2015), durante i quali le tariffe incentivanti subiscono una progressiva riduzione.

Come i precedenti Conti energia, non prevede finanziamenti per la realizzazione dell'impianto, ma incentivi basati sull'energia effettivamente prodotta.

L'accesso alle tariffe incentivanti può avvenire attraverso le modalità indicate qui di seguito:

- accesso diretto;

- accesso mediante iscrizione al registro.

- Accedono direttamente al meccanismo di incentivazione:

- impianti con potenza fino a 50 kW su edifici con moduli installati in sostituzione di coperture su cui è operata la rimozione totale di eternit o amianto;

- impianti fino a 12 kW;

- impianti integrati con caratteristiche innovative fino al raggiungimento di 50 milioni di euro quale costo indicativo cumulato degli incentivi;

- impianti a concentrazione fino al raggiungimento di 50 milioni di euro quale costo indicativo cumulato degli incentivi;

- impianti realizzati dalle Pubbliche Amministrazioni, fino al raggiungimento di 50 milioni di euro quale costo indicativo cumulato degli incentivi;

- impianti con potenza tra 12 e 20 kW che chiedono una riduzione della tariffa del 20% rispetto a quella spettante se iscritti al registro.

La richiesta di iscrizione al registro è formulata dal soggetto titolare dell'autorizzazione alla costruzione ed esercizio dell'impianto, mediante la compilazione di un modulo reso disponibile dal Gestore dei servizi elettrici (GSE); il GSE redige la graduatoria sulla base di priorità definite all'art. 4 comma 5 del Decreto.

Gli impianti iscritti, risultati in posizione utile nella graduatoria, possono accedere alla tariffa incentivante a condizione che entrino in esercizio entro un anno dalla data

MODULO B L'ENERGIA SOLARE

di pubblicazione della graduatoria. Le tariffe incentivanti, valide per il III semestre (27 agosto 2013 - 26 febbraio 2014) sono riassunte nella tabella 1.

Tabella 1 Tariffe incentivanti valide per il terzo semestre.

Terzo semestre	Impianti su edifici		Altri impianti fotovoltaici	
Potenza (kW)	Tariffa omnicomprensiva (€/kWh)	Tariffa premio autoconsumo (€/kWh)	Tariffa omnicomprensiva (€/kWh)	Tariffa premio autoconsumo (€/kWh)
$1 \le P \le 3$	0,157	0,075	0,152	0,07
$3 < P \le 20$	0,149	0,067	0,144	0,062
$20 < P \le 200$	0,141	0,059	0,136	0,054
$200 < P \le 1000$	0,118	0,036	0,113	0,031
$1000 < P \le 5000$	0,11	0,028	0,106	0,024
$P > 5000$	0,104	0,022	0,099	0,017

Tra i vari adempimenti previsti è necessario che i moduli utilizzati siano coperti da garanzia per almeno 10 anni contro i difetti di fabbricazione e che il produttore aderisca a un sistema o consorzio europeo che garantisca il riciclo dei moduli fotovoltaici (per i moduli importati l'adesione può essere eseguita dall'importatore).

La tariffa omnicomprensiva viene applicata sulla quota di produzione netta immessa sul mercato (produzione lorda dell'impianto diminuita dell'energia elettrica assorbita dai servizi ausiliari di centrale, delle perdite dei trasformatori e delle perdite di rete, fino al punto di consegna alla rete elettrica); la tariffa premio per autoconsumo si riferisce alla produzione netta consumata in loco.

Per gli impianti *stand-alone*, per i quali non è previsto una fonte di incentivazione, il vantaggio economico risiede unicamente nella mancanza di bolletta elettrica da pagare. Essendo però, come visto, il costo medio a kilowattora maggiore rispetto a quello proveniente da altre fonti tradizionali, il vantaggio economico si ha unicamente in quei luoghi che non sono coperti dalla rete elettrica nazionale, per l'allaccio alla quale è necessario compiere specifici lavori.

ESEMPIO 11

▶ Considerando un impianto costituito da 16 moduli da 318 W di potenza di picco installati in un luogo con insolazione media annua di 1568 kW/m², esegui l'analisi economica dell'investimento, determinando il tempo di ritorno dell'investimento economico, supponendo un costo medio dell'impianto dell'ordine di 6500 €/kWh, che sia possibile l'adesione al III semestre del V Conto energia e che l'utenza consumi 2000 kWh all'anno.

- ■ La potenza complessiva dell'impianto è 16 (318 W) = 5100 W (quindi seconda fascia).

- ■ La produzione media annua attesa è pari a

$$E_P = 16 \,(318 \text{ W}) \,(1568 \text{ h}) = 7978 \text{ kWh}$$

- ■ Dell'energia prodotta, mediamente, 5978 kWh verranno immessi in rete e 2000 kWh autoconsumati.

- La produzione di energia risulta quindi incentivata nella seguente maniera:

  - tariffa omnicomprensiva:

  $$(5978 \text{ kW})(0{,}149 \text{ €/kW}) = 890{,}72 \text{ €}$$

  - tariffa per autoconsumo:

  $$(2000 \text{ kW})(0{,}067 \text{ €/kW}) = 134{,}00 \text{ €}$$

- Considerando un costo medio di 0,20 €/kWh, il risparmio annuo in bolletta risulta pari a

  $$(2000 \text{ kW})(0{,}20 \text{ €/kWh}) = 400{,}00 \text{ €}$$

- Complessivamente, quindi, il rendimento dell'impianto risulta

  $$1424{,}72 \text{ €/anno}$$

  Considerando un investimento iniziale di

  $$(6500 \text{ €/kWh})(2{,}24 \text{ kWh}) = 14\,560 \text{ €}$$

  si ha un tempo di ritorno dell'investimento pari a

  $$T_R = \frac{14560}{1424{,}72} = 10{,}2 \text{ anni}$$

Vantaggi ambientali

Il vantaggio principale per la salvaguardia dell'ambiente, derivante dall'impiego del fotovoltaico, è la riduzione del consumo di combustibili fossili e la conseguente riduzione di immissione di CO_2 nell'ambiente.

È stato dimostrato che i sistemi fotovoltaici producono più energia durante tutto il periodo di vita, rispetto a quella necessaria alla produzione, installazione e rimozione dei moduli stessi. Evidentemente deve essere previsto un corretto smaltimento dei pannelli non più utilizzati (nel V Conto energia si fa specifico riferimento al fatto che i moduli devono essere acquistati solo presso aziende che curano il recupero e lo smaltimento dei moduli); inoltre le aziende, oramai da tempo, non usano più composti a base di cadmio, elemento tossico, ma unicamente silicio, che poi viene smaltito come qualunque altro strumento elettronico.

In Italia si stima che il consumo di energia elettrica annua sia di circa 300 TWh che potrebbe essere ottenuto con una superficie di 3400 km², superficie enorme (la Valle d'Aosta, la regione più piccola d'Italia, ha una superficie di 3260 km² circa) ma che costituisce 1/6 dei terreni marginali in Italia, la cui superficie è dell'ordine dei 20 000 km².

Va sottolineato inoltre che gli impianti fotovoltaici possono essere integrati negli edifici esistenti (sostituendo il materiale da costruzione tradizionale) e nelle infrastrutture urbane (quali pensiline, coperture, tettoie, tabelle informative, barriere acustiche).

ESERCIZI

MODULO B L'ENERGIA SOLARE

INDIVIDUA LA RISPOSTA CORRETTA

1 In un materiale isolante la banda di conduzione è parzialmente occupata. ☐V ☐F

2 Nei materiali semiconduttori, il *gap* di energia tra la banda di valenza e quella di conduzione può essere ridotto ricorrendo alle tecniche di drogaggio. ☐V ☐F

3 Una giunzione *p-n*, sottoposta a una differenza di potenziale, permette sempre il passaggio di corrente. ☐V ☐F

4 L'efficienza di conversione di un modulo fotovoltaico dipende solo dalle caratteristiche costruttive del modulo stesso e non dall'intensità della insolazione incidente. ☐V ☐F

5 In una cella fotovoltaica tutta l'energia solare incidente può essere convertita in corrente elettrica. ☐V ☐F

6 In una cella fotovoltaica, maggiore è il fattore di riempimento e più il comportamento della stessa si avvicina a quello ideale. ☐V ☐F

7 Al giorno d'oggi il costo dell'energia elettrica prodotta tramite un impianto fotovoltaico è concorrenziale rispetto a quello dell'energia prodotta con fonti energetiche tradizionali. ☐V ☐F

8 Un impianto fotovoltaico isolato dalla rete è conveniente solo se posizionato in un luogo difficilmente raggiungibile dalla rete elettrica. ☐V ☐F

TEST

$E = \dfrac{h \cdot c}{\lambda} =$

9 L'energia corrispondente a una radiazione luminosa di lunghezza d'onda pari a 0,9 μm è:

a. 0,9 eV   **c.** 1,4 eV
b. 1 eV   **d.** 0,13 eV

10 Una cella solare ha un'efficienza di conversione del 15,5% quando è in condizioni di soleggiamento standard; con soleggiamento pari a 800 W/m², l'efficienza si riduce del 5%. In condizioni di soleggiamento pari a 800 W/m² la potenza erogata da una cella, di superficie pari a 156 cm², è:

a. 1,55 W   **c.** 1,56 W
b. 5,13 W   **d.** 1,84 W

11 Un apparecchio stereo assorbe una potenza di 0,50 W quando è in modalità stand-by; il consumo di energia in un anno è:

a. 4,38 kWh   **c.** 365 kWh
b. 0,50 kWh   **d.** 0,5 kWh

12 Il consumo medio di un caricabatteria, durante un ciclo di ricarica di un telefono cellulare, è di 8 W circa. Il consumo annuo, considerando un ciclo di ricarica da 1,5 ore per due cicli a settimana è:

a. 8 kWh   **c.** 12 kWh
b. 1,25 kWh **d.** 5,3 kWh

13 La radiazione solare media annua su una superficie orizzontale a Milano è pari a 1400 kW/m². Se il soleggiamento fosse sempre pari a 1000 W/m², il numero medio di ore di sole al giorno risulterebbe pari a:

a. 14 ore circa   **c.** 3 ore 50 minuti circa
b. 1,4 ore circa   **d.** 8 ore circa

14 Per ottenere una potenza da 2 kW, utilizzando moduli da 250 W è necessario un numero di moduli pari a:

a. 5   **b.** 8   **c.** 12   **d.** 10

15 Un impianto *grid-connected* da 12 kW, realizzato in una zona dove l'insolazione media annua è pari a 1600 kWh/m², può produrre una quantità di energia elettrica dell'ordine di:

a. 20 000 kWh   **c.** 5000 kWh
b. 10 000 kWh   **d.** 2500 kWh

16 In una certa località, la radiazione solare media giornaliera è di 6,36 kWh/m² nel mese di giugno e 2,07 kWh/m² nel mese di dicembre. Il rapporto tra le ore di insolazione equivalente nei due mesi è:

a. 6,4   **c.** 2,1
b. 3,1   **d.** 1,0

PROBLEMI

1 Uno stereo, in funzione, assorbe una potenza di 50 W; determina il consumo energetico, in J e in kWh, durante la riproduzione di un CD, la cui durata è di 72 minuti. [216 kJ; 0,06 kWh]

2 I dati tecnici di un modulo fotovoltaico sono:
– dimensioni: 1,652 m × 0,994 m;
– tensione a circuito aperto: 37,5 V;
– corrente di cortocircuito: 8,73 A;

74

CAPITOLO **4** IL FOTOVOLTAICO **ESERCIZI**

– corrente alla massima potenza: 8,04 A;
– tensione alla massima potenza: 30,5 V.

Ricava la potenza massima, l'efficienza di conversione e il fattore di riempimento.

[245 W; 14,9%; 75%]

3 Un modulo solare ha corrente alla massima potenza pari a 8,52 A, tensione alla massima potenza pari a 29,94 V ed efficienza di conversione del 15,5% quando opera in condizioni standard. Le indicazioni necessarie per descrivere il comportamento del modulo con luce solare debole fornite dal costruttore sono riportate nella tabella 2.

Tabella 2 Tabella problema 3.

Intensità luce solare (W/m^2)	V_{pp}(%)	I_{pp}(%)
800	0,00%	−20%
600	0,00%	−40%
400	−0,18%	−60%
200	−2,36%	−80%
100	−5,45%	−90%

Ricava la superficie del modulo e l'efficienza di conversione nelle indicate condizioni di insolazione.

[1,65 m^2; 15,5%, 15,5%, 15,5%, 15,1%, 14,6%]

4 Analizza gli elettrodomestici presenti nella tua abitazione e completa la tabella 3.

Tabella 3 Tabella problema 4.

Elettrodomestico	Potenza (W)	Utlizzo settimanale (h)	Consumo settimanale (kWh)	Consumo annuo (kWh)
Lavatrice				
Frigorifero				
TV				
Forno elettrico				
Asciugacapelli				
Totale				

5 Per alimentare lo stereo del problema 1 è necessario un modulo di potenza pari a 150 W/m^2. Determina la superficie del modulo, considerando una riproduzione media di 2 CD al giorno e un'installazione in una località con un'insolazione media annua pari a 1500 kWh/m^2 (trascurare le perdite dovute all'inverter e all'altra strumentazione elettrica). [0,19 m^2]

6 Conta gli apparecchi elettronici che, nella tua abitazione, vengono lasciati i stand-by. Sapendo che il consumo medio di ognuno di essi è di 0,5 W (per gli apparecchi prodotti dopo il 1° gennaio 2012 è un obbligo di legge), determina il relativo consumo totale annuo della tua abitazione.

7 Un modulo solare ha dimensioni pari a 1,66 m × 0,99 m. Determina l'energia solare incidente in 1 anno, se il modulo viene installato a Napoli, con esposizione sud e inclinazione di 20°.

[2740 kWh]

8 Un'utenza domestica, situata ad Ancona, ha un consumo medio annuo di 2500 kWh. Utilizzando dei moduli con potenza massima di 255 W (in condizioni standard), da connettere in rete, indica il numero di moduli necessari per soddisfare il fabbisogno energetico, considerando una esposizione orientata con angolo di azimut pari a +20° e un'inclinazione dei moduli pari a 25°. [8 moduli]

75

ESERCIZI
MODULO B L'ENERGIA SOLARE

Le competenze del tecnico ambientale

Considera la palazzina la cui pianta è illustrata in figura 14. Esegui il progetto per l'installazione di un impianto solare per la produzione di acqua calda sanitaria e di un impianto fotovoltaico. Immagina che la palazzina si trovi nel territorio del tuo Comune di residenza, che vi vivano complessivamente 4 famiglie da 4 persone ciascuna e che il fabbisogno energetico annuo sia di 11 500 kWh.

■ Determina in maniera indicativa e basandoti su quanto riportato nel libro (o sulla base di tue personali ricerche) il costo medio dell'impianto e il tempo medio di ritorno economico dell'impianto, supponendo di avere aderito, per quanto riguarda la produzione di energia elettrica, al III semestre del V Conto energia.

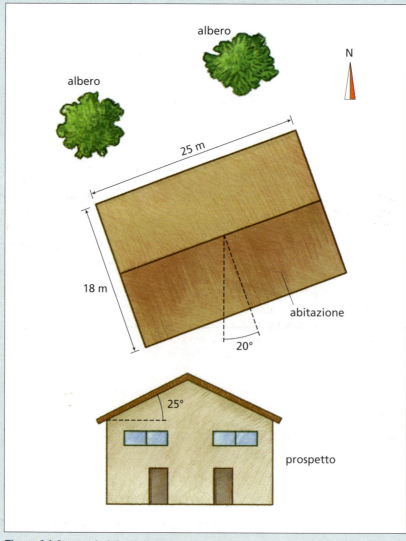

Figura 14 Caratteristiche della palazzina.

Environmental Physics in English

The Development of Photovoltaics

Photovoltaic systems are solar energy systems that produce electricity directly from sunlight. Photovoltaic (PV) systems produce clean, reliable energy without consuming fossil fuels and can be used in a wide variety of applications. A common application of PV technology is providing power for watches and radios. On a larger scale, many utilities have recently installed large photovoltaic arrays to provide consumers with solar-generated electricity, or as backup systems for critical equipment. Research into photovoltaic technology began over one hundred years ago. In 1873, British scientist Willoughby Smith noticed that selenium was sensitive to light. Smith concluded that selenium's ability to conduct electricity increased in direct proportion to the degree of its exposure to light. This observation of the photovoltaic effect led many scientists to experiment with this relatively uncommon element with the hope of using the material to create electricity. In 1880, Charles Fritts developed the first selenium-based solar electric cell. The cell produced electricity without consuming any material substance, and without generating heat.

Broader acceptance of photovoltaics as a power source didn't occur until 1905, when Albert Einstein offered his explanation of the photoelectric effect. Einstein's theories led to a greater understanding of the physical process of generating electricity from sunlight. Scientists continued limited research on the selenium solar cell through the 1930's, despite its low efficiency and high production costs.

In the early 1950's, Bell Laboratories began a search for a dependable way to power remote communication systems. Bell scientists discovered that silicon, the second most abundant element on earth, was sensitive to light and, when treated with certain impurities, generated a substantial voltage. By 1954, Bell developed a silicon-based cell that achieved six percent efficiency. The first non-laboratory use of photovoltaic technology was to power a telephone repeater station in rural Georgia in the late 1950s. National Aeronautics and Space Administration (NASA) scientists, seeking a lightweight, rugged and reliable energy source suitable for outer space, installed a PV system consisting of 108 cells on the United States' first satellite, Vanguard I. By the early 1960s, PV systems were being installed on most satellites and spacecraft.

Today, over 200,000 homes in the United States use some type of photovoltaic technology. Solar modules contribute power to 175,000 villages in over 140 countries worldwide, producing thousands of jobs and creating sustainable economic opportunities. In 2001, worldwide sales of photovoltaic products totaled over 350 megawatts and over $2 billion in the global market. The applications include communications, refrigeration for health care, crop irrigation, water purification, lighting, cathodic protection, environmental monitoring, marine and air navigation, utility power, and other residential and commercial applications. The intense interest generated by current photovoltaic applications provides promise for this rapidly developing technology.

(From "Photovoltaics, Design and Installation Manual" by Solar Energy International, 2004, Ed. New Society Publishers)

GLOSSARY

- **To power:** alimentare
- **Repeater station:** ripetitore
- **Lightweight:** leggero
- **Rugged:** robusto
- **Crop irrigation:** irrigazione dei raccolti

READING TEST

1. First research into photovoltaic technology was based on silicon cells. T F
2. The first non-laboratory use of photovoltaic technology was to power a telephone repeater station. T F
3. Bell offered the explanation of the photoelectric effect in 1950s. T F
4. The first silicon-based cell achived ten percent efficiency. T F
5. The first selenium-based solar electric cell was developed by Albert Einstein. T F

Modulo C

CAPITOLO 5
Energia dal vento

5.1 Generalità

L'*energia eolica* e l'energia idraulica sono le prime forme di energia che l'uomo ha utilizzato; ne sono un esempio i mulini a vento (presenti in Sicilia, Sardegna, Olanda ecc.) oppure quelli ad acqua, che sfruttano fiumi e torrenti.

L'energia idraulica è più facilmente utilizzabile dell'energia eolica perché la portata di un fiume è pressoché costante e questo permette di evitare discontinuità nella produzione di corrente. La massa volumica dell'acqua, pari a 1000 kg/m^3, è circa 1000 volte superiore a quella dell'aria, pari a 1,2 kg/m^3.

Sia l'energia eolica sia quella idroelettrica determinano una minore immissione di gas serra in atmosfera rispetto alle forme energetiche convenzionali. Infatti, per produrre energia elettrica tramite centrali termoelettriche si hanno emissioni inquinanti di:

- anidride carbonica (CO_2); ne viene emessa 1000 g per kWh ed è responsabile dell'effetto serra;

- anidride solforosa (SO_2); se combinata con l'acqua produce acido solforico;

- anidride nitrica (N_2O_5); se combinata con l'acqua forma acido nitrico (HNO_3) che, insieme all'acido solforico (H_2SO_4), è nocivo e origina le piogge acide.

> In aggiunta, gli scarichi prodotti dalle automobili hanno un'incidenza del 12% sulle emissioni totali di anidride carbonica (dati dell'Unione Europea). In Italia, nel 2009, l'82,8% delle emissioni di gas serra è stato di origine energetica.

Tra gli aspetti negativi da considerare per quanto riguarda le centrali eoliche (figura 1) ci sono l'impatto visivo e il rumore; quest'ultimo è paragonabile a quello del traffico metropolitano. Quando la velocità del vento è eccessiva, per motivi di sicurezza, le pale vengono messe fuori servizio.

Figura 1 Gli impianti eolici in mezzo al mare (offshore).

Come ogni altra forma di energia, l'energia eolica deve essere *accessibile*, *tecnicamente utilizzabile* ed *economicamente giustificata*.

5.2 Tipologia di macchine e pale

Le **pale eoliche** vengono in generale classificate sulla base di alcune caratteristiche peculiari, quali:

- posizione dell'asse di rotazione;
- numero di pale e loro dimensioni;
- taglia e potenza;
- tipologia del sostegno (palo in acciaio o in cemento, traliccio);
- disposizione sul terreno o sul mare (quadrato o rombo, fila unica, file parallele, file incrociate, croce di Sant'Andrea, casuale).

Lo scopo di una pala eolica è quello di trasformare l'energia cinetica del vento in energia meccanica, utilizzabile per la produzione di energia elettrica o per usi vari (pompaggio, mole per macinare ecc.). In generale la pala eolica è realizzata *ad asse orizzontale* ed è dotata di:

- alberi di trasmissione e ingranaggi demoltiplicatori o moltiplicatori (per ruotare lentamente o velocemente);
- dispositivi terminali (rotore, gondola o navicella), in grado di ruotare rispetto al sostegno per allinearsi alla direzione del vento;
- pale che azionano il rotore; generalmente in numero di 2 o 3 con un diametro tra 1 e 40 m.

Una pala eolica è un sistema caratterizzato da una certa inerzia: rimane ferma per venti deboli e viene messa in movimento da una velocità minima del vento di 3-4 m/s (circa 10-14 km/h); il funzionamento ottimale si ha in presenza di un vento con velocità da 5 m/s fino a 20 m/s (18-72 km/h) ed è prevista disconnessione (per motivi di sicurezza) quando il vento supera i 20 m/s.

5.3 Potenza raccolta

La potenza trasportata dal vento può essere calcolata tramite la **legge di Betz**:

$$P = \frac{1}{2}dAv^3$$

dove A rappresenta l'area spazzata dal rotore, d la densità dell'aria e v la velocità del vento.

Poiché l'area spazzata da un rotore formato da pale di raggio r è

$$A = \pi\, r^2$$

si ottiene

$$P = \frac{1}{2}d\pi r^2 v^3$$

Il vento a valle della pala ha sempre una velocità non nulla, quindi non tutta la potenza trasportata dal vento può essere sfruttata per la produzione di energia elettrica. La potenza che è possibile estrarre da una corrente d'aria è

$$P = \frac{1}{2}d\pi r^2 v^3 c_p$$

con c_p parametro adimensionale che dipende dalla particolare pala e che varia in funzione di:

- posizione dell'asse di rotazione;
- taglia;
- numero di pale;
- velocità del rotore;
- regolazione;
- resa complessiva.

Definiamo **potenza specifica di un campo eolico** P_s, la potenza riferita a una superficie spazzata da un rotore di area unitaria (1 m²).

Nella tabella 1 viene riportata la potenza specifica di un campo eolico a livello del mare e in funzione della velocità del vento, ricavabile dalla formula

$$P_s = \frac{P}{A} = \frac{1}{2}dv^3$$

Da ricordare che la densità dell'aria varia in funzione della temperatura e dell'altezza sul livello del mare; in particolare, a livello del mare e a una temperatura di 15 °C si ha $d = 1,275$ kg/m³; per convenzione si assume $d = 1,225$ kg/m³, che è un valore medio che tiene conto di condizioni differenti di quota e temperatura.

CAPITOLO 5 ENERGIA DAL VENTO

Tabella 1 Potenza specifica di un campo eolico a livello del mare e in funzione della velocità del vento.

Velocità del vento (m/s)	Potenza specifica (W/m²)
4	39,2
6	132,3
8	313,6
10	612,5
12	1058,4
14	1680,7
18	3572,1
22	6521,9
26	10765,3
30	16537,5
36	28576,8
40	39200,0

La potenza specifica del campo eolico dipende dal cubo della velocità del vento. Quindi, ad esempio, per velocità del vento pari a 4 m/s, si ha P_s = 39,2 W/m²; aumentando di 10 volte la velocità del vento (40 m/s), la potenza aumenta di 1000 volte (39 200 W/m²).

Poiché la potenza P dipende dal cubo della velocità del vento e dal quadrato della dimensione delle pale, i migliori risultati, dal punto di vista economico, si raggiungono con alte velocità del vento e minori diametri del rotore, che comportano economia nella costruzione della struttura.

Attualmente vengono proposti, con crescente successo, anche piccoli impianti eolici, addirittura per villette isolate (*minieolico*), che hanno vari vantaggi: costo moderato, bassa inerzia (quindi funzionano anche con velocità del vento modeste, 2-3 m/s), poco rumorosi.

■ Dimostrazione ed esempi numerici

Possiamo stimare l'energia posseduta da una massa d'aria in movimento con velocità v tramite la definizione di energia cinetica:

$$E = \frac{1}{2}mv^2$$

Poiché l'aria è un fluido, è preferibile esprimerne la massa in funzione della sua densità d. Considerando un cilindretto disposto con l'asse parallelo alla direzione della velocità del vento si ha

$$m = dV = dAl$$

avendo indicato con V il volume, con A l'area di base e con l la lunghezza del cilindretto. Essendo v la velocità del vento e riferendosi a un intervallo di tempo Δt, la lunghezza del cilindretto risulta essere

$$l = v\,\Delta t$$

L'energia cinetica si può quindi scrivere nel seguente modo:

$$E = \frac{1}{2}mv^2 = \frac{1}{2}(dAv\Delta t)v^2 = \frac{1}{2}(dA\Delta t)v^3$$

La potenza trasportata dal vento è pertanto data da

$$P = \frac{E}{\Delta t} = \frac{1}{2}dAv^3$$

ESEMPIO 1

▶ Determina la potenza del vento che incide su una superficie di 1 m², considerando la densità dell'aria pari a 1,275 kg/m³ e una velocità del vento di 6 m/s.

■ La potenza specifica del vento alla velocità di 6 m/s è

$$P = \frac{E}{\Delta t} = \frac{1}{2}dAv^3 = \frac{1}{2}(1{,}275 \text{ kg/m}^3)(1 \text{ m}^2)(6 \text{ m/s})^3 = 138 \text{ W}$$

ESEMPIO 2

▶ Determina la potenza specifica del vento a una velocità di 7 m/s e l'aumento percentuale rispetto all'esempio 1.

■ Le potenza trasportata dal vento alla velocità di 7 m/s è

$$P = \frac{E}{\Delta t} = \frac{1}{2}dAv^3 = \frac{1}{2}(1{,}275 \text{ kg/m}^3)(1 \text{ m}^2)(7 \text{ m/s})^3 = 219 \text{ W}$$

Un aumento percentuale della velocità del vento pari a

$$\Delta v_\% = \frac{7 \text{ m/s} - 6 \text{ m/s}}{6 \text{ m/s}}100 = 16{,}7\%$$

corrisponde a un aumento percentuale della potenza del vento pari a

$$\Delta P_\% = \frac{219 \text{ W} - 138 \text{ W}}{138 \text{ W}}100 = 59\%$$

Si nota quindi come la dipendenza dalla terza potenza di v ha effetti molto marcati.

Come già osservato non tutta la potenza del vento può però essere raccolta tramite un impianto eolico. L'aria, dopo essere passata attraverso le pale della turbina (e averle messe in movimento), emerge con una velocità non nulla. Di conseguenza non tutta l'energia cinetica posseduta dal vento viene ceduta alle pale eoliche.

Il fisico tedesco Albert Betz ha dimostrato che la potenza che può essere raccolta da una turbina è espressa tramite la seguente legge:

$$P = 2\,Ad(v_1)^3\,a(1 - a)^2$$

dove A rappresenta l'area complessivamente spazzata dal rotore e v_1 la velocità del vento a monte del rotore.

Il parametro adimensionale a è detto **rallentamento percentuale** ed è espresso dalla relazione:

$$a = \frac{v_1 - v}{v_1}$$

avendo indicato con v la velocità del vento di fronte alle pale del rotore.

La potenza P è direttamente proporzionale a:

- la densità dell'aria, per cui si ha una riduzione della potenza estratta in zone di montagna oppure in zone con climi caldi;

- l'area spazzata dalle eliche, che a sua volta dipende dal quadrato della lunghezza delle pale;

- la terza potenza della velocità del vento, il che rende particolarmente conveniente l'installazione in zone ventose.

> Betz ha anche dimostrato che la frazione massima di potenza che, in via teorica, è possibile estrarre da una corrente d'aria non può superare il 59% della potenza disponibile del vento incidente.

Definendo il **coefficiente di potenza** (C_p) come il rapporto tra la potenza estratta, e quindi utilizzabile (P_u), e quella massima disponibile del vento ($P_{v,max}$), per il limite teorico imposto da Betz risulta:

$$C_p \leq 59\%$$

Con le moderne turbine si riesce comunque a ottenere un coefficiente di potenza del 50% circa, non lontano, quindi, dal limite di Betz.

ESEMPIO 3

▶ Determina la potenza di una singola pala eolica, le cui eliche hanno lunghezza pari a 22 m, installate in una zona in cui il vento ha una velocità media di 9 m/s, considerando un coefficiente di potenza pari a 50%.

■ L'area spazzata dalle eliche del rotore è

$$A = \pi \, r^2 = \pi \, (22 \text{ m})^2 = 1521 \text{ m}^2$$

La potenza massima del vento è pari a

$$P_{v,max} = \frac{1}{2} dAv^3 =$$

$$= \frac{1}{2}(1{,}275 \text{ kg/m}^3)(1520 \text{ m}^3)(1520 \text{ m}^3)(9 \text{ m/s})^3 = 707 \text{ kW}$$

da cui, utilizzando un coefficiente di potenza pari al 50%, si ottiene la potenza utilizzabile:

$$P_u = 0{,}50 \, (707 \text{ kW}) = 354 \text{ kW}$$

MODULO C L'ENERGIA EOLICA

ESEMPIO 4

▶ Determinare l'energia complessivamente prodotta in un anno dalla pala eolica dell'esempio 3.

■ Poiché

$$E = P \, \Delta t$$

è possibile determinare l'energia complessivamente prodotta in un anno, espressa in kWh, considerando che

$$1 \text{ anno} = (365 \text{ giorni})(24 \text{ h/giorno}) = 8760 \text{ h}$$

da cui si ricava

$$E = (354 \text{ kW})(8760 \text{ h}) = 3\,100\,000 \text{ kWh} = 3,1 \text{ GWh}$$

Non è possibile tuttavia posizionare pale eoliche troppo vicine l'una all'altra, in quanto la diminuzione della velocità del vento causata dall'interazione con la turbina può limitare il funzionamento di quella adiacente. In generale, per non avere diminuzioni significative nella potenza raccolta, due pale eoliche devono essere posizionate a una distanza non inferiore a 5 volte il diametro delle loro pale.

ESEMPIO 5

▶ Determina la potenza di una centrale eolica di area pari a 25 ha, con pale del tipo di quelle dell'esempio 3.

■ Poiché un ettaro vale 1 ha = $(100 \text{ m})^2 = 10\,000 \text{ m}^2$, in un'area di 25 ha sarà possibile posizionare un numero massimo di pale pari a

$$n = \frac{A}{(5r)^2} = \frac{25 \cdot 10\,000}{25(22 \text{ m})^2} = 20 \text{ pale}$$

per cui la potenza massima ottenibile risulta:

$$P_{\text{u,max}} = 20(354 \text{ kW}) = 7080 \text{ kW} = 7,08 \text{ MW}$$

APPROFONDIMENTO

La legge di Betz

Con riferimento alla figura 2, indichiamo con

- v_1 la velocità del vento a monte del rotore;
- v la velocità del vento in corrispondenza del rotore;
- v_2 la velocità del vento a valle del rotore.

Applicando l'equazione di continuità nei tre punti sopra indicati possiamo scrivere:

$$dA_1 v_1 = dA_2 v_2 = dAv = q_{\text{m}}$$

avendo indicato con d la densità dell'aria e con q_{m} la portata (espressa in kg/s).
Poiché il vento diminuisce la sua velocità dopo il passaggio attraverso le pale della turbina, cioè $v_2 < v_1$, si ha $A_2 > A_1$.

84

CAPITOLO 5 ENERGIA DAL VENTO

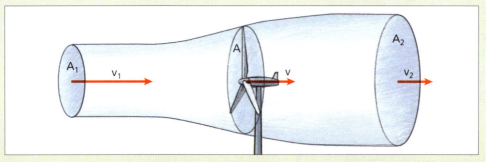

Figura 2 Flusso d'aria che attraversa una pala eolica.

L'energia ceduta al rotore sarà data dalla differenza tra l'energia cinetica posseduta inizialmente da un volume V di aria e l'energia cinetica posseduta dallo stesso volume V dopo il passaggio attraverso le pale:

$$\Delta E = \frac{1}{2} dV (v_1^2 - v_2^2)$$

Facendo riferimento all'intervallo di tempo Δt:

$$V = A_1 v_1 \Delta t = A_2 v_2 \Delta t$$

da cui

$$\Delta E = \frac{1}{2} d A_1 v_1 \Delta t (v_1^2 - v_2^2)$$

La potenza ceduta al rotore risulta quindi

$$P = \frac{\Delta E}{\Delta t} = \frac{1}{2} q_m (v_1^2 - v_2^2)$$

È possibile determinare l'impulso trasmesso dal vento al rotore uguagliandolo alla variazione della quantità di moto di una massa m di aria (teorema dell'impulso):

$$F \Delta t = m(v_1 - v_2) = dAv \Delta t (v_1 - v_2)$$

essendo v la velocità del vento all'altezza del rotore e A l'area complessiva del rotore. Dalla formula precedente è possibile ricavare F:

$$F = dAv(v_1 - v_2) = q_m (v_1 - v_2)$$

e quindi la potenza ceduta al rotore è

$$P = Fv = q_m v (v_1 - v_2)$$

Uguagliando le due equazioni

$$P = \frac{1}{2} q_m (v_1^2 - v_2^2)$$

$$P = Fv = q_m v (v_1 - v_2)$$

si ottiene

$$q_m v (v_1 - v_2) = \frac{1}{2} q_m (v_1^2 - v_2^2)$$

e semplificando:

$$v = \frac{v_1 + v_2}{2}$$

Introducendo poi il **rallentamento percentuale** (*a*):

$$a = \frac{v_1 - v}{v_1}$$

l'espressione della velocità diventa

$$v = v_1(1 - a) = \frac{v_1 + v_2}{2}$$

da cui ricaviamo v_2:

$$v_2 = v_1(1 - 2a)$$

Sostituendo l'espressione ricavata per v_2 nell'equazione

$$P = \frac{1}{2} q_m (v_1^2 - v_2^2)$$

si ottiene

$$P = \frac{1}{2} q_m \left[v_1^2 - v_1^2 (1 - 2a)^2 \right]$$

Infine, ricordando che

$$q_m = dAv = dAv_1(1 - a)$$

e svolgendo i calcoli, si perviene alla formula di Betz:

$$P = 2dAv_1^3 a(1 - a)^2$$

Se si riporta nel piano cartesiano *a-P* l'andamento della funzione di Betz, limitatamente al dominio $a < 1/2$ si ottiene il grafico di figura 3. Si osservi che per $a > 1/2$ si otterrebbe $v_2 < 0$, cioè valori negativi della velocità di uscita dalla turbina; ciò non è fisicamente possibile, in quanto un valore negativo indicherebbe che il vento rientra nella turbina.

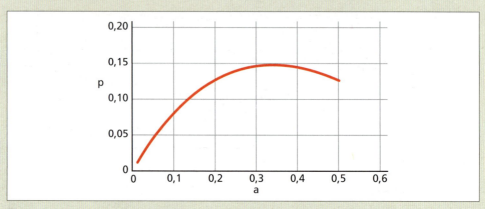

Figura 3 Grafico della formula di Betz in funzione del rallentamento percentuale.

Il massimo della funzione si ha per $a = 1/3$, da cui:

$$v = v_1\left(1 - \frac{1}{3}\right) = \frac{2}{3}v_1$$

$$v_2 = v_1\left(1 - \frac{2}{3}\right) = \frac{1}{3}v_1$$

$$P = 2dAv_1^3 \frac{1}{3}\left(1 - \frac{1}{3}\right)^2 = 2dAv_1^3 \frac{4}{27}$$

Poiché la potenza massima del vento è pari a

$$P_{v,max} = \frac{1}{2}dAv_1^3$$

si ha che la massima frazione teoricamente estraibile, cioè il valore limite del coefficiente di potenza, è pari a

$$c_{p,max} = \frac{P}{P_{v,max}} = \frac{\frac{8}{27}dAv_1^3}{\frac{1}{2}dAv_1^3} = \frac{16}{27} = 0{,}59 = 59\%$$

5.4 Elementi costitutivi

Vediamo ora quali sono gli elementi costitutivi principali di una pala eolica (figura 4):
a. sostegno o torre;
b. navicella o sistema di alloggiamento;
c. sistema di orientamento e freno;
d. rotore e sottosistemi;
e. generatore elettrico e connessione di rete;
f. controllo del sistema;
g. sistemi di misura.

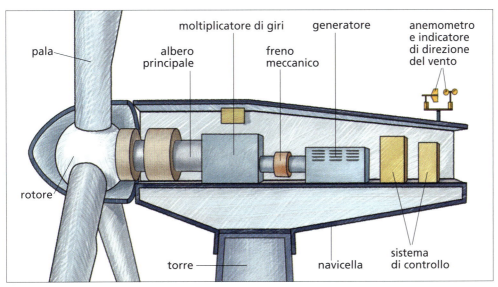

Figura 4 Elementi costitutivi di una pala eolica.

a. **Sostegno o torre**
È l'elemento necessario per la sospensione del rotore e della navicella. La torre può raggiungere dimensioni notevoli in altezza, fino anche a 180 m; tanto più è

alta la torre tanto migliori sono le condizioni di ventosità in termini di intensità e costanza. Aumentando le dimensioni del rotore, pur essendo possibile un incremento dell'energia prodotta, il sostegno richiederebbe una sezione maggiore per garantire stabilità alla struttura, con un aumento notevole dei costi di progettazione e un peggioramento dell'impatto paesaggistico. I materiali utilizzati sono frequentemente di tipo metallico per garantire la massima resistenza alle sollecitazioni esterne durante il funzionamento dell'aerogeneratore.

b. Navicella o gondola

È posizionata sulla cima della torre e può girare di 180° sul proprio asse. Nella cabina sono ubicati i vari componenti dell'aerogeneratore, tra cui il moltiplicatore di giri. Per i sistemi interfacciati alle reti locali o nazionali, la velocità dell'asse del rotore non è sufficiente a permettere al generatore elettrico di produrre una tensione alla frequenza della rete elettrica (50 Hz in Europa), quindi un sistema di moltiplicazione trasferisce il movimento a un «albero veloce», dotato di freno per lo stazionamento.

c. Orientamento e freno

Gli aerogeneratori di piccola taglia, in condizioni di normale regime, si autodirezionano attraverso un semplice timone. Solo nei più sofisticati sono installate pale a passo variabile, in modo da adeguare la loro inclinazione alla velocità del vento per migliorarne la resa. Nelle macchine di piccola taglia il sistema di controllo è solitamente di tipo passivo, senza servomotori che agiscono sull'angolo di calettamento delle pale e sull'angolo tra la navicella e il vento.

d. Rotore o turbina

I rotori sono ad asse orizzontale, del tipo:

- *monopala*, con contrappeso; sono le più economiche, ma essendo sbilanciate generano rilevanti sollecitazioni meccaniche e rumore; sono poco diffusi;

- *bipala*; hanno due pale poste a 180° tra loro ovvero nella stessa direzione e verso opposto; hanno caratteristiche di costo e prestazioni intermedie rispetto alle altre due tipologie; sono le più diffuse per installazioni minori;

- *tripala*; hanno tre pale poste a 120° una dall'altra; sono costose, ma essendo bilanciate, non causano sollecitazioni scomposte e sono affidabili e silenziose.

L'albero del rotore che trasmette il moto è chiamato *albero lento* o *principale*. Le pale più utilizzate sono realizzate in fibra di vetro o lega di alluminio e hanno un profilo simile all'ala di un aereo.

e. Generatore elettrico

È azionato dall'albero veloce. Negli impianti di piccola taglia non collegati alla rete possono essere sia a corrente continua sia a corrente alternata, senza vincoli restrittivi di costanza della frequenza. Nel caso di sistemi interfacciati con reti, locali o nazionali, servono alternatori sincroni o asincroni a frequenza costante.

f. Controllo del sistema

Il controllo di sistema è costituito dai seguenti elementi.

- *Sistema di controllo*: è un dispositivo di interfaccia del generatore con la rete e/o con eventuali sistemi di accumulo che controlla il funzionamento della macchina e gestisce l'erogazione dell'energia elettrica e l'arresto del sistema oltre certe velocità del vento, per motivi di sicurezza dovuti al calore generato dall'attrito del rotore sull'asse e/o a sollecitazioni meccaniche della struttura.

- *Controllo di stallo*: serve per bloccare le pale in caso di velocità del vento elevate; le pale sono quindi costruite «svirgolate» in modo che a velocità elevate inizi uno stallo sulle pale, che parte dalla punta e si propaga verso il centro. L'area attiva delle pale cala, facendo così calare anche la potenza.

- *Controllo di imbardata passivo*: prevede che il sistema sia dimensionato in modo da abbandonare automaticamente l'assetto frontale, oltre una certa spinta del vento.

g. **Sistemi di misura**
I sistemi di misura (anemometri e indicatori di direzione del vento) sono montati sulla sommità della navicella e servono a configurare correttamente la macchina a seconda della direzione e dell'intensità del vento.

5.5 Dimensionamento degli impianti

Le installazioni eoliche più potenti che siano state costruite sono del tipo ad asse orizzontale e si suddividono in:

- aeromotori lenti;
- aeromotori veloci.

■ Aeromotori lenti

Essendo lenti, a parità di potenza erogata, necessitano di un maggior numero di pale, da 12 a 24, coprendo quasi interamente la superficie della ruota (figura 5).

Il timone, oltre a provocare la rotazione orizzontale della ruota per l'allineamento alla direzione del vento, ne mantiene l'equilibrio.

Il diametro dei dispositivi più grandi varia da 4 a 8 m. Questi aeromotori sono utilizzati per venti di debole intensità, 2-3 m/s. Da prove effettuate nei laboratori Eiffel, si ricava $C_p = 0{,}3$, cioè una capacità di catturare l'energia pari al 50% del limite di Betz ($C_p = 0{,}59$).

Adottando come valore della densità dell'aria $d = 1{,}225$ kg/m^3, la potenza massima che si può avere è

$$P = \frac{1}{2} d C_p A v^3$$

$$P_{max} = \frac{1}{2}(1{,}225 \text{ kg/m}^3)(0{,}3)\pi\left(\frac{D}{2}\right)^2 v^3 = 0{,}15 D^2 v^3$$

dove D è il diametro del rotore e v la velocità del vento.

Figura 5 Un aeromotore lento.

Nella tabella 2 sono evidenziati i valori della potenza in funzione del diametro della ruota, con velocità del vento di 5 e 7 m/s.

Tabella 2 Potenza sviluppata dall'aeromotore in funzione del diametro della ruota.

Diametro della ruota (m)	Potenza massima (kW)	
	v = 5 m/s	v = 7 m/s
1	0,018	0,05
2	0,073	0,40
3	0,165	0,45
4	0,295	0,81
5	0,460	1,26
6	0,670	1,80
7	0,920	2,50
8	1,200	3,30

Le potenze sviluppate da aeromotori lenti sono modeste, in quanto utilizzano venti con velocità comprese tra i 3 e i 7 m/s, e il peso delle ruote è tale che nella costruzione non si superano diametri di 5-8 m.

Questo genere di macchine viene utilizzato nelle regioni in cui il vento è dell'ordine di 4-5 m/s, in particolare per il pompaggio dell'acqua.

■ Aeromotori veloci

In questo tipo di macchina il numero delle pale varia tra due e quattro. A parità di potenza, sono più leggeri degli aeromotori lenti, ma presentano l'inconveniente di mettersi in moto con difficoltà, in quanto è necessaria una velocità del vento di almeno 5 m/s perché si mettano a ruotare (figura 6).

Le velocità di rotazione, a parità di potenza sviluppata, sono notevolmente più elevate rispetto agli aeromotori lenti e sono tanto maggiori quanto più il numero delle pale è ridotto. Da prove effettuate nei laboratori Eiffel si ricava che l'aeromotore presenta il massimo rendimento per una velocità di rotazione pari a 135 v/D e a un valore C_p = 0,4:

$$P_{max} = 0,20\ D^2\ v^3$$

$$P = \frac{1}{2} d C_p S v^3$$

dove P_{max} è la potenza massima (W), D il diametro delle pale (m) e v la velocità del vento (m/s).

Questa espressione si usa in prima approssimazione per determinare la potenza massima fornita dagli aeromobili veloci, indipendentemente dal numero di pale.

Figura 6 Aeromotori veloci.

CAPITOLO 5 ENERGIA DAL VENTO

Applicando tale relazione a macchine di diametro compreso tra 1 e 30 m, si ottengono i risultati riportati nella tabella 3 per venti di 7 e 10 m/s.

Tabella 3 Potenza sviluppata dall'aeromotore in funzione del diametro della ruota.

Diametro della ruota (m)	Potenza massima (kW)	
	$v = 7$ m/s	$v = 10$ m/s
1	0,07	0,20
2	0,27	0,80
3	0,60	1,80
4	1,07	3,20
5	1,70	5,00
6	2,40	7,20
8	4,40	12,80
10	6,07	20,00
15	15,00	45,00
20	26,80	80,00
30	60,00	180,00

Grazie alla loro elevata velocità di rotazione gli aeromotori veloci hanno un numero limitato di pale, che va da 2 a 4 pale.

I vantaggi sono:

- il loro prezzo e il loro peso sono molto minori, a pari diametro, rispetto agli aeromotori lenti;

- quando la macchina è ferma, la spinta assiale è più debole di quando è in funzione, cosa che non si verifica per gli aeromotori lenti.

Gli svantaggi sono:

- un aeromotore veloce deve partire senza dover fornire uno sforzo apprezzabile.

I profili utilizzati per le pale sono diversi a seconda della categoria delle macchine.

Gli aeromotori lenti utilizzano profili sottili leggermente concavi. Avendo una piccola rigidità, questi profili sono fissati su di un'ossatura metallica circolare che costituisce lo scheletro della ruota mobile.

I profili usati per le pale degli aeromotori veloci di media o di grande stazza sono di norma piano-convessi o biconvessi, ma non simmetrici. Tali profili presentano una resistenza ridotta e quindi permettono di ottenere un buon rendimento aerodinamico.

5.6 Impatto ambientale

La produzione di elettricità tramite aerogeneratori ha conosciuto, in tempi recenti, un notevole sviluppo. Nel corso del 2010 la potenza globale mondiale installata è passata da 159 000 a 197 000 MW.

La maggior parte degli impianti sono in Europa: un totale di 86 000 MW con 27 000 MW nella sola Germania. Il 22% della potenza eolica mondiale è installata in Cina, che ora è leader mondiale anche in questo settore.

91

In Europa, da anni, la nuova potenza eolica installata annualmente supera quella di tutte le altre tecnologie.

L'Europa mira a raggiungere i 250 000 MW eolici entro il 2020, per soddisfare il 12% del fabbisogno elettrico continentale e dare un contributo decisivo all'ambizioso obiettivo di produrre entro quella data con fonti rinnovabili il 20% di tutta l'energia.

La produzione di energia eolica costituisce una delle maggiori novità del settore energetico degli ultimi trent'anni.

Prima di installare una centrale eolica (o fattoria eolica, *windfarm*) bisogna ovviamente scegliere con accuratezza il sito. Oggi sono disponibili mappe dei venti molto accurate per tutto il mondo: i siti più favorevoli sono le coste europee del Mare del Nord, la parte meridionale del Sudamerica, la regione dei grandi laghi e delle grandi pianure tra gli Stati Uniti e il Canada, e la Tasmania.

Più che venti forti, servono venti costanti in intensità e direzione, con una velocità ottimale intorno ai 7 m/s. È stato stimato che le regioni in cui a 80 m dal suolo la velocità media annuale dei venti supera i 7 m/s hanno, da sole, un potenziale eolico di ben 70 TW: oltre cinque volte la richiesta di potenza media energetica globale attuale (non soltanto elettrica!).

Si tratta dunque di un potenziale immenso, che non potrà mai essere sfruttato per intero, ma certamente contribuirà in modo importante alla transizione energetica nel settore elettrico.

L'energia primaria da sfruttare, il vento, è intermittente su base giornaliera e stagionale. Le reti di trasmissione e distribuzione a cui sono collegati gli impianti eolici devono quindi essere preparate a un flusso elettrico intermittente, tipicamente di media e non alta tensione.

Le reti di distribuzione dei Paesi sviluppati sono attualmente concepite in maniera opposta: debbono smistare elettricità prodotta da pochi impianti di grande potenza, con un flusso prevedibile e controllato. Il passaggio massiccio a una produzione proveniente da molti impianti di piccola taglia (eolici, ma non solo) richiederà adeguate e costose modifiche della rete di distribuzione elettrica.

Poiché la fonte energetica è intermittente, installare 100 MW di turbine eoliche non significa avere a disposizione 100 MW di potenza in modo continuo.

La capacità annuale effettiva risulta essere pari al 45% di quella nominale nelle zone più ventose, attestandosi su una media del 30% a livello globale. In altre parole,

per disporre di 100 MW effettivi occorre installare 250 MW.

Va anche detto che nessun sistema di produzione elettrica funziona al 100% del tempo disponibile, a causa delle interruzioni per manutenzioni, rotture e altri fattori.

Il problema dell'intermittenza può essere mitigato dalla crescente affidabilità delle previsioni meteorologiche e dall'ampliamento dei siti di produzione.

Maggiore sarà il numero e l'estensione delle centrali eoliche collegate alla rete, maggiore sarà la stabilità del sistema, perché la distribuzione media dei venti tenderà a essere più omogenea, moderando l'impatto delle variazioni locali. Sulla base di questa idea si stanno sviluppando progetti per una super-rete eolica paneuropea che colleghi gli impianti in mare aperto (offshore) del Mar Baltico, del Mare del Nord, della Manica e dell'Atlantico fino al Mediterraneo Occidentale, passando per la penisola iberica.

Oltre all'intermittenza si sente spesso parlare di altri problemi attribuiti alle windfarm: la rumorosità degli impianti e il possibile impatto di volatili contro le pale in movimento.

In realtà il rumore è un problema che è già stato affrontato e risolto: gli sviluppi più recenti della tecnologia hanno reso questi impianti più silenziosi dello stesso sibilare del vento.

Quanto ai volatili gli studi più autorevoli dimostrano che il rischio è trascurabile per quasi tutte le specie, con la possibile eccezione dei pipistrelli.

Del resto si stima che nel mondo ogni anno centinaia di milioni di volatili perdano la vita per l'impatto con veicoli in movimento, edifici e linee elettriche ad alta tensione. La diffusione di moderne fattorie eoliche non modificherà in modo significativo le cifre attuali.

> I pochi difetti dell'energia eolica sono bilanciati da numerosi pregi.

Un impianto eolico da 10 MW, sufficiente per i fabbisogni elettrici di 4000 famiglie europee medie, può essere costruito in soli due mesi. In tempi altrettanto brevi una windfarm può essere trasferita in un altro sito, con una semplicità del tutto impensabile per qualsiasi altro impianto di produzione elettrica.

E per potenziare una windfarm non è necessario ampliarla: basta sostituire le pale esistenti, da reinstallare magari altrove, con pale più potenti.

Una fattoria eolica moderna richiede una manutenzione minima e, in fase di dismissione, i materiali utilizzati possono essere riciclati quasi integralmente.

Essa inoltre restituisce in pochi mesi l'energia investita per costruirla, primeggiando fra tutte le tecnologie elettriche in termini di payback time.

Gli impianti eolici comportano un uso ridotto del territorio e l'agricoltura può continuare normalmente nei terreni su cui vengono installati.

Inoltre le turbine eoliche non hanno bisogno di acqua per il raffreddamento, perciò non scaricano inquinamento termico nell'ambiente.

In Germania i costi sanitari associati alla produzione di energia eolica è stimato in 0,2 centesimi di euro per kWh, mentre per la produzione di elettricità sfruttando carbone e gas questo costo è, rispettivamente, 30 e 15 volte maggiore.

> Nel 2010 il dispiegamento delle *fattorie eoliche* europee ha evitato l'immissione in atmosfera di 120 milioni di tonnellate di CO_2, equivalenti a oltre un quarto delle emissioni di tutte le auto europee.

L'impatto visivo delle windfarm è uno dei fattori che ha frenato la loro diffusione in Italia.

Il territorio italiano è disseminato di abusi edilizi di ogni genere e anche in campagna è quasi impossibile scattare una fotografia che non includa un traliccio dell'alta tensione, un ripetitore, un'antenna telefonica. Non saranno questi moderni mulini a vento a deturpare in modo decisivo il paesaggio. Forse un giorno troveremo gradevole l'aspetto di queste fattorie eoliche, soprattutto a fronte del sostanziale beneficio che portano al clima e alla salute delle persone.

Nei primi anni Ottanta una pala eolica tipica aveva un diametro di 15 metri e una potenza elettrica di 50 kW; oggi esistono modelli da 125 metri con una potenza di

MODULO C L'ENERGIA EOLICA

6000 kW (6 MW). Sono in fase di progettazione pale da 10 MW per fattorie eoliche in mare, da collocare al largo di coste caratterizzate da fondali bassi.

Nell'ultimo ventennio, a fronte di un aumento di oltre 100 volte la potenza di una turbina eolica, si è avuto un calo dell'80% dei costi di produzione elettrica, cosicché il prezzo dell'energia eolica è ormai competitivo con quello degli impianti termoelettrici.

Proprio in questa gratuità sta la forza dirompente dell'energia eolica (e di altre fonti rinnovabili): il «combustibile» non costa nulla ed è fruibile per un tempo illimitato; inoltre le risorse disponibili sono note con grande precisione in ogni angolo della Terra.

5.7 La normativa in Italia

Di seguito viene riportata una descrizione sintetica delle principali norme europee e nazionali che riguardano la riduzione delle emissioni di gas serra, la realizzazione degli impianti a fonti rinnovabili, la produzione e la vendita di energia elettrica «verde», con particolare riferimento agli impianti eolici e agli aspetti ambientali.

- **Accordi internazionali (Protocollo di Kyoto)**

  Con la **legge 120/2002**, l'Italia ha ratificato il Protocollo di Kyoto, divenuto operativo nel 2005, riducendo del 6,5% le emissioni di gas serra entro il 2010 rispetto ai valori del 1990. Anziché ridursi, le emissioni sono aumentate del 12%, quindi l'attuale obiettivo di riduzione per l'Italia è del 20%.

  L'obiettivo di emissioni annuo dell'Italia ai fini del rispetto di Kyoto per il periodo 2008-2012 è pari a 485,8 milioni di tonnellate di CO_2 equivalente. Secondo i dati più recenti disponibili, le emissioni totali annue di gas serra del 2004 erano pari a 582,5 milioni di tonnellate. Pertanto l'Italia è tenuta a ridurre le proprie emissioni di oltre 96 milioni di tonnellate. Il Protocollo di Kyoto non prevede direttamente un sistema sanzionatorio per i paesi che non raggiungono gli obiettivi. Tuttavia la UE, con la direttiva 2003/87/CE, ha introdotto il sistema di *emission trading*, che istituisce un mercato europeo di permessi di emissione di gas a effetto serra e che coinvolge i principali settori energetici e produttivi.

- **Obiettivi UE per la produzione di energia da fonti rinnovabili e la riduzione di gas serra**

  La **direttiva 2001/77/CE** fissa un obiettivo di copertura del consumo di energia elettrica da FER (fonti energia rinnovabili), che al 2010 era pari al 22% a livello comunitario; per l'Italia l'obiettivo è fissato al 25% (nel 2006 la produzione italiana di energia elettrica da FER ha coperto il 15% del consumo) e al 12% sul consumo lordo di energia.

  Per quanto riguarda la riduzione delle emissioni di gas serra, il Consiglio UE ha stabilito un obiettivo vincolante a livello comunitario al 2020 pari al −20% rispetto ai valori del 1990 (conclusioni della Presidenza del Consiglio UE, Bruxelles, 8-9 marzo 2007).

- **Norme sul paesaggio**

  Il **d.lgs. 42/2004** prevede quali aree siano tutelate per quanto riguarda il paesaggio (art. 142) e l'obbligo di autorizzazione paesaggistica (art. 146) per ogni progetto

94

di opere all'interno di tali aree, in genere di competenza comunale su delega delle Regioni (con il coinvolgimento della soprintendenza).

Ad esempio, sono tutelate le montagne per la parte eccedente i 1600 metri sul livello del mare per la catena alpina e i 1200 metri sul livello del mare per la catena appenninica e per le isole, i parchi e le riserve, i ghiacciai, le aree boscate o in prossimità di laghi o fiumi, le coste ecc.

- **Norme sulla VIA (valutazione di impatto ambientale)**

  La valutazione di impatto ambientale è normata da un decreto legislativo, d.lgs. 152/2006, in particolare dagli articoli 23-52 e dagli allegati III e IV alla parte seconda del decreto. I progetti di impianti eolici di tipo «industriale» sono sempre soggetti a VIA se all'interno di parchi o riserve. Se si trovano all'esterno di aree protette sono sottoposti a verifica preliminare per stabilire se devono essere o meno sottoposti a VIA (la verifica avviene sulla base dei criteri riportati nell'allegato IV al decreto). La competenza in materia è regionale, salvo eventuali deleghe agli enti locali (generalmente le province).

- **Norme sulla Rete Natura 2000**

  Il **DPR 357/97** e s.m.i. (sucessive modifiche introdotte) prevede l'obbligo della valutazione di incidenza per interventi all'interno delle aree Natura 2000 (pSIC, SIC, ZSC, ZPS). L'autorità competente alla valutazione è individuata dalla Regione o Provincia autonoma.

  Il decreto 25 marzo 2004 del Ministero dell'Ambiente riporta l'elenco dei siti di importanza comunitaria in Italia, ai sensi della direttiva 92/43/CEE, mentre il decreto 25 marzo 2005 del Ministero dell'Ambiente riporta l'elenco delle Zone di protezione speciale (ZPS), classificate ai sensi della direttiva 79/409/CEE. Il decreto legge 251/2006 stabilisce che, nelle Zone di protezione speciale (ZPS), la realizzazione di centrali eoliche è sospesa fino all'adozione di specifici piani di gestione

- ***Competenze e procedure autorizzative per la realizzazione di impianti eolici***

  Secondo l'articolo 117 della Costituzione, il tema della produzione di energia è materia di legislazione concorrente Stato/Regioni.

  Nelle materie di legislazione concorrente spetta alle Regioni la potestà legislativa, salvo che per la determinazione dei principi fondamentali, riservata alla legislazione dello Stato.

  Il **d.lgs. 387/2003** (attuazione della direttiva 2001/77/CE, relativa alla promozione dell'energia elettrica prodotta da fonti energetiche rinnovabili) stabilisce che la costruzione e l'esercizio di impianti alimentati da fonti rinnovabili sono soggetti a una autorizzazione unica, rilasciata dalla Regione o da altro soggetto delegato dalla Regione, nel rispetto delle normative vigenti in materia di tutela dell'ambiente e del paesaggio. L'autorizzazione è rilasciata al termine di un procedimento unico al quale partecipano tutte le amministrazioni interessate (competenti a diverso titolo) tramite una conferenza di servizi.

  Il termine massimo per la conclusione del procedimento non può essere superiore a 180 giorni.

  L'art. 10 del d.lgs. 387/2003 stabilisce che la Conferenza unificata concorre alla definizione degli obiettivi nazionali di consumo futuro di elettricità prodotta da fonti energetiche rinnovabili (in termini di percentuale del consumo di elettricità) e ne effettua la ripartizione tra le regioni tenendo conto delle risorse di fonti energetiche rinnovabili sfruttabili in ciascun contesto territoriale.

Il decreto prevede, inoltre, che il Ministero delle Attività Produttive, di concerto con il Ministero dell'Ambiente e quello dei beni culturali, approvi in Conferenza unificata delle «linee guida per l'approvazione dei progetti di impianti da fonti rinnovabili» volte, in particolare, ad assicurare un corretto inserimento degli impianti, con specifico riguardo agli impianti eolici, nel paesaggio. Tali linee guida non sono state ancora realizzate. Tuttavia, nel febbraio 2007 il Ministero per i beni e le attività culturali ha realizzato il documento «Gli impianti eolici: suggerimenti per la progettazione e la valutazione paesaggistica» come contributo per la redazione delle sopracitate Linee guida.

In attuazione di tali Linee guida, le Regioni possono procedere alla indicazione di aree e siti non idonei alla installazione di specifiche tipologie di impianti ed eventualmente possono procedere alla pianificazione di dettaglio. A causa dei forti ritardi a livello nazionale, alcune Regioni (Basilicata, Calabria, Campania, Liguria, Marche, Puglia, Sardegna, Sicilia e Toscana) si sono dotate di proprie Linee guida regionali per l'inserimento degli impianti eolici nel territorio.

Inoltre, quasi tutte le Regioni si sono dotate di un Piano Energetico Ambientale o sono in procinto di farlo.

• Certificati verdi

Il d.lgs. 79/99 e s.m.i. (successive modifiche introdotte) prevede l'obbligo per i produttori di energia elettrica di immettere nel sistema elettrico nazionale una quota (attualmente pari al 3,05%) prodotta da impianti da fonti rinnovabili (idroelettrici, eolici, solari, da biomasse) entrati in esercizio dopo il 1° aprile 1999, e ha introdotto un sistema particolare di incentivazione delle fonti rinnovabili tramite i «certificati verdi» (CV).

In sostanza a ogni produttore di energia elettrica «verde» vengono attribuiti un certo numero di certificati verdi (1 certificato corrisponde a 50 MWh) che può vendere sul mercato dei CV ai produttori o importatori di energia che sono tenuti all'obbligo di cui sopra e che possono in questo modo acquistare i relativi diritti a immettere energia elettrica non rinnovabile nel sistema elettrico nazionale.

Il prezzo di riferimento per il 2006 dei certificati verdi è stato fissato dal Gestore dei Servizi Elettrici ed è pari a circa 12,5 €cent per kWh per i primi 12 anni (durata prevista dal d.lgs. 152/2006).

Il medesimo decreto, inoltre, prevede il diritto alla precedenza nel dispacciamento per l'energia elettrica prodotta da fonti rinnovabili.

CAPITOLO 5 ENERGIA DAL VENTO **ESERCIZI**

INDIVIDUA LA RISPOSTA CORRETTA

1 La velocità del vento si misura in m/s. ☑ F

2 La potenza di una pala eolica dipende dall'altezza. ☑ F

3 Non tutta la potenza del vento può essere raccolta tramite un impianto eolico. ☑ F

4 L'energia cinetica è direttamente proporzionale alla massa. ☑ F

5 Le pale vanno disposte sempre a fila unica. ☑ F

6 La densità dell'aria è variabile secondo la quota. ☑ F

7 In una pala la navicella o gondola è fissa. ☑ F

8 Negli impianti di piccola taglia i generatori elettrici possono essere sia a corrente continua sia a corrente alternata. ☑ F

9 L'impatto estetico delle pale ne ha limitato la diffusione. ☑ F

10 Tutti i progetti di impianti eolici sono soggetti a VIA. ☑ F

TEST

11 Un sito eolico viene scelto in una zona:
a. dove ci sono venti forti e discontinui in prossimità dei centri abitati.
b. dove ci sono venti moderati e costanti.
c. in prossimità dei centri abitati.
d. vicino a corsi d'acqua.

12 La velocità ottimale del vento per azionare una pala è:
a. 5-20 m/s **c.** < 5 m/s
b. 3-4 m/s **d.** > 20 m/s

13 La potenza raccolta dal vento non dipende:
a. dall'area delle pale.
b. dalla densità dell'aria.
c. dalla velocità del vento.
d. dalla massa del palo.

14 L'energia cinetica si misura in:
a. W/s **c.** J/kg
b. J **d.** J/m²

15 Secondo Betz la potenza estratta dal vento rispetto alla potenza massima è al più:
a. 100% **c.** 69%
b. 59% **d.** 80%

16 Per non avere diminuzioni significative nella potenza raccolta, una pala eolica deve essere posizionata, rispetto a un'altra pala eolica, a una distanza non inferiore a:
a. 1 volta il diametro delle pale.
b. 10 volte il diametro delle pale.
c. 5 volte il raggio delle pale.
d. 5 volte il diametro delle pale.

17 Quale tra queste tipologie di sostegno non viene usata?
a. Palo in legno.
b. Palo in acciaio.
c. Palo in cemento.
d. Traliccio in acciaio.

18 Gli aeromotori lenti hanno un numero di pale compreso nell'intervallo:
a. 2-4 **c.** 8-12
b. 4-8 **d.** 12-24

19 Essendo il vento una fonte energetica intermittente, per disporre di 100 MW effettivi occorre installare una potenza pari a:
a. 100 MW **c.** 200 MW
b. 250 MW **d.** 150 MW

20 Il Consiglio UE ha stabilito una riduzione dei gas serra al 2020, rispetto ai valori del 1990, pari al:
a. 10% **c.** 40%
b. 30% **d.** 20%

PROBLEMI

1 Determina la potenza del vento che incide su una superficie di 2 m², considerando la densità dell'aria pari a 1,255 kg/m³ e una velocità del vento di 5 m/s. [157 W]

2 Determina la potenza specifica del vento a una velocità di 8 m/s e determina l'aumento percentuale rispetto all'esercizio precedente.

[321 W; 104%]

97

ESERCIZI

MODULO C L'ENERGIA EOLICA

3 Calcola la potenza di una singola pala eolica, le cui eliche hanno lunghezza pari a 18 m e sono installate in una zona in cui il vento ha una velocità media di 8 m/s, considerando un fattore di potenza pari al 50%. [163,5 kW]

4 Calcola l'energia complessivamente prodotta in un anno, utilizzando i dati dell'esercizio precedente. [1,43 GW]

5 Determina la potenza di una centrale eolica di area pari a 2,5 ha, considerando il numero massimo di aerogeneratori, con pale di lunghezza 20 m, velocità del vento pari a 10 m/s e un fattore di potenza del 45%. [1,1 MW]

Le competenze del tecnico ambientale

Una casa isolata necessita di un impianto eolico per la produzione di energia elettrica.

- Individua nel tuo Comune una zona.
- Acquisisci i dati sulla direzione e la velocità del vento. Effettua una relazione di calcolo per una pala eolica che fornisca una potenza di 3 kW.

Environmental Physics in English

Today's Modern Wind Turbine

Modern wind turbines, which are currently being deployed around the world, have three-bladed rotors with diameters of 70 m to 80 m mounted atop 60-m to 80-m towers.
Typically installed in arrays of 30 to 150 machines, the average turbine installed in the United States in 2006 can produce approximately 1,6 megawatts (MW) of electrical power. Turbine power output is controlled by rotating the blades around their long axis to change the angle of attack with respect to the relative wind as the blades spin around the rotor hub. This is called controlling the blade pitch. The turbine is pointed into the wind by rotating the nacelle around the tower. This is called controlling the yaw. Wind sensors on the nacelle tell the yaw controller where to point the turbine. These wind sensors, along with sensors on the generator and drivetrain, also tell the blade pitch controller how to regulate the power output and rotor speed to prevent overloading the structural components.
Generally, a turbine will start producing power in winds of about 5,36 m/s and reach maximum power output at about 12,52 m/s – 13,41 m/s. The turbine will pitch or feather the blades to stop power production and rotation at about 22,35 m/s. Most utility-scale turbines are upwind machines, meaning that they operate with the blades upwind of the tower to avoid the blockage created by the tower. The amount of energy in the wind available for extraction by the turbine increases with the cube (the third power) of wind speed; thus, a 10% increase in wind speed creates a 33% increase in available energy. A turbine can capture only a portion of this cubic increase in energy, though, because power above the level for which the electrical system has been designed, referred to as the rated power, is allowed to pass through the rotor. In general, the speed of the wind increases with the height above the ground, which is why engineers have found ways to increase the height and the size of wind turbines while minimizing the costs of materials. But land-based turbine

CAPITOLO **5** ENERGIA DAL VENTO   **ESERCIZI**

size is not expected to grow as dramatically in the future as it has in the past. Larger sizes are physically possible; however, the logistical constraints of transporting the components via highways and of obtaining cranes large enough to lift the components present a major economic barrier that is difficult to overcome. Many turbine designers do not expect the rotors of land-based turbines to become much larger than about 100 m in diameter, with corresponding power outputs of about 3 MW to 5 MW.

(From: 20% Wind Energy by 2030, Increasing Wind Energy's Contribution to U.S. Electricity Supply, U.S. Department of Energy, July 2008)

GLOSSARY

- **Three bladed rotors**: rotori a tre pale
- **Atop**: in cima a
- **Rotor hub**: centro del rotore
- **Pitch**: beccheggio
- **Nacelle**: navicella
- **Yaw**: imbardata
- **Drivetrain**: trasmissione
- **Upwind**: controvento
- **Constraint**: limite

READING TEST

1 The amount of energy in the wind available for extraction by the turbine increases with the square of wind speed. T F

2 The turbine will feather the blades to stop power production and rotation at about 22,35 m/s. T F

3 Engineers have increased the height and the size of wind turbines for minimizing the costs of materials. T F

4 It is belived that the rotors of land-based turbines will not become larger than about 100 m in diameter, with corresponding power outputs of about 3 MW to 5 MW. T F

5 Land-based turbine size is expected to grow in the future as it has in the past due to the growth of technology. T F

6 A turbine will start producing power in winds of about 5 m/s. T F

Modulo D

CAPITOLO 6
Etichettatura energetica e norme di riferimento

6.1 L'etichetta energetica e le classi energetiche

La prima fonte di energia può essere il **risparmio energetico**. L'uso razionale delle risorse energetiche comporta un doppio beneficio: il singolo individuo pagherà una bolletta energetica meno cara e la collettività avrà una maggiore durata delle riserve energetiche e un minore inquinamento.

Le possibilità di risparmio sono tante: limitare i consumi irrazionali ed eliminare gli sprechi, senza rinunciare al comfort.

L'Unione Europea ha affrontato concretamente la questione a partire dal 1992, quando la direttiva 92/75/CEE ha stabilito la necessità di applicare un'**etichetta energetica** ai principali elettrodomestici.

Figura 1 Etichetta energetica standard.

L'*etichettatura energetica* è costituita da una scala di sette livelli, dalla A alla G. La A indica consumi bassi, ovvero la classe energetica più efficiente, la G indica consumi alti e quindi la classe energetica meno efficiente.

Le etichette sono costituite da frecce colorate, una per ogni lettera e di colori che vanno dal verde al rosso; la diversa lunghezza, che rappresenta l'efficienza energetica, è crescente col crescere dei consumi (figura 1):

- la freccia corta di colore verde (lettera A) indica consumi bassi;
- la freccia lunga di colore rosso (lettera G) indica consumi alti.

Nel caso in cui un elettrodomestico abbia prestazioni energetiche superiori a quelle previste dalla classe A, la Direttiva 2010/30/UE indica tre classi addizionali: A+, A++, A+++. Queste tre classi non si aggiungono alle sette esistenti, ma fanno va-

CAPITOLO **6** ETICHETTATURA ENERGETICA E NORME DI RIFERIMENTO

riare la classificazione nel modo seguente:

- se nella categoria degli elettrodomestici ve ne sono alcuni classificati A+++, la classe di minore efficienza, nella sua etichetta energetica, è D invece di G;

- se nella categoria degli elettrodomestici ve ne sono alcuni classificati A++, la classe di minore efficienza, nella sua etichetta energetica, è E invece di G;

- se nella categoria di elettrodomestici ve ne sono alcuni classificati A+, la classe di minore efficienza, nella sua etichetta energetica, è F invece di G.

6.2 Etichettatura energetica per elettrodomestici

Lo scopo dell'etichettatura energetica degli elettrodomestici è quella di informare i consumatori sul consumo di energia degli apparecchi, favorendo lo sviluppo tecnologico di prodotti con consumi più bassi, più appetibili sul mercato.

L'etichetta energetica deve essere ben visibile sull'elettrodomestico. Il venditore deve informare il consumatore sulle prestazioni energetiche dei prodotti, specificandole nei cataloghi illustrativi.

■ Etichettatura energetica di frigoriferi e congelatori

Il frigorifero è l'elettrodomestico più diffuso, con consumi di energia elettrica pari a circa il 22% del totale per uso domestico.

L'etichetta energetica sui frigoriferi è presente dal 1998 ed è suddivisa in cinque settori. Nel primo è riportato nome e marchio del costruttore, nonché il modello dell'apparecchio. Nel secondo è riportata la classe energetica a cui appartiene l'elettrodomestico. Nel terzo è indicato il consumo di energia, espresso in kWh/anno. Nel quarto vi sono i dati sulla capacità di volume utile dell'apparecchio e il tipo di comparto a bassa temperatura. Nell'ultimo è indicata la rumorosità espressa in dB audio (decibel audio, dBa).

I consumi

Da uno studio fatto dall'ENEA su un frigocongelatore da 300 litri, di cui 200 per cibi freschi e 100 per cibi congelati, si denota che la scelta di un modello di classe A rispetto a uno di classe F comporta un risparmio di circa il 50% di energia elettrica.

Dal luglio 2004 l'etichetta energetica dei frigoriferi e dei congelatori ha due nuove classi di efficienza energetica: A+ e A++.

Il consumo per un frigocongelatore diminuisce di circa il 25% per un modello di classe A+ rispetto a uno di classe A; la classe A++ fa risparmiare un ulteriore 25% rispetto alla classe A+.

Le case costruttrici europee di frigoriferi e congelatori hanno stipulato un accordo per incrementare il risparmio energetico che prevede, già dal 2002, di non costruire apparecchi con classe energetica inferiore a C e, dal 2006, di raggiungere un indice di efficienza media pari a 52, corrispondente alla classe A.

101

MODULO D IL RISPARMIO ENERGETICO

Indice di efficienza energetica

L'**indice di efficienza energetica** (IEE) è la grandezza determinante per la classificazione in una delle classi di efficienza energetica. Si ottiene in base a un metodo di calcolo relativamente complesso e considera vari parametri, come ad esempio il consumo energetico, il volume utile di tutti gli scomparti di refrigerazione e congelamento, e la loro temperatura più bassa. Le informazioni riportate sull'etichetta energetica sono i risultati ottenuti nella prova standard di 24 ore.

Dal 2012 i frigoriferi e congelatori sono suddivisi nelle classi di efficienza energetica da A+++ a D, col rispettivo IEE, come indicato nella tabella 1.

Tabella 1 Classi di efficienza energetica e corrispondente IEE

Classe di efficienza energetica	Indice di efficienza energetica IEE
A+++	IEE < 22
A++	22 ≤ IEE < 33
A+	33 ≤ IEE < 44
A	44 ≤ IEE < 55
B	55 ≤ IEE < 75
C	75 ≤ IEE < 95
D	IEE ≥ 95

Calcolo dei costi per un anno

Frigorifero e congelatore combinato, volume utile dello scomparto frigo pari a 220 litri, congelatore da 65 litri, prezzo della corrente elettrica 0,18 €/kWh.

- Esempio classe A+++: indice di efficienza energetica = 22; consumo annuo = = 159 kWh; costo energetico = (159 kWh)(0,18 €/kWh) = 28,62 €.

- Esempio classe A+: indice di efficienza energetica = 42; consumo annuo = = 281 kWh; costo energetico = (281 kWh)(0,18 €/kWh) = 50,58 €.

La differenza tra la classe A+++ e la classe A+ è di 21,96 €, pari a circa il 77% in più. Durante la durata utile di circa 15 anni la differenza ammonta a (21,96 €)(15 anni) = 329,40 €, non considerando l'aumento del costo unitario della corrente elettrica.

■ Etichettatura energetica delle lavatrici

La lavatrice è al secondo posto come diffusione, con consumi di energia elettrica pari a circa il 12% del totale per uso domestico.

L'etichetta energetica, obbligatoria dal 1999, presenta altri due riquadri, rispetto a quella per i frigoriferi; essi indicano:

- l'efficacia del lavaggio e della centrifuga;

- la capacità di carico.

I consumi

Dallo stesso studio citato in precedenza, il passaggio da una classe energetica a quella precedente, comporta un risparmio di energia elettrica di circa il 15%.

CAPITOLO 6 ETICHETTATURA ENERGETICA E NORME DI RIFERIMENTO

Tabella 2 Voci contenute nella etichetta energetica per elettrodomestici

Elettrodomestico	Settore dell'etichetta energetica						
	1	2	3	4	5	6	7
Frigo/Congelatore	Costruttore e modello	Classe energetica	Consumo (kWh/anno)	Volume utile (L)	Rumore (dBa)	-	-
Lavatrice	Costruttore e modello	Classe energetica	Consumo (kWh/anno)	Efficacia del lavaggio	Efficacia della centrifuga	Capacità di carico (kg)	Rumore (dBa)
Lavastoviglie	Costruttore e modello	Classe energetica	Consumo (kWh/anno)	Efficacia del lavaggio	Efficacia dell'asciugatura	Capacità di carico (n. di coperti)	Rumore (dBa)
Forno elettrico	Costruttore e modello	Classe energetica	Consumo (kWh/anno)	Volume utile (L)	Dimensioni del forno	Rumore (dBa)	-
Condizionatore	Costruttore e modello	Classe energetica	Consumo (kWh/anno)	Tipo di apparecchio	Potenza riscaldante (kW)	Rumore (dBa)	-
Lampada	Classe energetica	Flusso luminoso (lm), potenza (W), durata (h)	-	-	-	-	-

■ Etichettatura energetica delle lavastoviglie

La diffusione di lavastoviglie comporta consumi di energia elettrica pari a circa il 5% sul totale per uso domestico.

L'etichetta energetica, obbligatoria dal 2000, presenta sette settori specificati nella tabella 2 che sintetizza le etichette energetiche degli elettrodomestici più importanti.

I consumi

Anche per le lavastoviglie il passaggio da una classe energetica a quella precedente comporta un risparmio di energia elettrica dall'11% al 14%.

■ Etichettatura energetica dei forni elettrici

L'etichetta energetica conforme alle Norme dell'Unione Europea, obbligatoria dal 2003, presenta sei settori specificati nella tabella 2.

I consumi

Per i forni elettrici, prendendo come esempio 100 cicli di cottura all'anno, il passaggio da una classe energetica a quella precedente, indipendentemente dalle dimensioni (piccolo, medio, grande) comporta un risparmio di energia elettrica dal 10% al 18% circa.

■ Etichettatura energetica dei condizionatori

Anche per i condizionatori con potenza refrigerante minore o uguale a 12 kW, alimentati dalla rete elettrica, l'etichetta energetica conforme alle Norme dell'Unione Europea è obbligatoria dal 2003. Essa presenta sei settori; il quinto settore è previsto solo per gli apparecchi con funzione di riscaldamento, specificati nella tabella 2.

I consumi

Vi sono vari tipi di condizionatori: prendendo un modello medio di tipo *split*, raffreddato ad aria, utilizzato per 500 ore all'anno, il risparmio di energia elettrica è di circa il 6% nel passaggio da una classe a quella precedente.

■ Etichettatura energetica delle lampade

In Italia il consumo di energia elettrica per l'illuminazione domestica è circa il 13% del totale.

> L'etichetta energetica è obbligatoria dal 2002, presenta solo due settori in cui è indicata la classe energetica, il flusso luminoso espresso in lumen (definito come il flusso luminoso di luce prodotto da una sorgente che emette una intensità luminosa pari a 1 candela), la potenza in watt e la durata della lampada in ore.

I consumi

Per quanto riguarda le lampade, bisogna distinguere tra quelle fluorescenti (classe A o B) da quelle a incandescenza (classe E, F o G). Dal 2012 non sono più in commercio le lampade a incandescenza e si utilizzano solo quelle fluorescenti. Per tali lampade è da ricordare che potenze di 11, 15 o 20 watt forniscono la stessa quantità di luce di lampade a incandescenza rispettivamente di 60, 75 e 100 watt.

6.3 Etichettatura energetica per apparecchiature da ufficio

Nel 2001 il Parlamento Europeo ha approvato il programma comunitario Energy Star. Tale programma prevede l'introduzione di una etichettatura, tramite il logo in figura 2, che contraddistingue le apparecchiature per ufficio con una elevata efficienza energetica.

Figura 2 Logo Energy Star.

> Il logo **Energy Star** è assegnato solo a quelle apparecchiature che hanno un consumo di energia al di sotto della media di mercato per quel tipo di prodotto.

Apparecchiature come computer, stampanti, monitor, plotter, fax, fotocopiatrici, dispositivi multifunzione, usate soprattutto nel terziario (uffici tecnici, commerciali, pubblici e privati, banche ecc.), sono in funzione per l'intera giornata lavorativa, quindi rappresentano una parte abbastanza alta del consumo di energia elettrica. Questi apparecchi etichettati con il simbolo Energy Star hanno un ridotto consumo energetico.

Vantaggi per gli utenti

Acquistare un prodotto con il marchio Energy Star consentirà di risparmiare sui costi dell'energia elettrica e di contribuire, quindi, alla tutela dell'ambiente. Acquistare questi prodotti costringe le case costruttrici a incrementare la ricerca e lo sviluppo di prodotti più «ecologici».

L'obiettivo più immediato per gli Organismi Europei è quello di avere, nel 2015, un risparmio energetico di circa 10 TWh, con la conseguente riduzione di 5 milioni di tonnellate di emissione di CO_2 l'anno.

CAPITOLO **6** ETICHETTATURA ENERGETICA E NORME DI RIFERIMENTO

6.4 Classe energetica di un edificio

Anche per gli edifici, al primo posto per il consumo di energia per il loro riscaldamento o raffrescamento, sono stabilite delle classi energetiche. Come per gli elettrodomestici, la scala consta di sette livelli e a ognuno di essi viene attribuita una lettera e un corrispondente limite di consumo energetico annuo. Anche per gli edifici sono ammesse ulteriori suddivisioni, per esempio A+.

Tabella 3 Classificazione energetica degli edifici in base ai consumi nel Comune di Perugia

Classificazione	Consumo annuo di energia elettrica (kWh/m²)	Consumo annuo di gasolio (L/m²)
A +	< 27	< 2,7
A	≥ 27 e < 45	≥ 2,7 e < 4,5
B	≥ 45 e < 66	≥ 4,5 e < 6,6
C	≥ 66 e < 90	≥ 6,6 e < 9,0
D	≥ 90 e < 111	≥ 9,0 e < 11,1
E	≥ 111 e < 151	≥ 11,1 e < 15,1
F	≥ 151 e < 211	≥ 15,1 e < 21,1
G	≥ 211	≥ 21,1

La Normativa Europea ha fissato un requisito minimo per nuove costruzioni. Dal 2010 gli edifici nuovi devono avere un consumo massimo annuo di 90 kWh/m² con classe energetica compresa tra la C e la D, a seconda del luogo. In questo caso la classe energetica è la C.

La legge n. 10 del 1991 e i successivi decreti di attuazione, in particolare il DPR n. 412 del 26 agosto 1993 e il recente DPR 551 del 21 dicembre 1999 (pubblicato sulla GU n. 81 del 6 aprile 2000), hanno trasformato i più recenti criteri tecnici per l'uso razionale dell'energia in disposizioni alle quali tutti devono attenersi.

Come si stabilisce per un edificio l'appartenenza a una data classe energetica? Vediamo un esempio.

ESEMPIO 1

▶ Nel Comune di Perugia il periodo di accensione per gli impianti termici va dal 15 ottobre al 15 aprile. In quale classe energetica si trova, in base alla tabella precedente, un appartamento di 100 m², con una caldaia a metano di potenza 24 kW accesa per tre ore giornaliere?

- Periodo di accensione: 180 giorni.
- Consumo giornaliero: (24 kW) (3 h) = 72 kWh.
- Consumo annuo: (72 kWh/giorno) (180 giorni/anno) = 12 960 kWh/anno.
- Incidenza al m²:

$$\frac{12\,960 \text{ kWh/anno}}{100 \text{ m}^2} = 129,6 \text{ kWh/(m}^2 \cdot \text{anno)}$$

Utilizzando la tabella 3 si deduce che la classe energetica di appartenenza è la E.

105

MODULO D IL RISPARMIO ENERGETICO

■ Cambio di classe energetica

In Italia il 38% circa dell'energia primaria è utilizzata per riscaldare, illuminare e far funzionare la casa.

Circa il 50% delle perdite energetiche negli edifici non opportunamente coibentati avviene attraverso le pareti esterne. Bastano pochi lavori di manutenzione per migliorare le prestazioni energetiche di un edificio. Le dispersioni maggiori avvengono, per esempio, attraverso gli infissi delle finestre e quindi la loro sostituzione con prodotti più efficienti contribuisce a migliorare di molto la funzionalità energetica. Con l'ultimo Decreto legge 63/2013, le detrazioni fiscali per tali sostituzioni sono state portate al 55%, e al 65% per la riqualificazione energetica.

Quasi la metà degli edifici costruiti dal dopoguerra fino agli anni ottanta non sono *classificabili*, ovvero hanno una classe energetica molto alta (G).

Per affrontare il problema, rivediamo un po' di teoria.

APPROFONDIMENTO

Conducibilità termica e resistenza termica

Per la legge di Fourier il calore che attraversa una parete è uguale a

$$Q = \frac{kA\Delta T}{d}\Delta t$$

dove: A è l'area della parete e d il suo spessore; ΔT indica la differenza di temperatura tra le due facce, mentre Δt è l'intervallo di tempo.

La quantità di calore che attraversa una parete è pertanto direttamente proporzionale all'area A, alla differenza di temperatura ΔT, all'intervallo di tempo Δt, e inversamente proporzionale allo spessore d. La costante di proporzionalità k si chiama **coefficiente di conducibilità termica**:

$$k = \frac{Qd}{A\Delta T\Delta t}$$

La sua unità di misura è W/(m·K).

I materiali che hanno un k elevato hanno un'*alta conducibilità termica*, mentre un basso valore di k indica un buon isolante termico, cioè *bassa conducibilità termica*. Un materiale è definito *isolante termico* se la sua conduttività è inferiore a 0,065 W/(m·K).

Nella pratica si fa riferimento alla trasmittanza termica, calcolata a partire dalla resistenza termica. La **resistenza termica** di una parete è descritta dalla relazione:

$$R = \frac{d}{\lambda}$$

dove d è lo spessore dello strato di materiale che costituisce la parete e λ è la sua conduttività termica utile, calcolata secondo ISO/DIS 10456.2, oppure ricavata da valori tabulati. La sua unità di misura è (m²·K)/W.

La **trasmittanza termica** U (UNI EN ISO 6946) è definita come il flusso di calore che attraversa una superficie unitaria sottoposta a una differenza di temperatura di 1 °C (1 K).

Nel caso di una struttura multistrato, U è legata alle caratteristiche dei materiali che costituiscono la struttura e alle condizioni di scambio termico limite. Note le *resistenze termiche* dei vari strati, la trasmittanza termica è calcolabile tramite la relazione:

$$U = \frac{1}{R_{\text{tot}}}$$

dove

$$R_{\text{tot}} = R_{\text{si}} + R_1 + R_2 + \ldots + R_n + R_{\text{se}}$$

essendo:

- R_{si} la resistenza termica superficiale interna;
- R_1, R_2, ...,R_n le resistenze termiche utili di ciascuno strato;
- R_{se} la resistenza termica superficiale esterna.

L'unità di misura di U è l'inverso dell'unità di misura della resistenza termica, cioè $W/(m^2 \cdot K)$.

Per il calcolo della trasmittanza dei componenti edilizi finestrati si fa riferimento alla UNI EN ISO 10077-1.

ESEMPIO 2

▶ Una finestra di dimensioni 100 cm × 140 cm è originariamente realizzata tramite un telaio in ferro e monta vetri semplici. Quanto vale il risparmio energetico che si ottiene realizzando infissi di legno e utilizzando vetri doppi (vetro camera)?

- La trasmittanza per un telaio metallico è 7,0 $W/(m^2 \cdot K)$ (fonte: UNI EN ISO 10077-1), quindi, per ogni grado di salto termico tra interno ed esterno la potenza che attraversa un metro quadrato di elemento è pari a 7 W.

- La trasmittanza per un vetro singolo di 2-3 mm di spessore è 5,8 $W/(m^2 \cdot K)$ (fonte: Manuale tecnico Saint-Gobain Vetro Italia).

- La trasmittanza totale della finestra è circa 6,0 $W/(m^2 \cdot K)$.

- Considerando una temperatura esterna di 5 °C e interna di 20 °C, l'energia termica dissipata è

    $$(6,0 \; W/(m^2 \cdot K)) \, (1,40 \; m^2) \, (15 \; K) \, (24 \; h) = 3024 \; Wh = 3,024 \; kWh$$

    pari a circa 0,3 L di gasolio al giorno, oppure a 0,3 m^3 di gas al giorno, oppure a 1 kg di legna al giorno.

    Utilizzando una finestra in legno e vetro camera 4-12-4 con $U = 3,0 \; W/(m^2 \cdot K)$, si dimezza l'energia dissipata: infatti si ha $E = 1,512 \; kWh$.

Attualmente vi sono in commercio finestre con *vetri basso emissivi* (*low-e*), che sono trasparenti alle radiazioni termiche solari, lasciandole così entrare all'interno degli ambienti, ma impediscono la fuoriuscita della radiazione termica emessa dai corpi scaldanti.

Sono realizzati tramite la deposizione sul vetro di sottili strati di ossidi metallici, che risultano essere trasparenti alla luce ma non alla radiazione termica. I valori di trasmittanza che si ottengono sono $U = 1,1$-$1,2 \; W/(m^2 \cdot K)$, e questo comporta un risparmio energetico di 2/3 rispetto al vetro camera dell'esempio 2.

MODULO D IL RISPARMIO ENERGETICO

> Attraverso una drastica riduzione delle dispersioni termiche e riflettendo il calore in modo monodirezionale, i vetri low-e permettono un notevole risparmio sui costi di riscaldamento.

L'*isolamento delle pareti* esistenti si realizza applicando un «cappotto» di materiale isolante alle pareti stesse. Si può effettuare in due modi, all'interno o all'esterno.

Per eseguire l'intervento all'interno dei locali si va incontro a vari disagi, come liberare completamente i locali e le pareti con la conseguente non fruibilità degli stessi, oltre alla riduzione, anche se non eccessiva, della superficie utile.

È più conveniente eseguire tali interventi all'esterno, in particolar modo quando c'è da rifare anche l'intonaco e la tinteggiatura. In questo caso, infatti, si impiegano dei pannelli multistrato da applicare con degli appositi chiodi alle pareti, i quali richiedono solo la tinteggiatura esterna per completare il lavoro.

Questi interventi hanno un costo equivalente a quello di rimozione e rifacimento del semplice intonaco, con dei vantaggi di risparmio energetico ben superiori.

$\alpha_{est} = 0,04 \dfrac{W}{m^2 \cdot K}$

$\alpha_{INT} = 0,25 \dfrac{W}{m^2 \cdot K}$

ESEMPIO 3

▶ La parete esterna di un edificio ha la struttura indicata nella tabella 4: è una muratura a «cassa vuota», con mattoni forati interni, intercapedine d'aria, pannello coibente e muratura esterna in forati. Calcola la trasmittanza della parete tenendo conto del valore dei seguenti parametri:

- adduttanza unitaria della parete interna $\alpha_i = 8\,(m^2 \cdot K)/W$

- adduttanza unitaria della parete esterna $\alpha_e = 25\,(m^2 \cdot K)/W$.

Tabella 4 Struttura di una parete esterna di un edificio

Strato della parete	Tipologia dello strato	Spessore dello strato d (m)	Coefficiente di conducibilità termica $k\,(W/(m \cdot K))$	Trasmittanza parziale $C\,(W/(m^2 \cdot K))$
1	Intonaco di sabbia e calce	0,020	0,900	
2	Blocchi in laterizio forato interno	0,120		4
3	Intercapedine d'aria statica (5 cm)	0,050		4,50
4	Pannelli in fibra di vetro (80 kg/m³)	0,080	0,043	
5	Blocchi in laterizio forato esterno	0,120		4
6	Intonaco di cemento	0,020	0,900	

CAPITOLO 6 ETICHETTATURA ENERGETICA E NORME DI RIFERIMENTO

■ Lo spessore totale della parete è 41 cm. Calcoliamo la resistenza termica per ogni strato:

$$R_1 = \frac{d}{k} = \frac{0{,}020 \text{ m}}{0{,}9 \text{ W}/(\text{m} \cdot \text{K})} = 0{,}022 \,(\text{m}^2 \cdot \text{K})/\text{W}$$

$$R_2 = \frac{1}{C} = \frac{1}{4 \text{ W}/(\text{m}^2 \cdot \text{K})} = 0{,}25 \,(\text{m}^2 \cdot \text{K})/\text{W}$$

$$R_3 = \frac{1}{C} = \frac{1}{4{,}50 \text{ W}/(\text{m}^2 \cdot \text{K})} = 0{,}22 \,(\text{m}^2 \cdot \text{K})/\text{W}$$

$$R_4 = \frac{d}{k} = \frac{0{,}08 \text{ m}}{0{,}043 \text{ W}/(\text{m} \cdot \text{K})} = 1{,}86 \,(\text{m}^2 \cdot \text{K})/\text{W}$$

$$R_5 = \frac{1}{C} = \frac{1}{4 \text{ W}/(\text{m}^2 \cdot \text{K})} = 0{,}25 \,(\text{m}^2 \cdot \text{K})/\text{W}$$

$$R_6 = \frac{d}{k} = \frac{0{,}020 \text{ m}}{0{,}9 \text{ W}/(\text{m} \cdot \text{K})} = 0{,}022 \,(\text{m}^2 \cdot \text{K})/\text{W}$$

Per l'interfaccia parete-aria su lato interno si ha

$$R_{\text{si}} = \frac{1}{\alpha_{\text{i}}} = \frac{1}{8 \,(\text{m}^2 \cdot \text{K})/\text{W}} = 0{,}25 \text{ W}/(\text{m}^2 \cdot \text{K})$$

Per l'interfaccia parete-aria su lato interno si ha

$$R_{\text{se}} = \frac{1}{\alpha_{\text{e}}} = \frac{1}{25 \,(\text{m}^2 \cdot \text{K})/\text{W}} = 0{,}04 \text{ W}/(\text{m}^2 \cdot \text{K})$$

La resistenza termica totale, somma delle resistenze parziali, risulta:

$$R_{\text{tot}} = 2{,}789 \,(\text{m}^2 \cdot \text{K})/\text{W}$$

La trasmittanza, inverso della resistenza, è

$$U = \frac{1}{R_{\text{tot}}} = \frac{1}{2{,}789 \,(\text{m}^2 \cdot \text{K})/\text{W}} = 0{,}359 \text{ W}/(\text{m}^2 \cdot \text{K})$$

ESERCIZI

INDIVIDUA LA RISPOSTA CORRETTA

1 L'etichetta energetica e la classe energetica rappresentano la stessa cosa. Ⓥ Ⓕ

2 Su un'etichetta energetica, la lettera A indica consumi bassi, la lettera G indica consumi alti. Ⓥ Ⓕ

3 Sull'etichetta energetica riferita a un dato prodotto, viene riportato il nome, il marchio del costruttore e il nome del modello. Ⓥ Ⓕ

4 Il passaggio da una classe energetica a quella precedente, di solito comporta un risparmio di energia elettrica minore del 5% Ⓥ Ⓕ

5 L'Unione Europea ha affrontato concretamente la questione delle etichette energetiche a partire dal 2002. Ⓥ Ⓕ

6 Tutti gli strumenti etichettati con il simbolo di Energy Star hanno un ridotto consumo energetico. Ⓥ Ⓕ

109

ESERCIZI
MODULO D IL RISPARMIO ENERGETICO

7 Anche per gli edifici sono stabilite delle classi energetiche. ⬜V ⬜F

8 Il riscaldamento è, dopo il traffico, la maggior causa dell'inquinamento delle nostre città. ⬜V ⬜F

TEST

9 Per una lavatrice, il passaggio da una classe a quella precedente comporta un risparmio pari a:

a. 12%
b. 15%
c. 20%
d. 25%

10 Per una lavastoviglie, il passaggio da una classe a quella precedente comporta un risparmio pari a:

a. 11%-14%
b. 15%
c. 10%
d. 16%-20%

11 Per un condizionatore di tipo *split*, raffreddato ad aria e utilizzato per 500 ore all'anno, il passaggio da una classe a quella precedente comporta un risparmio pari a:

a. 6%
b. 12%
c. 14%
d. 18%

12 Una lampada fluorescente con una potenza di 20 W fornisce la stessa quantità di luce di una lampada a incandescenza di:

a. 20 W
b. 60 W
c. 75 W
d. 100 W

13 Un edificio nel Comune di Perugia ha un consumo di 33 kWh/m^2 all'anno. L'edificio ha una classe energetica:

a. A
b. A+
c. B
d. C

PROBLEMI

1 Qual è il risparmio annuo tra un frigorifero di classe A+++ e uno di classe A+? [22,00 € circa]

2 Un frigorifero congelatore con IEE 50, a quale classe energetica appartiene? [Classe A]

3 Nel Comune di Perugia il periodo di accensione per gli impianti termici va dal 15 ottobre al 15 aprile. Un appartamento di 100 m^2, con una caldaia a metano di potenza 20 kW accesa per quattro ore giornaliere, in quale classe energetica si trova in base alla tabella 3? [Classe E]

4 La sostituzione di una finestra con telaio in ferro e vetro semplice, di dimensioni 120 cm × 140 cm, con una avente infissi in legno e vetro doppio, che risparmio energetico comporta? [1,81 kWh]

5 La parete esterna è costituita da una muratura a «cassa vuota», con mattoni forati interni da 8 cm, intercapedine d'aria da 4 cm, pannello coibente in lana di roccia da 6 cm, muratura esterna in forati da 12 cm. Ricava le caratteristiche dei materiali da prontuari tecnici o dal web. Calcolare la trasmittanza della parete, seguendo l'esempio 3. [0,39 W/(m·K)]

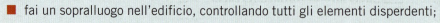

Le competenze del tecnico ambientale

Sei stato incaricato, da un abitante del tuo stesso Comune, di verificare la possibilità di diminuire lo spreco di energia termica nella sua abitazione. Al fine di adempiere all'incarico che ti è stato assegnato:

- fai un sopralluogo nell'edificio, controllando tutti gli elementi disperdenti;
- verifica le temperature massime e minime annuali della tua zona;
- trova la trasmittanza termica dei vari elementi, consultando le tabelle di prodotti simili;
- fai il calcolo del fabbisogno dell'energia termica dell'edificio (in kWh).

Alla fine redigi una breve relazione tecnica nella quale illustri i risultati ottenuti.

CAPITOLO 6 ETICHETTATURA ENERGETICA E NORME DI RIFERIMENTO **ESERCIZI**

 # Environmental Physics in English

10 ways to save energy and change other stuff

Many people are concerned about energy use and its effects on budgets and the environment. Sometimes energy issues may seem complex, expensive, and out of our control. The reality, however, is that **conservation and efficiency are the most effective ways to reduce energy usage**. Our cumulative efforts will make for real changes in our energy independence, our fiscal security, and our actions to mitigate global climate changes. Here, then, are 10 simple things you can do to save energy and change other stuff, too...

■ Have an Energy Audit
Before you do anything else, find out how your house is working, right now. An Energy Audit (or Home Performance Review) will give you an evaluation of your energy use, insulation levels, air leakage and mechanical systems (like heating, cooling, & ventilation). Available through utility companies and private contractors, an Energy Audit may include several diagnostics, such as a blower door test, infrared camera scan, and a combustion appliance test. The results can help you decide what energy improvements to do first, and which ones can wait.

■ Seal Air Leaks
An enormous amount of energy is wasted when inside air (either heated or cooled) escapes to the outside through leaks in attics, walls, windows, and doors. Wires, pipes, and ducts that enter the attic must have caulking or foam sealant applied-insulation is not enough! Doors and windows need tight weather stripping and caulking, and wall penetrations (faucets, wires) need to be sealed or caulked, too. And sealing joints in duct work with approved foil tape or mastic can increase the efficiency of your heating and cooling systems by delivering heated or cooled air where you want it.

■ Check Mechanical Systems
We maintain cars, lawns, software... why not our furnace? Water heaters, air conditioners, furnaces, gas fireplaces, and ventilation systems should be inspected and tuned-up to keep them operating efficiently and safely. Mechanical system inspection should be done annually, and furnace filters should be changed every month. The energy savings alone might pay for the inspection!

■ Heat Efficiently
As prices escalate, some people seek other fuel types that appear (presently) cheaper. Because fuel prices fluctuate over time, investing in one particular type of heating system should be based on something other than fuel price shock. Replacing old inefficient systems with new high efficiency options makes the most sense. Fuel type should be selected according to local and long-term availability and environmental effects. Also, don't use fans-either on a furnace or the ceiling-to control uneven heating; moving air makes us feel cooler and fans use electricity. Seal ductwork and direct airflow through registers and baffles to increase comfort and reduce heating demand. And don't be fooled into thinking that electric space heaters will automatically save you money; they add to your electric bill, which has increased environmental effects.

■ Use a Programmable Thermostat
If you adjust your thermostat 1 degree (down in winter, up in summer) for 16 hours a day, you can save 2% of your fuel bill. Letting a programmable thermostat do it for you means you won't forget, and allows you to be comfortable when you are home, and save energy when you are gone. Easy to install, a programmable thermostat will pay for itself in no time, and it can control your furnace, air conditioner, air exchanger, and humidifier. And it is a myth that it takes more energy to bring your house back to your comfort temperature.

■ Control Hot Water Use
A standard showerhead can use up to 5.5 gallons of water a minute. Depending on your mix of hot/cold water, that means a 10 minute shower could use 40 gallons of hot water! New, low-flow showerheads deliver a high pressure spray at under 2 gallons per minute. Not only do you save the energy to heat all that water, you save the water, too. And don't forget to turn down your water heater to 40 degrees, and wash clothes in cold water.

■ Replace Light Bulbs
A CFL bulb can save $30 over the life of the bulb in energy costs. If every household in the country replaced their five most frequently used incandescents with CFLs, 21 power plants would not need to be built! And no excuses about size or shape or colors! CFL bulbs are now made to fit nearly every fixture and for nearly every use–spots, 3-ways, outdoor, and more. And a word about mercury: CFLs do contain a small amount and need to be disposed of properly, but the amount is less than what is emitted by a coal

111

ESERCIZI

MODULO **D** IL RISPARMIO ENERGETICO

plant to produce the amount of electricity to run an incandescent for the same amount of time. And keep an eye out for the next lighting technology: LEDs.

■ **Use Outlet Switches**

Standby power or "phantom load" is the electricity that flows through appliances and devices when they are turned "off"–up to 40% of "on" for some things! Televisions, VCR/DVD players, cell phone and battery chargers, computer and office equipment can all use substantial amounts of electricity just to keep them ready for your instant use. (In fact, all the standby power used in Minnesota could power all the single-family homes in St. Paul!) Plug things in to an outlet switch and only use them when you need to. And, new generation outlet strips have meters to show you exactly how much electricity you are using-and how much you can save by turning something off!

■ **Install Timers/Motion Detectors**

Why keep things on when you aren't using them? Timers and motion detector switches can operate devices that are used infrequently or have switches that are hard to get to. Outside security lights, lights that are frequently left on (bathroom or basement) or lights in remote locations (like a garage) can be set up to turn on when a person walks within range and turn off after they have left. You can also use timers to control engine block heaters, battery chargers, indoor security lights, or other devices that are only used during limited times.

■ **Buy Energy Star Energy**

Star products are the same or better than standard products, only they use less energy. To earn the Energy Star, they must meet strict energy efficiency and reliability criteria set by the US Environmental Protection Agency or the US Department of Energy. Since they use less energy,

these products save you money on your electricity bill and help protect the environment by causing fewer harmful emissions from power plants. And you get the features and quality you expect. Energy Star products include appliances and electronics like furnaces, air conditioners, dishwashers, clothes washers, refrigerators, dehumidifiers, TVs, VCR/ DVD/CD players, computers, printers, battery chargers, and even lighting. New homes can also be designated as Energy Star. The website (energystar. gov) has databases of products with their rating numbers, and you can search by manufacture and model number to determine which product has what rating.

(Fonte: Università del Minnesota (USA), www.energy.mn.gov)

GLOSSARY

- **Energy audit**: diagnosi energetica
- **Duct**: condotto
- **Caulking**: coibentazione
- **Lawn**: prato rasato, ben curato
- **Showerhead**: pigna della doccia
- **Gallon**: gallone (1 gal = 4 L)
- **Plug**: spina (elettrica)
- **Dishwasher**: lavastoviglie

READING TEST

1 Have an Energy Audit will give you an evaluation of your energy use. [T] [F]

2 Wires, pipes, and ducts that enter the attic no must have caulking or foam sealant applied. [T] [F]

3 Mechanical system inspection should be done annually. [T] [F]

4 If you adjust your thermostat 1 degree, down in winter, up in summer, for 16 hours a day, you can save 2% of your fuel bill. [T] [F]

5 Standby power or «phantom load» is the electricity that flows through appliances and devices when they are turned «off»–up to 4 % of «on» for some things. [T] [F]

Modulo D

CAPITOLO 7
Risparmio energetico con il riscaldamento

Nikifor Todorov / Shutterstock

7.1 Edificio e impianto termico

In Italia per riscaldare le abitazioni consumiamo ogni anno circa 14 miliardi di metri cubi di gas, 4,2 miliardi di kilogrammi di gasolio, 2,4 milioni di tonnellate di legna e carbone. Nell'aria si diffondono 380 000 tonnellate di sostanze inquinanti tra ossidi di azoto e di zolfo, monossido di carbonio ecc. Si riversano nell'atmosfera più di 40 milioni di tonnellate di anidride carbonica (CO_2), che contribuiscono al formarsi dell'effetto serra, causa dell'aumento di temperatura del nostro pianeta. (Fonte: Enea)

> Il riscaldamento è, dopo il traffico, la maggior causa dell'inquinamento delle nostre città.

Mentre nel passato l'impianto termico era considerato un elemento «accessorio» per l'edificio, con le conseguenti problematiche che ne derivavano, dal 1994, per ottemperare al rispetto delle nuove normative, esso è sempre più considerato come un unico sistema con la struttura e le finiture di un fabbricato.

Gli elementi di un *impianto di riscaldamento* sono:

- una centrale di produzione, generatore di calore;

- una rete di distribuzione dei fluidi termovettori, acqua, aria, vapore;

- terminali di emissione e di scambio per conduzione, convezione e irraggiamento;

- sistemi di regolazione, quali centraline automatiche, cronotermostati, valvole termostatiche.

7.2 Tipologia di caldaie

La *caldaia* è costituita da un *bruciatore* che miscela l'aria con il combustibile all'interno del *focolare*, da una *serpentina* di tubi contenente l'acqua da riscaldare e da inviare al circuito e da un involucro esterno in lamiera detto *mantello*.

I parametri che caratterizzano la caldaia sono:

- potenza termica al focolare;

- potenza termica utile.

La **potenza termica al focolare** indica la quantità di energia che il combustibile sviluppa in un'ora nella camera di combustione. La **potenza termica utile** è l'energia trasferita, per ogni ora, al fluido termovettore.

Vi è un trasferimento di energia dal combustibile al fluido termovettore, con perdite dovute alle dispersioni termiche esterne. La legge in vigore stabilisce, per le caldaie domestiche, un rendimento utile minimo pari al 30% della potenzialità massima. Nella tabella 1, tratta dal sito dell'Enea, sono indicati alcuni valori dei rendimenti minimi imposti dalla legge per le varie tipologie di caldaie. La scelta della caldaia è importante, quindi deve essere effettuata da un professionista qualificato.

Tabella 1 Valori per i rendimenti minimi di legge divisi per tipologia di caldaia

Tipo di caldaia	Potenza utile		Rendimento a potenza nominale	Rendimento a potenza parziale
	kW	(kcal/h)	%	%
Caldaie standard	20-200	17 200-172 000	86,6-88,6	83,9-86,9
Caldaie a bassa temperatura	20-200	17 200-172 000	89,5-91,0	89,5-91,0
Caldaie a gas a condensazione	20-200	17 200-172 000	92,3-93,3	98,3-99,3

La classificazione delle caldaie in base alla loro efficienza energetica è definita nel DPR 660/96 in attuazione della Direttiva europea 92/42/CEE. Vi sono quattro classi di rendimento contrassegnate da una stella, due stelle, tre stelle, quattro stelle. Il più alto rendimento di combustione, sia alla potenza termica massima sia al 30% della potenza nominale, è quello delle caldaie a quattro stelle. Le tipologie di caldaia con il rendimento più alto sono quelle a premiscelazione e a condensazione.

Le **caldaie a premiscelazione** sono dotate di un bruciatore in cui avviene la combustione tra metano e aria, e hanno un rendimento superiore al 90%. Le **caldaie a condensazione** sono quelle che utilizzano la tecnologia più avanzata, con il recupero di parte del calore dei gas di scarico sotto forma di vapore acqueo. In questa caldaia i gas di scarico, prima di essere espulsi, sono costretti ad attraversare uno scambiatore entro il quale il vapore acqueo condensa, cedendo parte del calore latente di condensazione all'acqua del circuito. In questo modo i gas di scarico fuoriescono a una bassa temperatura (40 °C), con benefici sia per il rendimento della caldaia sia per l'ambiente.

7.3 Sistema di distribuzione

Per quanto riguarda la distribuzione del riscaldamento in un edificio plurifamiliare, vi sono due tipologie: impianti centralizzati e impianti autonomi.

Negli **impianti centralizzati**, con un'unica unità di produzione di calore, il fluido termovettore viene distribuito, attraverso un circuito, a tutto l'edificio. Gli **impianti autonomi**, invece, sono costituiti da una caldaia di piccole dimensioni e bassa potenza e si utilizzano per le singole unità abitative. Questo tipo di impianto si è sviluppato soprattutto dagli anni '60-70, inizialmente alimentato a gasolio e attualmente a gas naturale.

La normativa attuale punta a invertire la tendenza a utilizzare impianti autonomi, piuttosto che impianti centralizzati, per ragioni di risparmio energetico: infatti i generatori di maggior potenza presentano una migliore efficienza rispetto alle caldaie individuali. Negli edifici residenziali con più di quattro appartamenti sono obbligatori impianti centralizzati, con sistemi di termoregolazione e di contabilizzazione del consumo più affidabili.

I vantaggi degli impianti centralizzati rispetto a quelli autonomi sono:

- minore potenza termica da installare; la sostituzione di tanti generatori autonomi con uno centralizzato richiede una potenza termica minore della somma delle potenze delle singole caldaie individuali, con conseguente minor consumo e minor inquinamento;

- minori costi di manutenzione dell'impianto (da ripartire tra tutti gli utenti);

- eliminazione del pericolo di caldaie presenti nei singoli appartamenti;

- esclusione dei singoli dall'obbligo di far controllare annualmente il proprio impianto.

Gli impianti centralizzati moderni permettono:

- ripartizione delle spese in base ai consumi effettivi;

- facilità nel controllo e monitoraggio dei consumi.

7.4 Sistema di emissione

Il *sistema di emissione* è costituito dai terminali dell'impianto, ovvero i *corpi scaldanti*, attraverso i quali l'energia termica, accumulata nel fluido termovettore (di solito acqua), viene ceduta all'ambiente da riscaldare. I corpi scaldanti più comuni sono i **termosifoni** o **radiatori**, costruiti inizialmente in ghisa e attualmente in acciaio o in lega di alluminio. Questi ultimi hanno come vantaggio un minore ingombro e una minore inerzia termica.

Lo scambio di calore con l'ambiente avviene sia per convezione sia per irraggiamento. La collocazione ottimale per i radiatori è sotto le finestre, sia per ragioni di ingombro sia perché l'aria fredda entrante dalla finestra viene immediatamente riscaldata, a vantaggio del comfort dell'ambiente.

La *potenza termica nominale di un radiatore* è quella emessa in condizioni normali di temperatura ambiente e temperatura media dell'acqua circolante. In base ai dati dell'impianto le schede tecniche degli elementi dei radiatori forniscono le prestazioni da utilizzare per il calcolo.

Oltre ai termosifoni vi sono le **piastre radianti** e i **ventilconvettori**. Entrambi devono avere spazi liberi al contorno per favorire i moti convettivi. Le *piastre radianti*, in acciaio, sono meno ingombranti dei radiatori e hanno un minor contenuto d'acqua. I *ventilconvettori* (*fan coil*) sono costituiti da un ventilatore elettrico che incrementa la circolazione dell'aria a contatto con gli scambiatori, costituiti da batterie alettate con lamelle di alluminio.

La scelta di quest'ultimo tipo di impianto è dettata da due esigenze principali:

- realizzare un unico impianto per la climatizzazione estiva e il riscaldamento invernale;
- ottenere una veloce messa a regime dell'impianto in locali a uso saltuario.

L'utilizzazione principale è in scuole, uffici, mense, alberghi e ristoranti, con cospicuo risparmio di combustibile.

Se l'apparecchio non è dotato di ventilatore, diventa **termoconvettore**, quindi la circolazione dell'aria è di tipo convettivo naturale.

Sia i radiatori sia i convettori (ventilconvettori e termoconvettori) concentrano l'emissione di calore in alcuni punti dei locali, creando una distribuzione non omogenea. Vi sono soluzioni tecnologiche, ormai di uso frequente, che consentono di ridurre gli effetti negativi dovuti all'emissione concentrata. Esse sono: **battiscopa radianti**, **pannelli radianti a pavimento** o **a parete**, **tubi radianti a soffitto** per capannoni industriali.

In tutte queste soluzioni la cosa rilevante è che il fluido termovettore viene distribuito nel circuito a una temperatura inferiore rispetto agli impianti a radiatori: per il sistema a battiscopa radianti la temperatura del fluido termovettore è di 55-60 °C, per i pannelli radianti è di 40-50 °C. Inoltre, in questo modo, diminuendo il salto di temperatura tra fluido termovettore e ambiente, si diminuiscono i moti convettivi dell'aria, spesso eccessivi nel caso di radiatori e convettori.

La soluzione con i *battiscopa radianti* presenta almeno un paio di vantaggi: riduzione di effetto dei ponti termici e minimi interventi murari. L'unico inconveniente è rappresentato dall'ingombro di circa 6-8 cm, che non permette l'accostamento di mobili e arredi alle pareti esterne.

Figura 1 Impianto a pannelli radianti a pavimento.

L'impianto a *pannelli radianti* è usato sia per il riscaldamento sia per il raffrescamento. Esso consiste in una serpentina di tubi (o appositi pannelli) disposti nel pavimento (figura 1), oppure nelle pareti o nel soffitto, dei locali e percorsi da acqua calda per l'inverno oppure acqua fredda per l'estate.

La trasmissione del calore dal fluido all'ambiente avviene soprattutto per irraggiamento e in minima parte per convezione, data la bassa differenza di temperatura tra fluido e ambiente; all'interno del pavimento (o della parete) lo scambio di calore avviene per conduzione.

Nel periodo invernale la temperatura dell'acqua deve essere tale da garantire una temperatura superficiale del pavimento attorno ai 25-29 °C, quindi, utilizzando una caldaia a condensazione, la temperatura dell'acqua di mandata dovrà essere circa 40-50 °C.

I vantaggi di un impianto a pavimento sono:
- eliminazione dell'effetto dei ponti termici;
- omogeneità del riscaldamento;
- riduzione dei moti convettivi dell'aria;
- risparmio di combustibile.

L'unico svantaggio è la maggior inerzia termica, che causa una bassa velocità di risposta a improvvise esigenze di richiesta di calore.

7.5 Costi e risparmio energetico

La tendenza di tutti gli accordi internazionali per limitare il consumo energetico è quello di costruire una «casa ideale» che sia completamente alimentata da fonti rinnovabili. Vediamo ora la definizione di *casa a costo zero*.

Una **casa a costo zero** è un'abitazione che non ha alcun costo energetico di riscaldamento, produzione di acqua sanitaria ed energia elettrica.

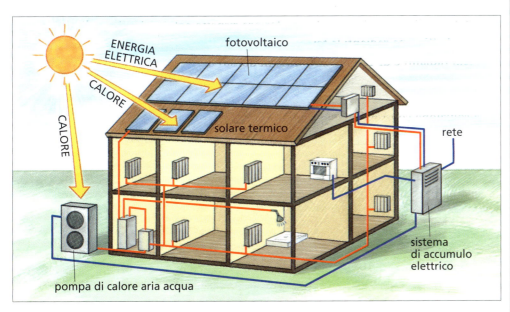

Figura 2 Casa a costo zero.

■ Costi

Analizziamo i costi di una famiglia media di 4 persone, con una casa singola su due piani e una superficie complessiva di 160,00 m², situata nel Centro Italia. L'impianto di riscaldamento è alimentato da una caldaia a metano di vecchia generazione.

MODULO D IL RISPARMIO ENERGETICO

I singoli costi annui sono:

- 580,00 € per l'energia elettrica: consumo di 3200 kW, costo medio 0,18 €/kWh;

- 2200,00 € per il gas metano: consumo di 2444 m^3, costo medio 0,90 €/m^3.

Il costo totale all'anno per luce e gas è di 2780,00 €. La spesa più alta è quella per il gas metano, cioè per il riscaldamento e la produzione di acqua calda sanitaria.

Che soluzione si adotta per ridurre questi costi?

La risposta la troviamo nelle nuove tecnologie a risparmio energetico o alimentate da fonti rinnovabili. Le tecnologie da fonti rinnovabili sono il fotovoltaico e il solare termico; quelle a risparmio energetico sono le caldaie a condensazione, le pompe di calore aria/acqua e l'induzione magnetica.

■ Risparmio energetico

Il risparmio energetico per il riscaldamento negli edifici si può ottenere in tre modi:

1. diminuire le dispersioni termiche per gli impianti tradizionali attuali;

2. sostituire alcune parti degli impianti con elementi più recenti;

3. sostituire gli impianti tradizionali con altri più efficienti e integrati con fonti rinnovabili.

Per ottenere il primo obiettivo si applicano vari accorgimenti, sia negli impianti autonomi sia in quelli centralizzati:

- non ostacolare la circolazione dell'aria intorno ai radiatori;

- inserire tra il radiatore e la parete esterna un pannello di materiale isolante con la faccia riflettente verso l'interno;

- usare valvole termostatiche poste sui singoli radiatori;

- per gli impianti centralizzati, installare un sistema di contabilizzazione del calore;

- utilizzare infissi con bassa dispersione termica;

- coibentare i solai di calpestio e i sottotetti;

- applicare un «isolamento a cappotto», di solito sull'esterno dei muri dell'edificio, che riduca le dispersioni termiche.

I vantaggi della contabilizzazione del calore, dal punto di vista energetico, sono notevoli, in quanto permettono di razionalizzare l'uso del riscaldamento. Dal 30 giugno del 2000, nei nuovi impianti centralizzati è obbligatorio installare sistemi di contabilizzazione del calore.

Per il secondo obiettivo, lasciando invariato il sistema di distribuzione, si possono sostituire le caldaie tradizionali esistenti con prodotti più innovativi ed efficienti (caldaie a condensazione).

Il terzo obiettivo si ottiene, dove si può, integrando gli attuali impianti con altri che sfruttano le fonti rinnovabili (solare termico e fotovoltaico).

Per gli impianti su edifici nuovi diventa ormai obbligatorio eseguire gli impianti elettrici e di riscaldamento integrati con fonti rinnovabili e dispositivi ad alta efficienza e risparmio energetico.

La classificazione climatica dei Comuni italiani

La classificazione climatica dei Comuni in Italia è stata introdotta col decreto n. 412 del 1993. I Comuni sono stati inseriti in sei fasce climatiche, contraddistinte dalle lettere da A a F, sulla base del parametro gradi giorno.

> I **gradi giorno** (GG) sono la somma, per tutti i giorni dell'anno, delle differenze positive giornaliere tra la temperatura convenzionale di 20 °C e la temperatura media esterna.

Tale definizione può essere applicata, cambiando il segno, anche al periodo estivo per il raffrescamento degli edifici.

A un valore basso dei gradi giorno (GG) corrisponde una zona con un breve periodo di riscaldamento e temperature medie giornaliere prossime alla temperatura fissata; valori elevati di GG indicano periodi di riscaldamento estesi e variazioni di temperatura elevati.

In funzione delle *fasce climatiche* sono definiti, in Italia, i periodi di attivazione dell'impianto termico e della durata giornaliera (tabella 2). Al di fuori di tali periodi gli impianti termici possono essere attivati per situazioni eccezionali e con ordinanza del Sindaco.

Tabella 2 Periodi e durata massima di accensione del riscaldamento, rispetto alla zona climatica

	Zona A	Zona B	Zona C	Zona D	Zona E	Zona F
Gradi giorno	< 600	601-900	901-1400	1401-2100	2101-3000	> 3000
Periodo dell'anno	1/12-15/3	1/12-31/3	15/11-31/3	1/11-15/4	15/10-15/4	Nessun limite
Durata massima del riscaldamento (ore)	6	8	10	12	14	Nessun limite

Prestazione energetica degli edifici

In Italia e nell'Unione Europea vige un sistema di certificazione energetica degli edifici con l'obiettivo di ridurre i consumi energetici. La Legge che introduceva in Italia tale obbligo era la n. 10 del 1991, che ha avuto un'applicazione concreta con l'emanazione delle Linee guida del DM del 2009, con i seguenti obiettivi:

- valutazione della convenienza economica a realizzare interventi di riqualificazione energetica delle abitazioni esistenti;
- definire una procedura nazionale omogenea di certificazione, con la relativa metodologia di calcolo della prestazione energetica.

La prestazione energetica di un edificio è espressa attraverso l'**indice di prestazione energetica globale**, che tiene conto del fabbisogno di energia primaria totale, riscaldamento, raffrescamento, acqua calda, energia elettrica di un edificio. Tale indice è in kWh/(m^2·anno) per gli edifici residenziali, in kWh/(m^3·anno) per gli altri edifici (terziario, industria).

La normativa impone valori limite di prestazione energetica per tutti i tipi di edifici; per quelli residenziali i valori sono riportati nella tabella 3.

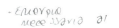

MODULO D IL RISPARMIO ENERGETICO

Tabella 3 Valori limite dell'indice di prestazione energetica per edifici residenziali in funzione della zona climatica e del rapporto S/V (Fonte: Cagliero)

Indice di prestazione energetica invernale (kWh/(m²·anno))										
Rapporto di forma dell'edificio *S/V*	Zona climatica									
	A	B		C		D		E		F
	≤ 600 GG	601 GG	900 GG	901 GG	1400 GG	1401 GG	2100 GG	2101 GG	3000 GG	> 3000 GG
≤ 0,2	8,5	8,5	12,8	12,8	21,3	21,3	34	34	46,8	46,8
≥ 0,9	36	36	48	48	68	68	88	88	116	116

■ Cenni sul metodo per la determinazione della prestazione energetica degli edifici

Il calcolo della prestazione energetica degli edifici si differenzia a seconda dell'utilizzo e della complessità.

- *Metodo calcolato di progetto*: prestazione dell'edificio in fase di progetto dello stesso. Si fa riferimento a metodologie di calcolo stabilite dalle Norme UNI/TS 11 300.

- *Metodo di calcolo dal rilievo dell'edificio*: prestazione energetica dell'edificio in base a indagine diretta.

I calcoli riguardanti la certificazione energetica e gli impianti di climatizzazione hanno assunto una notevole complessità a causa delle innovazioni normative in continua evoluzione.

Ulteriori variazioni sono introdotte con la Legge n. 63/2013, in base alla quale l'*Attestato di certificazione energetica* (ACE) degli edifici è sostituito dall'*Attestato di prestazione energetica* (APE), richiesto per tutti gli immobili venduti o locati a un nuovo locatario e per gli edifici utilizzati da pubbliche amministrazioni e aperti al pubblico, con superficie superiore a 500 m² (250 m² dal 2015).

Sui siti internet del CNR e dell'Enea è reperibile il software applicativo DOCET, per il calcolo delle prestazioni energetiche degli edifici.

APPROFONDIMENTO

Calcolo dell'indice di presentazione energetica (EPi)

Si vuole determinare l'**indice di prestazione energetica** (**EPi**) per la climatizzazione invernale di un edificio esistente, con superficie utile fino a 1000 m². L'indice EPi, espresso in kWh/(m²·K), è descritto dalla seguente formula:

$$EPi = \frac{Q_h}{S_{pav}} \frac{1}{\eta_g}$$

dove:

- Q_h = *fabbisogno dell'energia termica dell'edificio*, in kWh;

- S_{pav} = superficie utile del pavimento in m²;

- η_g = rendimento globale medio stagionale dell'impianto.

I dati relativi a questi coefficienti, si ricavano in parte dalle tavole di progetto dell'edificio e in parte dalle tabelle delle zone climatiche.

Il *fabbisogno dell'energia termica dell'edificio* Q_h, espresso in kWh, è dato da:

$$Q_h = 0{,}024\,GG\,(H_t + H_v) - 0{,}95\,(Q_s + Q_i)$$

dove:

- GG = gradi giorno del Comune in cui è ubicato l'edificio;
- H_t = *coefficiente globale di scambio termico per trasmissione*, misurato in W/K;
- H_v = *coefficiente globale di scambio termico per ventilazione*, misurato in W/K;
- 0,95 = coefficiente adimensionale di utilizzazione degli apporti gratuiti;
- Q_s = *energia termica dovuta agli apporti solari* attraverso i componenti di involucro trasparente, espressa in MJ;
- Q_i = *energia termica dovuta agli apporti interni* gratuiti, espressa in MJ.

Il **coefficiente globale di scambio termico per trasmissione**, espresso in W/K, è definito da:

$$H_t = \sum_{i=1}^{n} S_i\,U_i\,b_{tr}$$

dove:

- n = numero di superfici;
- S_i = superfici esterne che racchiudono il volume riscaldato, espresso in m²;
- U_i = trasmittanza termica della struttura, espressa in W/(m²·K);
- b_{tr} = fattore adimensionale di correzione dello scambio termico verso ambienti non climatizzati o verso il terreno.

Il **coefficiente globale di scambio termico per ventilazione**, espresso in W/K, è definito da:

$$H_v = 0{,}34\,n\,V_{netto}$$

dove:

- n = numero di ricambi d'aria, assunti pari a 0,3 volumi/h;
- V_{netto} = volume al netto delle pareti, espresso in m³.

L'**energia termica dovuta agli apporti solari**, espressa in kWh, attraverso i serramenti si calcola nel seguente modo:

$$Q_s = 0{,}2 \sum_{i=1}^{n} I_i\,S_{ser,i}$$

dove:

- n = numero dei serramenti;
- I_i = irradianza totale stagionale nel periodo di riscaldamento sul piano verticale per ciascuna esposizione.
- $S_{ser,i}$ = superficie utile dei serramenti, espressa in m².

L'**energia termica dovuta agli apporti interni** gratuiti, espressa in kWh, si calcola nel modo seguente:

$$Q_i = \frac{\Phi_i\,S_{pav}\,h}{1000}$$

dove:

- Φ_i = valore convenzionale, assunto pari a 4 W/m² per gli edifici residenziali; *[annotazione manoscritta: 0,04 w/m²]*

- h = numero di ore della stagione di riscaldamento;

- S_{pav} = superficie utile del pavimento, espressa in m².

Il **rendimento globale medio stagionale** si determina col prodotto dei rendimenti parziali dei sottosistemi che compongono l'impianto:

$$\eta_g = \eta_e\, \eta_r\, \eta_d\, \eta_p$$

dove:

- η_e = *rendimento di emissione*, i cui valori medi indicativi sono: 0,94-0,95 per i radiatori; 0,95 per i ventilconvettori; 0,93 per i termoconvettori; 0,96-0,98 per i pannelli a pavimento; 0,95 per i pannelli a parete e a soffitto;

- η_r = *rendimento di regolazione*, i cui valori indicativi sono compresi nell'intervallo 0,92-0,99, a seconda del tipo di regolazione;

- η_d = *rendimento di distribuzione*, i cui valori indicativi, per edifici costruiti dopo il 1993, sono compresi nell'intervallo 0,90-0,99 e variano a seconda della struttura dell'impianto e del numero di piani dell'edificio; i valori più alti si hanno nel caso di distribuzione orizzontale e di edifici con numero maggiore di piani.

- η_p = *rendimento di produzione o di generazione*, i cui valori medi indicativi sono: 86%-90% per i generatori a gas o gasolio, con bruciatore ad aria soffiata o premiscelati, modulanti, classificati a due stelle; 99%-104% per i generatori a gas a condensazione, classificati a quattro stelle.

Sono indicati i valori base a cui si applicano fattori correttivi in base a diversi parametri: altezza del camino, temperatura media di caldaia, temperatura di ritorno dell'acqua in caldaia.

■ La normativa europea e italiana

La prima legge in Italia che ha introdotto il concetto di isolamento termico minimo necessario per ogni edificio è stata la Legge n. 373 e risale al 1976.

Successivamente la Legge n. 10 del 1991 «Norme per l'attuazione del Piano energetico nazionale in materia di uso razionale dell'energia, di risparmio energetico e di sviluppo delle fonti rinnovabili di energia», ha abolito la n. 373.

Il DPR 412/93, «Regolamento recante norme per la progettazione, l'installazione, l'esercizio e la manutenzione degli impianti termici degli edifici ai fini del contenimento dei consumi di energia», stabilisce le modalità di applicazione della legge 10/91.

Il Decreto 412/93 definisce il fabbisogno di energia primaria, ovvero la quantità di energia necessaria all'impianto di riscaldamento per avere la temperatura di 20 °C negli ambienti, da calcolare in funzione delle caratteristiche climatiche della zona, del tipo di edificio e dell'impianto.

Con le Direttive n. 91/2002 e n. 31/2010, «Prestazione energetica nell'edilizia», l'Unione Europea ha indicato ai Paesi membri i seguenti obiettivi:

- il risparmio di energia attraverso un uso più razionale ed efficiente; una scelta più oculata delle fonti;

CAPITOLO 7 RISPARMIO ENERGETICO CON IL RISCALDAMENTO

- un'analisi più attenta dei consumi sull'intero anno, dei criteri costruttivi degli edifici, delle metodologie di calcolo degli impianti;

- una più diffusa informazione ai cittadini sui problemi connessi all'uso di energia negli edifici e una maggior trasparenza sulla qualità energetica degli edifici esistenti e di quelli nuovi;

- più attenti controlli periodici sugli impianti e la loro manutenzione da parte di personale qualificato.

Con queste disposizioni a livello europeo, si richiedono *requisiti minimi alla prestazione energetica* per gli edifici nuovi o ristrutturati quasi interamente. Per definire la qualità energetica di un edificio, è stata introdotta la «certificazione energetica» degli edifici. Dal testo della Direttiva europea si traggono le seguenti definizioni.

Prestazione energetica di un edificio: quantità di energia, calcolata o misurata, necessaria per soddisfare il fabbisogno energetico connesso a un uso normale dell'edificio, compresa l'energia utilizzata per il riscaldamento, il raffrescamento, la ventilazione, la produzione di acqua calda e l'illuminazione.

Attestato di certificazione energetica: documento in cui figura il valore risultante dal calcolo della prestazione energetica di un edificio o di un'unità immobiliare.

In Italia tali indicazioni sono disciplinate dal DLgs n. 192/2005, integrato e modificato dal n. 311/2006 e dalle Linee guida per la certificazione energetica del 2009.

Per quanto riguarda gli «Edifici a energia quasi zero», con la Direttiva 2010/31/UE e col Decreto Legge n. 63/2013, si stabilisce che:

- dal 31 dicembre 2018 gli edifici pubblici di nuova costruzione devono essere «edifici a energia quasi zero».

- dal 1° gennaio 2021 la stessa disposizione è estesa a tutti gli edifici di nuova costruzione.

Oltre alla legislazione nazionale vi sono anche regolamenti regionali, per cui si ha un quadro di norme complesso e differenziato.

ESERCIZI

INDIVIDUA LA RISPOSTA CORRETTA

1 La potenza termica al focolare indica la quantità di energia che il combustibile sviluppa in un'ora nella camera di combustione. ☐V ☐F

2 Il più alto rendimento di combustione è quello delle caldaie a quattro stelle, sia alla potenza termica massima sia al 30% della potenza nominale. ☐V ☐F

3 Circa la metà degli edifici costruiti dal dopoguerra fino agli anni Ottanta sono in classe A. ☐V ☐F

4 La legge di Fourier afferma che il calore che attraversa una parete è inversamente proporzionale alla superficie della parete stessa. ☐V ☐F

5 La trasmittanza termica è uguale all'inverso della resistenza termica. ☐V ☐F

ESERCIZI
MODULO D IL RISPARMIO ENERGETICO

TEST

6 Per edificio a energia quasi zero si intende un edificio che:

a. non ha bisogno di energia.
b. è teleriscaldato.
c. soddisfa quasi completamente il fabbisogno di energia con fonti rinnovabili.
d. non ha impianto di riscaldamento.

7 In fabbricati abitati saltuariamente quali terminali sono più convenienti?

a. Termosifoni in ghisa.
b. Ventilconvettori.
c. Pannelli radianti a soffitto.
d. Pannelli radianti a pavimento.

8 I gradi giorno si calcolano:

a. sommando le ΔT negative fra 20 °C e la temperatura esterna durante l'anno.
b. sommando le ΔT positive e negative fra 20 °C e la temperatura esterna durante l'anno.
c. sommando le ΔT positive fra 20 °C e la temperatura esterna durante l'anno.
d. calcolando la media delle ΔT positive fra 20 °C e la temperatura esterna durante l'anno.

9 La resistenza termica di una parete è data dalla:

a. media delle resistenze termiche degli strati componenti.
b. somma dei reciproci delle resistenze termiche degli strati componenti.
c. media dei reciproci delle resistenze termiche degli strati componenti.
d. somma delle resistenze termiche degli strati componenti.

PROBLEMI

1 A quale zona climatica appartiene un Comune per cui i gradi giorno sono 2540? Quali sono i limiti orari massimi di riscaldamento e in che periodo? [Zona E; 14 h; dal 15/10 al 15/4]

2 Determina i costi di una famiglia media di 4 persone, con una casa singola su due piani e una superficie complessiva di 160,00 m², situata nel Centro Italia. L'impianto è alimentato da una caldaia standard a metano, il consumo è di 3200 kW di energia elettrica e di 2400 m³ di gas metano. Applicare i costi unitari attuali applicati per l'energia elettrica e per il metano.

[2736,00 €]

3 Calcola il valore limite dell'indice di prestazione energetica EPi del Comune dell'esercizio precedente, sapendo che il volume lordo riscaldato è 350,0 m³ e la superficie disperdente totale è 120 m². [52,53]

Le competenze del tecnico ambientale

Partendo dai dati raccolti nell'esercizio «Le competenze del tecnico ambientale» del capitolo 6:

- proponi gli interventi meno invasivi per ridurre il consumo energetico;
- calcola i costi e il risparmio nel tempo derivante da tale intervento.

Alla fine redigi una breve relazione tecnica in cui, in base ai calcoli effettuati e alle caratteristiche sia dell'edificio sia della zona, proponi il tipo più efficiente di impianto termico.

CAPITOLO 7 RISPARMIO ENERGETICO CON IL RISCALDAMENTO

ESERCIZI

Environmental Physics in English

Efficient electricity use

Can we cut electricity use? Yes, switching off gadgets when they're not in use is an easy way to make a difference. Energy-efficient light bulbs will save you electricity too. Some gadgets are unimportant, but some are astonishing guzzlers. The laser-printer in my office, sitting there doing nothing, is slurping 17 W – nearly 0.5 kWh per day! A friend bought a lamp from IKEA. Its awful adaptor guzzles 10 W (0.25 kWh per day) whether or not the lamp is on. If you add up a few stereos, DVD players, cable modems, and wireless devices, you may even find that half of your home electricity consumption can be saved.

According to the International Energy Agency, standby power consumption accounts for roughly 8% of residential electricity demand. In the UK and France, the average standby power is about 0.75 kWh/d per household. The problem isn't standby itself – it's the shoddy way in which standby is implemented. It's perfectly possible to make standby systems that draw less than 0.01 W; but manufacturers, saving themselves a penny in the manufacturing costs, are saddling the consumer with an annual cost of pounds.

The figure shows an experiment I did at home. First, for two days, I measured the power consumption when I was out or asleep. Then, switching off all the gadgets that I normally left on, I measured again for three more days. I found that the power saved was 45 W – which is worth £45 per year if electricity costs 11p per unit.

Since I started paying attention to my meter readings, my total electricity consumption has halved. I've cemented this saving in place by making a habit of reading my meters every week, so as to check that the electricity-sucking vampires have been banished. If this magic trick could be repeated in all homes and all workplaces, we could obviously make substantial savings. So a bunch of us in Cambridge are putting together a website devoted to making regular meter-reading fun and informative.

The website, ReadYourMeter.org, aims to help people carry out similar experiments to mine, make sense of the resulting numbers, and get a warm fuzzy feeling from using less. I do hope that this sort of smart-metering activity will make a difference. In the future cartoon-Britain of 2050, however, I've assumed that all such electricity savings are cancelled out by the miracle of growth.

Growth is one of the tenets of our society: people are going to be wealthier, and thus able to play with more gadgets. The demand for ever-more-superlative computer games forces computers' power consumption to increase. Last decade's computers used to be thought pretty neat, but now they are found useless, and must be replaced by faster, hotter machines.

(Adapted from Davd JC MacKay, Sustainable energy, Without the hot air, UIT Cambridge Ltd., December 2008)

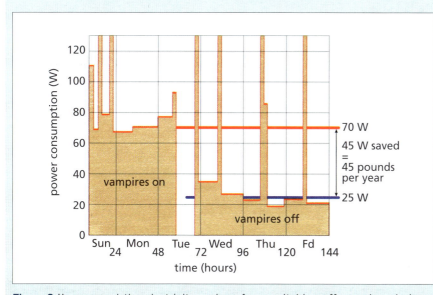

Figura 3 Il measured the electricity savings from switching off vampires during a week when I was away at work most of each day, so both days and nights were almost devoid of useful activity, except for the fridge. The brief little blips of consumption are caused by the microwave, toaster, washing machine, or vacuum cleaner. On the Tuesday I switched off most of my vampires: two stereos, a DVD player, a cable modem, a wireless router, and an answering machine. The red line shows the trend of "nobody-at-home" consumption before, and the green line shows the "nobody-at-home" consumption after this change. Consumption fell by 45 W, or 1.1 kWh per day.

ESERCIZI

MODULO D IL RISPARMIO ENERGETICO

GLOSSARY

- **Gadget:** aggeggio, arnese
- **Guzzler:** "succhia –energia"
- **Shoddy:** scadente
- **Tenet:** fondamento, cardine
- **Answering machine:** segreteria telefonica

READING TEST

1 According to IEA, standby power consumption accounts for about 8% of residential energy demand.   T   F

2 It's not possible make standby system that draw less then 0.01 W.   T   F

3 According to J.C. MacKay, electrical vampires are gadgets that guzzler power when they are not in use.   T   F

4 Consumption fell by, in Mr. Mac Kay's house, 1.1 kWh per day.   T   F

5 Swiching off most of vampires, J.C. MacKay saved 45 W of power.   T   F

Modulo E
CAPITOLO 8
Energia da sostanze organiche

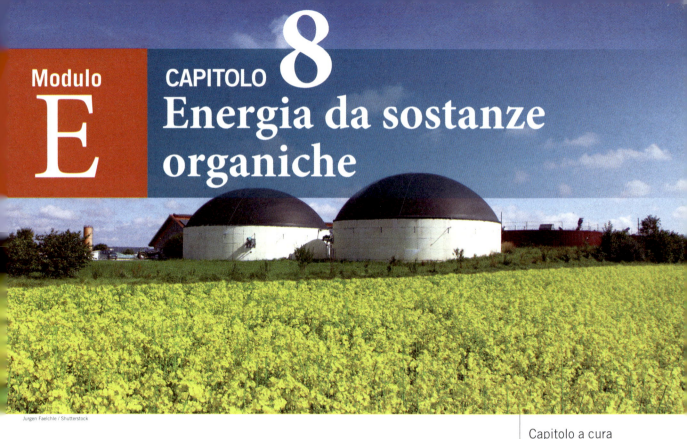

Capitolo a cura di Roberta Balducci

8.1 Le biomasse

Il termine **biomassa** è stato introdotto per indicare tutti quei materiali di origine organica (vegetale o animale) che non hanno subito alcun processo di fossilizzazione e sono utilizzati per la produzione di energia. Pertanto tutti i *combustibili fossili* (petrolio, carbone, metano ecc.) non possono essere considerati come biomasse.

> Si definisce **biomassa** la parte biodegradabile (cioè comprendente sostanze vegetali e animali) di prodotti, rifiuti e residui provenienti dall'agricoltura, dalla silvicoltura e dalle industrie connesse, nonché la parte biodegradabile dei rifiuti industriali e urbani (DLgs 29 dicembre 2003 n. 387).

Le biomasse rientrano nella categoria delle *fonti rinnovabili*, in quanto il tempo di sfruttamento della sostanza è paragonabile a quello di rigenerazione.

L'utilizzo delle biomasse come fonte energetica non comporta un incremento dell'anidride carbonica nell'ambiente. Infatti la quantità di CO_2 che viene emessa per la produzione di energia è la stessa che le piante hanno assorbito per svilupparsi e che alla fine del loro ciclo vitale tornerebbe comunque nell'atmosfera, attraverso i normali processi degradativi delle sostanze organiche. Quindi l'utilizzo delle biomas-

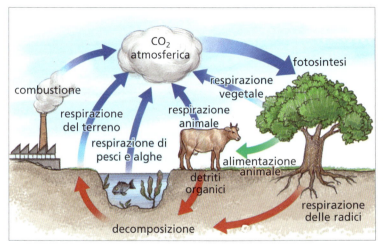

Figura 1 Ciclo del carbonio.

se altro non fa che accelerare il ritorno della CO_2 nell'atmosfera, rendendola nuovamente disponibile alle piante. Fino a quando le biomasse consumate sono rimpiazzate con nuove biomasse, l'immissione netta di anidride carbonica nell'atmosfera è nulla. Sostanzialmente queste emissioni rientrano nel normale **ciclo del carbonio**, in equilibro fra CO_2 emessa e CO_2 assorbita (figura 1).

La differenza con i *combustibili fossili* è pertanto molto profonda. Utilizzando combustibili fossili per la produzione di energia, il carbonio che viene immesso nell'atmosfera è quello stabilmente fissato nel sottosuolo da milioni di anni. In questo caso si va a rilasciare nell'atmosfera vera e propria «nuova CO_2».

Le biomasse si producono nel *processo di fotosintesi*, durante il quale l'anidride carbonica atmosferica e l'acqua del suolo si combinano per produrre zuccheri (glucosio), amido, cellulosa, lignina, sostanze proteiche e grassi. La reazione correttamente bilanciata è la seguente:

$$\underset{\text{anidride carbonica}}{6\,CO_2} + \underset{\text{acqua}}{6\,H_2O} \xrightarrow{\text{energia (luce)}} \underset{\text{glucosio}}{C_6H_{12}O_6} + \underset{\text{ossigeno}}{6\,O_2}$$

Nei legami chimici di queste sostanze è immagazzinata la stessa energia solare che ha attivato la fotosintesi. In questo modo vengono fissate complessivamente circa $2 \cdot 10^{11}$ tonnellate di carbonio all'anno, con un contenuto energetico dell'ordine di $70 \cdot 10^3$ megatonnellate equivalenti di petrolio. La fotosintesi rientra nel ciclo del carbonio, come schematizzato nella figura 2.

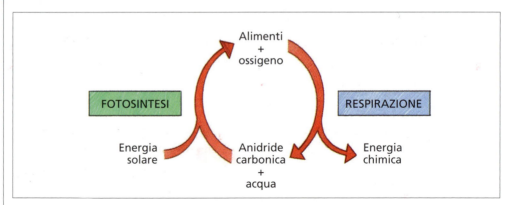

Figura 2 Fotosintesi e respirazione.

Il termine *biomassa* include ogni tipo di materiale di origine biologica, legato quindi alla chimica del carbonio; si riferisce perciò a ogni sostanza che deriva direttamente o indirettamente dalla *fotosintesi clorofilliana*. Le biomasse si distinguono in residuali e non residuali.

Le **biomasse residuali** possono essere classificate in funzione del comparto di provenienza:

- prodotti delle coltivazioni agricole e della forestazione;
- residui delle lavorazioni agricole e degli scarti dell'industria alimentare;
- alghe;
- prodotti organici derivanti da attività biologica animale (reflui zootecnici);
- la componente organica dei rifiuti solidi urbani (RSU).

Le **biomasse non residuali** vengono coltivate specificatamente per scopi energetici; queste colture, dette *colture energetiche*, possono essere suddivise in tre tipologie:

- *colture da carboidrati*, caratterizzate da elevato grado zuccherino, utilizzate per produrre bioetanolo attraverso la fermentazione alcolica;
- *colture oleaginose*, contraddistinte da un elevato contenuto in olio vegetale, che può essere utilizzato direttamente o trasformato in biocarburanti (biodiesel) attraverso una estrazione chimica;
- *colture da biomassa lignocellulosiche*, caratterizzate da elevata produzione di sostanza secca, destinata a diversi fini energetici (ad esempio combustione, pirolisi, gassificazione, produzione di biocarburanti).

8.2 Classificazione delle biomasse: aspetti e impatto ambientale

Le **biomasse di origine vegetale** possono essere suddivise nelle seguenti categorie.

- *Residui forestali e dell'industria del legno*: derivano dalle lavorazioni delle segherie, dalla trasformazione del prodotto legno e dagli interventi di manutenzione del bosco.
- *Sottoprodotti agricoli*: paglie, stecchi, sarmenti di vite, ramaglie di potatura ecc.
- *Residui agroindustriali*: sanse, vinacce, lolla di riso e altri prodotti provenienti dall'industria alimentare (riserie, distillerie, oleifici); rappresentano la fonte di biomassa maggiormente disponibile per scopi energetici.
- *Reflui zootecnici*: per la produzione di biogas.
- *Colture energetiche dedicate*: sono finalizzate alla produzione di biomasse (erbacee e legnose) per lo sfruttamento energetico o per la realizzazione di biocombustibili. Le specie più interessanti sono: girasole, colza, canna da zucchero, sorgo, pioppo, acacia ed eucalipto.
- *Rifiuti urbani*: residui delle operazioni di manutenzione del verde pubblico e la sola frazione organica di rifiuti solidi urbani (RSU).

Prima di affrontare la problematica generale delle biomasse, è necessario specificare la caratteristica principale di un combustibile ovvero il suo *potere calorifico*.

Il **potere calorifico** (H) rappresenta la quantità di calore sviluppata nella reazione di combustione in condizioni standard predefinite. Per i solidi e i liquidi viene misurato in kJ/kg, mentre per i gas è espresso in kJ/m^3. Si distingue in:

- **potere calorifico superiore** (H_s): è la quantità di calore che si rende disponibile per effetto della combustione completa a pressione costante della massa unitaria del combustibile;
- **potere calorifico inferiore** (H_i): è il potere calorifico superiore diminuito del calore latente di condensazione del vapore d'acqua.

Le biomasse legnose

Le **biomasse legnose** utilizzabili per la conversione energetica possono essere suddivise in due tipologie.

1. *Legna da ardere* (figura 3a). Tradizionalmente il legno a uso energetico più diffuso si presenta nella forma della legna da ardere, la quale può avere dimensioni diverse: squartoni e tondelli, di lunghezza 50-100 cm, e legna da stufa, di lunghezza 25-50 cm. Il suo potere calorifico inferiore è pari a 4 kWh/kg. In questa categoria sono compresi anche i residui e i sottoprodotti ligneocellulosici derivanti dalle operazioni di manutenzione dei boschi (cimali, ramaglie, potature, diradamenti).

2. *Residui derivanti dalla lavorazione del legno*. Da cortecce, sfridi, segatura e trucioli si ricavano i seguenti prodotti.

    - *Cippato* (figura 3b). Il termine cippato deriva dal vocabolo inglese *chipping*, che significa ridurre in scaglie. L'operazione consiste nel ridurre il legno in scaglie di dimensioni variabili (2-10 cm di lunghezza e qualche millimetro di spessore), ottenuti per mezzo di macchine chiamate *cippatrici*. Il suo potere calorifico inferiore è pari a 3-3,4 kWh/kg. Il cippato può essere prodotto da scarti di lavorazioni agricole e forestali o da colture dedicate (*short rotation*). Il cippato è utilizzato sia per la generazione elettrica sia per produrre calore, oppure in forma combinata in *impianti di cogenerazione*. Può alimentare sia impianti di piccola taglia (pochi kW) sia grandi impianti, fino all'ordine di diversi MW.

    - *Pellet* (figura 3c). Viene prodotto dalla segatura di legno vergine con un processo di essiccazione e di compressione. Il suo potere calorifico inferiore è pari a 4,7-5 kWh/kg.

    - *Tronchetti di segatura pressata* (figura 3d). I tronchetti sono di fattura similare al pellet, ma di dimensioni più grandi, utilizzabili nella stufa a legna. Le sue ottime qualità termiche sono soprattutto legate a una essiccazione maggiore e a una forte pressione delle molecole rispetto al legname da ardere. La maggiore essiccazione permette, a parità di peso, un maggiore potere calorifico rispetto al legname e la forte pressione, a parità di essenza, conferisce una buona autonomia alle braci. Il rivestimento plastico di imballaggio impedisce al materiale di assorbire umidità e quindi di degradarsi, consentendo inoltre un trasporto pulito e uno stoccaggio pratico e veloce. Il costo dei tronchetti, per contro, è sensibilmente maggiore rispetto a quello della legna.

(a)

(b)

(c)

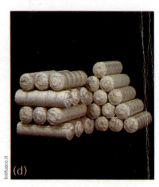
(d)

Figura 3 (a) Legna da ardere. (b) Cippato. (c) Pellet. (d) Tronchetti.

Punti di forza, aspetti critici e ambientali delle biomasse legnose

L'utilizzo della biomassa legnosa come fonte energetica comporta sia vantaggi sia svantaggi, che possiamo riassumere come segue.

Punti di forza

- Ha una disponibilità maggiore rispetto ai combustibili fossili ed è distribuita sul territorio in maniera diffusa.
- Se sfruttata in modo opportuno costituisce una fonte rinnovabile che può garantire un sicuro approvvigionamento energetico a lungo termine.
- Non contribuisce al riscaldamento del globo, producendo un'immissione nulla di CO_2 in atmosfera.
- Si stanno sviluppando nuove tecnologie che permettono la conversione della biomassa in modo economicamente vantaggioso e competitivo.
- Rispetto alle altre fonti rinnovabili (sole e vento) ha il vantaggio di potere essere facilmente immagazzinata.
- Dal punto di vista tecnico non ci sono ostacoli a una sua integrazione nell'attuale sistema di distribuzione dell'energia.
- I benefici sociali sono: riduzione dell'importazione di greggio e di metano, diversificazione delle attività agricole, sviluppo rurale, gestione corretta del patrimonio boschivo, formazione di nuovi posti di lavoro e recupero di terreni degradati.

Aspetti critici

- È spesso percepita come combustibile poco conveniente, che richiede uno sfruttamento eccessivo del suolo e produce energia a un costo troppo elevato.
- A causa del basso contenuto energetico paragonato a quello del carbone, del gas naturale e dell'olio combustibile, richiede volumi di utilizzo maggiori per raggiungere lo stesso valore energetico netto, cosa che fa aumentare i costi di trattamento e di trasporto.
- Le operazioni di coltivazione, raccolta e trasporto possono incidere notevolmente sia sul prezzo dell'energia sia sull'impatto ambientale.
- Se non si parte da una corretta gestione della risorsa bosco, con piani pluriennali di forestazione, si rischia di dover importare materia legnosa da altri paesi, al pari dei combustibili tradizionali, facendo in tal modo venir meno il concetto di «filiera forestale» a vantaggio del territorio.

Aspetti ambientali

La combustione del legno, che verrà trattata dettagliatamente nel paragrafo successivo, è un processo che si compone di più fasi: inizialmente si ha una fase di essiccazione, alla quale si succedono, man mano che la temperatura aumenta, le fasi di pirolisi, di gassificazione e di combustione.

MODULO E LE BIOMASSE

Se consideriamo il legno dal punto di vista della sua composizione chimica, emerge che il carbonio è l'elemento che lo costituisce al 50% (tabella 1).

Tabella 1 Composizione chimica del legno

Elementi chimici	C (%)	H (%)	O (%)	N (%)
Legno	50	6	43,8	0,2

Si sente dire che il fumo di legna è molto inquinante: ciò è vero solo se la combustione non avviene correttamente (come per qualsiasi altro combustibile), ma se la combustione avviene in modo ottimale, le emissioni al camino sono costituite per il 25% da ossido di azoto (NOx), per il 25% da anidride carbonica (CO_2), per il 25% da acqua (H_2O) e per il 25% da polveri. È importante ricordare sempre il ciclo di vita di un combustibile per calcolare la quantità di CO_2 emessa nell'atmosfera.

I prodotti della combustione dipendono dalla natura del combustibile e dalle condizioni di reazione. Per esempio, se nella combustione del carbone (esente da impurità e quindi contenente solo carbonio) vi è un eccesso di ossigeno, si produce esclusivamente anidride carbonica e in questo caso si parla di **combustione completa**. In difetto di ossigeno, invece, è favorita la produzione di monossido di carbonio accompagnata da fumi, come il nerofumo in caso di forte carenza di ossigeno. L'azoto è un gas inerte e pertanto non reagisce con nessun elemento o sostanza durante la combustione. Tuttavia, in determinate condizioni (alte temperature, eccesso di aria, presenza di azoto nel combustibile), può reagire e creare gli NOx. Alcune reazioni di ossidazione dell'azoto e del carbonio sono descritte nell'approfondimento che segue.

APPROFONDIMENTO

Reazioni di combustione

In merito al processo di combustione completa, dal punto di vista stechiometrico le reazioni chimiche che coinvolgono combustibile e comburente sono riassumibili come segue.

Combustione del carbonio completa

$$C + O_2 \rightarrow CO_2$$
$$\text{12 kg} \quad \text{32 kg} \quad \text{44 kg}$$

Combustione del carbonio incompleta

$$2\,C + O_2 \rightarrow 2\,CO$$
$$\text{24 kg} \quad \text{32 kg} \quad \text{56 kg}$$

Combustione dell'idrogeno

$$2\,H + O_2 \rightarrow 2\,H_2O$$
$$\text{4 kg} \quad \text{32 kg} \quad \text{36 kg}$$

Combustione dello zolfo

$$S + O_2 \rightarrow S_2O$$
$$\text{32,1 kg} \quad \text{32 kg} \quad \text{64,1 kg}$$

Tale insieme di reazioni chimiche è caratteristico di un processo di combustione ideale. In realtà a queste si accompagnano anche trasformazioni chimiche non gradite, che possono portare a sostanze con note proprietà tossico-nocive:

CAPITOLO 8 ENERGIA DA SOSTANZE ORGANICHE

$$N_2 + O_2 \rightarrow 2\,NO$$

$$NO + O_2 \rightarrow 2\,NO_2$$

$$2\,NO + N_2 \rightarrow 2\,N_2O$$

Nella tabella 2 sono confrontate le emissioni di anidride carbonica da parte di diversi combustibili, a parità di energia termica utile prodotta.

Tabella 1 Confronto emissioni di carbonio (2 g di sostanza secca contengono 1 g di C che genera 3,67 g di CO_2)

Combustibile	Gasolio	Metano	Legna	Cippato	Pellet
Quantità di combustibile	3,8 t	4500 m³	12 t	14,1 t	9,5 t
Potere calorifico inferiore	42,7 MJ/kg	35,87 MJ/m³	14,2 MJ/kg (W = 20%)	12,1 MJ/kg (W = 30%)	18,0 MJ/kg (W = 8%)
Rendimento termodinamico	90%	90%	85%	85%	85%
Emissione totale di CO_2 (kg)	13 667,1	8331	528,5	1189,1	939,5
Confronto (ottenuto ponendo uguale a 1 la legna da ardere)	25,86	15,75	1	2,25	1,8

APPROFONDIMENTO

Effetti sull'uomo e sull'ambiente provocati dai principali inquinanti atmosferici

- **Anidride carbonica** (CO_2). È innocua per l'uomo, ma la variazione della sua concentrazione in atmosfera provoca danni all'ambiente in quanto influenza notevolmente l'effetto serra. La presenza di gas serra nell'atmosfera terrestre consente il filtraggio di parte delle radiazioni solari dirette verso la Terra e, al contempo, ostacola la dispersione di parte delle radiazioni che, una volta assorbite dalla superficie terrestre, vengono riemesse sotto forma di raggi infrarossi (calore) verso lo spazio. Ciò consente il mantenimento del clima terrestre entro valori che permettono la vita. Una variazione della composizione atmosferica per effetto dell'aumento della concentrazione dei gas serra determina un assorbimento da parte di questi della radiazione infrarossa emessa verso lo spazio, provocando in tal modo un continuo innalzamento della temperatura della Terra.

- **Metano** (CH_4). Ottima la sua utilizzazione a fini energetici, le emissioni spontanee in atmosfera a seguito di processi di fermentazione hanno un'incidenza sull'effetto serra 21 volte superiore a quello dell'anidride carbonica.

- **Ossido di azoto** (NO), **biossido di azoto** (NO_2). Sono presenti in alte concentrazioni e si originano dalla reazione dell'azoto contenuto nei combustibili fossili con l'ossigeno atmosferico quando si raggiungono temperature elevate. Il biossido di azoto presente in atmosfera può essere ossidato ad acido nitrico (HNO_3), composto piuttosto volatile e solubile nelle nuvole e nella pioggia. Tale composto può dare luogo al fenomeno delle «piogge acide», con conseguenze negative soprattutto per la vegetazione e per alcuni materiali, in particolare quelli da costruzione con alto contenuto di calcare, come il marmo.

- **Anidride solforosa** (SO_2). Il biossido di zolfo, o anidride solforosa, è riconosciuto come pericoloso inquinante dell'atmosfera urbana. Viene originato nei processi di combustione dall'ossidazione di materiali contenenti zolfo, ad esempio prodotti petroliferi. È pericoloso per l'uomo in quanto è un irritante delle vie respiratorie. Produce inoltre danni alla vegetazione. È inoltre responsabile del fenomeno delle piogge acide.

- **Polveri sospese**. Sono date dall'insieme delle particelle solide o liquide sospese nell'aria, le cui dimensioni possono variare da pochi angstrom a qualche centinaia di micron. La pericolosità delle polveri è legata, oltre che all'occlusione delle vie respiratorie, alla possibile presenza di microinquinanti che possono essere tossici o cancerogeni (ad esempio gli idrocarburi policiclici aromatici, l'amianto e alcuni metalli pesanti). Gli effetti sulla salute umana dipendono dalla dimensione e dalla composizione chimica delle particelle inalate o ingerite. Sono particolarmente dannose le PM10, ovvero le particelle con dimensione inferiore a 10 μm, che rappresentano la frazione inalabile.

■ Biomasse da residui agricoli

I residui dei processi di coltivazione e lavorazione dei prodotti agricoli vengono classificati come «rifiuti non pericolosi» dalla normativa attualmente in vigore: in quanto tali, essi risultano sottoposti a una serie di procedure autorizzative e di requisiti impiantistici (sia pure semplificati) per poter essere utilizzati al fine di produrre energia. Il DPCM 08/03/02 ha apportato un cambiamento significativo in quanto considera come biomassa, oltre alla legna vergine, anche altro materiale che in precedenza era considerato come rifiuto non pericoloso. In particolare si classifica come biomassa:

- il materiale vegetale prodotto da trattamento esclusivamente meccanico di coltivazioni agricole non dedicate;

- il materiale prodotto da interventi selvicolturali, da manutenzione forestale e da potatura;

- il materiale vegetale prodotto dalla lavorazione esclusivamente meccanica di prodotti agricoli, avente le caratteristiche previste per la commercializzazione e l'impiego.

- il materiale vegetale prodotto dalla lavorazione esclusivamente meccanica del legno vergine e costituito da cortecce, segatura, trucioli, chips, refili e tondelli, granulati e cascame di sughero vergine, non contaminati da inquinanti.

Rimangono esclusi gli scarti del legno «trattato», che sono ancora classificati come rifiuti «non pericolosi». Sembrerebbe quindi da considerare biomasse: paglie, pule, sanse, stocchi, vinacce, noccioli ecc.

CAPITOLO **8** ENERGIA DA SOSTANZE ORGANICHE

L'aspetto negativo non deriva dal considerare rifiuti o meno certi materiali, ma dai limiti di gestione energetica e di emissione a cui gli impianti devono sottostare, poiché i valori indicati dalla normativa sui rifiuti sono estremamente difficili da rispettare da parte di impianti medio-piccoli, i quali necessiterebbero di sofisticati sistemi di abbattimento fumi e di apparecchiature di controllo che renderebbero antieconomico il recupero energetico.

■ Punti di forza, aspetti critici e ambientali delle biomasse da residui agricoli

La biomassa da residuo agricolo è ampiamente disponibile ovunque e rappresenta una risorsa locale, pulita e rinnovabile. L'utilizzazione di queste biomasse per fini energetici non contribuisce all'effetto serra poiché, come già detto, la quantità di anidride carbonica rilasciata durante la decomposizione (sia che avvenga naturalmente sia che avvenga per effetto della conversione energetica) è equivalente a quella assorbita durante la crescita della biomassa stessa: non vi è, in definitiva, alcun contributo netto all'aumento del livello di CO_2 nell'atmosfera. In tale ottica aumentare la quota di energia prodotta mediante l'uso delle biomasse, piuttosto che con combustibili fossili, può contribuire alla riduzione della CO_2 complessivamente emessa in atmosfera.

Punti di forza

- Sfruttamento di una risorsa energetica locale, che altrimenti sarebbe considerata rifiuto e perciò si dovrebbe provvedere al suo smaltimento come tale.

- Conseguente indotto economico con creazione di posti di lavoro in ambito locale.

- Costo relativamente basso del combustibile.

- Contributo a una riduzione a livello nazionale della dipendenza energetica nei confronti dei paesi produttori di combustibili tradizionali.

- Diminuzione dei pericoli di incendio boschivo grazie all'incentivazione della pulizia e manutenzione delle aree boscate.

- Immissione nulla di CO_2 in atmosfera.

- Incentivazione con fondi statali nel caso le biomasse vengano utilizzate per la produzione di energia elettrica.

- Contributo trascurabile alle emissioni di ossidi di zolfo, riducendo così le emissioni globali di SOx e conseguentemente il fenomeno delle «piogge acide».

Aspetti critici

- Discontinuità nella disponibilità prodotta dalle colture nel corso dell'anno.

- Difficoltà di immagazzinamento a causa della presenza di umidità che genera reazioni di fermentazione.

- Contenuto energetico, riferito al volume occupato, inferiore a quello dei combustibili tradizionali e quindi necessità di maggiori spazi per lo stoccaggio.

- Problemi logistici dovuti alla distanza del luogo in cui viene generata la sostanza e degli impianti per il suo utilizzo energetico.

- Problematiche nella raccolta e nel trattamento.

- Tecnologia che presenta costi di investimento superiori a quelli per l'utilizzo dei combustibili tradizionali.

■ Aspetti ambientali

Le biomasse sono annoverate tra le fonti energetiche rinnovabili in quanto sono una risorsa energetica caratterizzata da un breve periodo di ripristino. Si può infatti asserire che il tempo di sfruttamento è paragonabile a quello di rigenerazione. Sotto il profilo delle emissioni, la caratteristica principale delle biomasse è quella di non incrementare la quantità di anidride carbonica.

Un secondo vantaggio ambientale si ottiene dalla riduzione degli scarti vegetali destinati allo smaltimento. La maggior parte delle biomasse derivanti da residui agricoli sono ancora oggi destinate allo smaltimento in discarica. È noto che i residui organici abbandonati a contatto con l'aria danno origine a dei gas, come il metano, che sono sicuramente più inquinanti dell'anidride carbonica. Sviluppando invece una combustione, questi gas non vengono rilasciati, evitando così la loro emissione in atmosfera.

Un terzo vantaggio ambientale offerto dall'utilizzo di biomasse è dovuto al loro basso contenuto di zolfo: facendo uso di biomasse, in alternativa a combustibili fossili come oli e carbone, si può sostanzialmente ridurre l'emissione in atmosfera di ossido di zolfo. Questo porta a una diminuzione drastica di fenomeni come le piogge acide.

8.3 Biomasse per la produzione di biogas

Il biogas è una miscela di gas costituita principalmente da metano (in misura variabile tra il 50% e l'80%) e anidride carbonica (25%-40%), oltre a varie impurità, quali idrogeno solforato e altri gas (0,01%), prodotta dalla decomposizione, in assenza di ossigeno (fermentazione anaerobica), di materiale organico di varia natura.

Il biogas così prodotto è caratterizzato da un elevato potere calorifico, che lo rende idoneo a essere sfruttato come fonte di energia attraverso la combustione diretta, con produzione di energia termica, o attraverso la combustione in cogeneratori, per la produzione combinata di calore ed energia elettrica (figura 4).

Le materie prime che vengono principalmente utilizzate per la produzione di biogas sono le seguenti.

- *Reflui zootecnici.* La gestione dei reflui provenienti dalle attività agrozootecniche e agroalimentari costituisce una problematica complessa, soprattutto nelle aree a più forte concentrazione di insediamenti produttivi (aziende agricole e allevamenti). L'utilizzazione dei reflui come fertilizzanti attraverso lo spandimento agronomico (integrazione di sostanza organica per i terreni) è attualmente (dove possibile e compatibilmente con le caratteristiche dei terreni) la pratica più semplice e più utilizzata. L'avanzata della digestione anaerobica come tecnologia di abbattimento del carico inquinante dei reflui zootecnici, con contemporanea produzione di energia sotto forma di biogas, ha aperto nuove e interessanti prospettive per tutto il settore agrozootecnico.

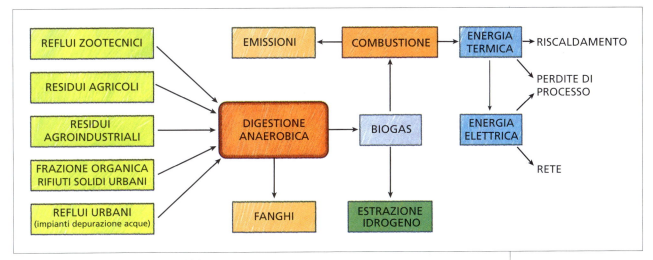

Figura 4 Schema di produzione del biogas.

- *Frazione organica dei rifiuti urbani conferiti in discariche controllate.* Il biogas può essere ottenuto anche dalle discariche dei rifiuti urbani, dove avviene la decomposizione della sostanza organica contenuta nei rifiuti. Per evitare dispersioni nel sottosuolo e nell'aria, con diffusione di odori molesti e danni alla vegetazione, il biogas viene raccolto mediante un'apposita rete di captazione. Il sistema di estrazione è costituito da una serie di pozzi verticali, dai quali si dipartono a raggiera delle tubazioni fessurate, disposte orizzontalmente in modo da raggiungere tutto il corpo della discarica. La pressione alla quale sono sottoposti i gas all'interno del corpo della discarica ne permette la raccolta e l'asportazione. Il sistema di aspirazione del biogas può essere di tipo *naturale* o *forzato*. Il biogas così raccolto può essere convogliato in apposite torce e bruciato oppure può essere convogliato, tramite un collettore principale, a una centrale a gas per la produzione di energia elettrica e teleriscaldamento (figura 5). Inoltre l'estrazione del biogas consente di creare un leggero grado di depressione che favorisce la permeazione dell'aria sulla superficie della discarica e quindi la sua «ossigenazione», rendendo in questo modo lo strato più esterno particolarmente fertile. Nel caso in cui il biogas sia prodotto da discariche controllate di rifiuti urbani, i principali componenti dell'impianto sono quelli evidenziati in figura 5.

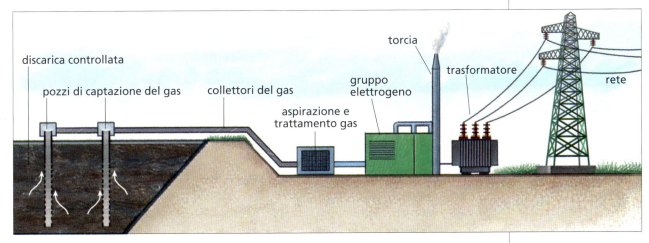

Figura 5 Schema di un impianto alimentato a biogas da discarica.

- *Acque reflue urbane e fanghi prodotti negli impianti di depurazione delle acque.* Nella fase di digestione anaerobica dei fanghi prodotti negli impianti di depurazione delle acque reflue viene prodotto biogas, formato per il 60%-75% da metano, per il 25%-40% da anidride carbonica e da piccoli quantitativi di azoto, idrogeno e idrogeno solforato. Il processo di digestione anaerobica viene adottato in genere per impianti di depurazione che servono oltre 30 000 abitanti equivalenti (a.e.). Il biogas nell'impianto di depurazione viene utilizzato per produrre energia per il riscaldamento del digestore e del fango in ingresso o per l'alimentazione dei motori al servizio dei compressori per l'aerazione.

- *Scarti di lavorazione nel settore agroalimentare.* Diversi impianti sono stati realizzati anche nel settore dell'agroindustria, in particolare in distillerie, zuccherifici, stabilimenti per la produzione di succhi di frutta e prodotti dolciari. Scarti del settore agroalimentare (sanse esauste, vinacce, gusci di noci, nocciole, mandorle, bucce di pomodoro, agrumi, lolla di riso, siero di latte, patate, cipolle) vengono molto spesso utilizzati in impianti per la produzione di biogas (figura 6) che operano in codigestione, dove vengono trattati insieme ai liquami zootecnici, scarti della ristorazione e colture energetiche (mais, barbabietola da foraggio, patate ecc.).

Figura 6 Impianto per la produzione di biogas da coltura energetica dedicata.

Punti di forza, aspetti critici e ambientali delle biomasse per la produzione di biogas

Punti di forza

- Produzione di energia attraverso una fonte rinnovabile presente a livello locale. La produzione di energia elettrica offre un'interessante opportunità di reddito per le aziende (autoconsumo di parte dell'energia prodotta e vendita al GRTN – Gestore Rete Trasmissione Nazionale – della restante parte con eventuale emissione di Certificati verdi). L'utilizzo di biogas per la produzione di calore è generalmente destinata all'autoconsumo (sia nelle aziende agricole sia negli impianti di depurazione) e comporta quindi un significativo risparmio negli approvvigionamenti energetici, oltre alla valorizzazione come risorsa di uno scarto che andrebbe comunque smaltito.

- Nuove attività imprenditoriali. Le aziende agricole possono divenire anche *aziende energetiche*.

- Relativamente al settore zootecnico, è possibile, attraverso la digestione anaerobica, controllare le emissioni maleodoranti e stabilizzare le biomasse prima del loro utilizzo agronomico, apportando quindi benefici ambientali.

- Per quanto riguarda gli impianti di depurazione, l'autoproduzione elettrica concorre a economizzare il trattamento dei reflui.

Aspetti critici

- Difficoltà tecniche negli impianti. La presenza nel materiale organico di partenza di composti contenenti zolfo, azoto e cloro fa sì che nel biogas prodotto vi siano tracce di idrogeno solforato (H_2S), ammoniaca (NH_3) e acido cloridrico (HCl), i quali, associati all'anidride carbonica, rendono il biogas particolarmente corrosivo per i metalli.

- Necessità di smaltire comunque i fanghi residui del processo.

Aspetti ambientali

- Riduzione dell'impatto ambientale delle attività del settore agrozootecnico. Attraverso la digestione anaerobica e la captazione del biogas si evita che il gas metano, che si sviluppa naturalmente nelle vasche di stoccaggio dei reflui, passi direttamente all'atmosfera contribuendo all'effetto serra.

- Riduzione degli scarichi (nel caso dei reflui zootecnici) di sostanza organica nelle acque e nei suoli. Si previene l'inquinamento delle falde sotterranee e delle acque superficiali.

8.4 Biomasse per la produzione di biocombustibili

Tra le possibili fonti energetiche alternative ai combustibili fossili, in particolare per quanto riguarda l'autotrazione, troviamo i **biocombustibili**, in particolare il *biodiesel* e il *bioetanolo*. Il settore dei biocarburanti continua a far registrare tassi di crescita a due cifre ed è sempre più al centro degli accordi geopolitici internazionali. Parallelamente, però, si innalzano altre questioni: l'impatto della diffusione delle monocolture agroenergetiche sulla biodiversità e nei confronti delle altre produzioni alimentari. Secondo alcuni esperti, in caso di crescita incontrollata del settore, gli elevati profitti della nuova filiera potrebbero indurre gli agricoltori a una diminuzione nella produzione alimentare locale: un rischio particolarmente elevato nei paesi in via di sviluppo.

MODULO E LE BIOMASSE

Diversi economisti ritengono che la produzione di biocarburanti possa influire negativamente sulla fame nel mondo, in quanto sottrae terreni fertili alla coltivazione di cereali, che costituiscono la base del nutrimento delle popolazioni dei paesi poveri, i quali basano la loro economia sul settore primario. Con le tecnologie che ci saranno nel futuro, l'utilizzo di terreni semiaridi e desertici può sostenere una coltivazione di piante con le quali produrre biocarburanti, specialmente laddove i governi si impegnino nell'applicazione di soluzioni innovative per lo sviluppo sostenibile. Inoltre esiste un forte interesse nello sviluppo di processi per la sintesi dei biocarburanti a partire da materie prime di scarto, come alghe, microalghe, lipìdi e di lavorazioni alimentari.

■ Biodiesel

Il **biodiesel** sviluppa il 90% di energia rispetto al diesel tradizionale e presenta delle caratteristiche fisiche che rendono il suo utilizzo particolarmente adatto in zone con climi molto freddi. Il biodiesel è un liquido trasparente e di colore ambrato, ottenuto interamente da olio vegetale (colza, girasole o altri), con una viscosità simile a quella del gasolio. Dal punto di vista chimico il biodiesel è costituito da *esteri alchilici*, che possono derivare sia dalla *transesterificazione* di trigliceridi (figura 7a) sia dall'esterificazione di acidi grassi (figura 7b) con alcoli a basso peso molecolare, e le sue caratteristiche fisiche dipendono fortemente dal tipo di materiale di partenza che viene utilizzato. Il problema principale degli oli è l'elevata viscosità, che viene appunto risolto tramite il processo di *transesterificazione* o di *esterificazione*. Tale processo permette di spezzare le molecole lunghe dei trigliceridi (oli di partenza viscosi), trasformandole in esteri degli acidi grassi, che sono molecole a catena corta (oli meno viscosi).

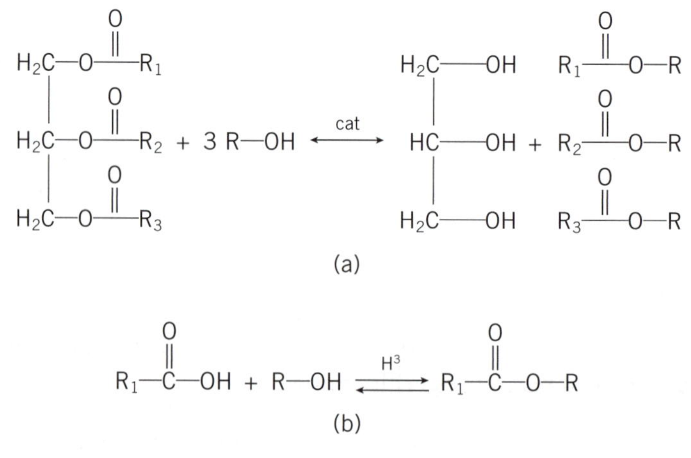

Figura 7 (a) Reazione di transesterificazione dei trigliceridi. (b) Reazione di esterificazione di un acido carbossilico.

I trigliceridi utilizzati come materiale di partenza possono derivare da amido e da zuccheri, oppure da oli come olio di colza e olio di palma. La reazione di transesterificazione è una reazione di equilibrio che avviene per semplice mescolamento dei reagenti e necessita di un eccesso di alcol per ottenere elevate conversioni. Oltre ai prodotti desiderati si ottiene anche il glicerolo, che è insolubile negli esteri metilici, provocando così la formazione di due fasi, che devono essere separate. Una delle variabili più importanti nel processo è il rapporto molare tra alcol e trigliceridi. La stechiometria prevede tre moli di alcol per mole di trigliceridi per ottenere tre moli di alchilesteri e una mole di glicerolo. Essendo questa reazione reversibile, per ottenere la massima conversione sono necessarie elevate quantità di alcol, che però rende difficile la separazione finale del glicerolo, che è solubile nell'alcol. Quando il glicerolo rimane in soluzione la reazione si sbilancia, con il conseguente abbassamento della resa. Sperimentalmente si osserva che il rapporto molare alcol/trigliceridi ottimale è 6:1.

È importante che tutti i reagenti utilizzati siano anidri, perché la presenza di acqua provoca l'idrolisi degli esteri alchilici, spostando l'equilibrio della reazione di transesterificazione a sinistra. È stato dimostrato che il contenuto di acqua deve essere inferiore a 0,1%-0,3%. Anche la scelta dell'alcol influenza il risultato finale della reazione. Solitamente si utilizza metanolo per il suo basso costo, ma vengono anche impiegati altri alcoli, come etanolo e butanolo. Il metanolo risulta più vantaggioso dal punto di vista del processo perché evita la formazione di emulsioni stabili, facilitando quindi la separazione tra la fase contenente il glicerolo e quella contenente gli esteri alchilici. La reazione di transesterificazione è accelerata dalla presenza di un catalizzatore, che può essere una base o un acido forte, ma è stato dimostrato che la catalisi basica accelera maggiormente la reazione rispetto alla catalisi acida. I catalizzatori più utilizzati, per la loro disponibilità e i bassi costi, sono NaOH o KOH, oppure i componenti metossidi. Spesso le materie prime di partenza, insieme ai trigliceridi, contengono elevate quantità di acidi grassi, che in presenza di un catalizzatore basico abbassano la resa della reazione di transesterificazione, perché portano alla formazione dei prodotti di saponificazione (figura 8) e devono pertanto essere normalmente eliminati.

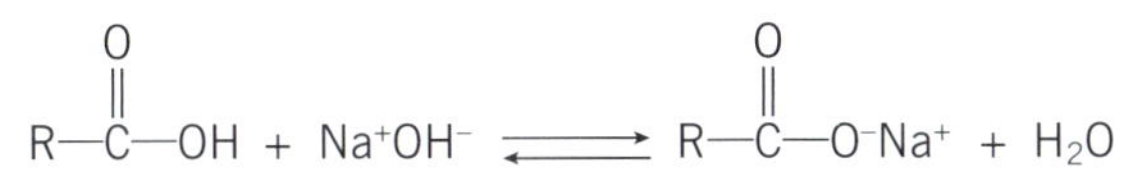

Figura 8 Schema della reazione di saponificazione.

Il processo più comune per la sintesi di biodiesel è quindi condotto con catalisi omogenea, in cui cioè il catalizzatore si trova nella stessa fase dei reagenti. Utilizzare questo tipo di catalisi presenta alcuni problemi:

- corrosione dell'impianto per l'utilizzo di basi forti;

- necessità di utilizzare materie con un basso contenuto di acidi grassi liberi, ovvero di rimuoverli prima della transesterificazione;

- eventuale necessità di utilizzare un'elevata quantità di catalizzatore per compensarne il consumo nella reazione di saponificazione;

- difficoltà di separazione del catalizzatore alla fine della reazione; sono quindi attualmente allo studio nuovi metodi di lavoro per migliorare il rendimento del prodotto.

■ Il bioetanolo

Il **bioetanolo** (conosciuto anche come **alcol etilico**, $CH_3 CH_2 OH$) è un liquido limpido e incolore che può essere prodotto virtualmente da qualsiasi materia prima contenente zucchero o amido; le sorgenti più comuni sono la canna da zucchero, il mais, il frumento e le barbabietole da zucchero, attraverso un processo fermentativo. Anche la biomassa cellulosica (proveniente per esempio dalle colture erbacee, dalle colture legnose e dai rifiuti organici) può essere utilizzata per produrre bioetanolo, attraverso tecniche di produzione tecnologicamente più complesse.

Globalmente l'etanolo è uno dei combustibili alternativi per veicoli a motore più diffusi grazie alla sua popolarità nelle Americhe. In Brasile molte automobili funzionano a bioetanolo da canna da zucchero sotto forma sia di alcol puro sia miscelato alla benzina.

In Europa il bioetanolo è prodotto utilizzando frumento (50%), orzo (20%) e barbabietole da zucchero (30%); la produzione europea di bioetanolo nel 2005 ha superato i 910 milioni di litri, con un aumento del 73% rispetto all'anno precedente. I principali poli europei di produzione sono in Spagna, in Germania, in Svezia e in Francia.

Il bioetanolo è adatto per l'utilizzo come combustibile per i veicoli a motore. A temperatura ambiente è allo stato liquido e può essere manipolato in maniera simile ai combustibili tradizionali. Inoltre l'alcol ha un alto numero di ottani e quindi consente rapporti di compressione elevati, migliorando l'efficienza e le prestazioni del motore. A riprova di tutto questo si segnala che l'etanolo è spesso utilizzato come combustibile nelle gare automobilistiche. Se paragonato alla benzina, l'etanolo ha una bassa densità energetica (in volume) che si riflette in un maggiore consumo di combustibile per km (circa il 50%). Il bioetanolo può anche essere utilizzato in forma pura o «idrata» (4% di acqua sul volume) in veicoli dedicati, o come miscela «anidra» composta da bioetanolo e benzina.

Per convertire un veicolo con motore a benzina al funzionamento con bioetanolo puro è consigliabile considerare l'opportunità di aumentare il volume del serbatoio proprio a causa della minore densità energetica del combustibile. Inoltre, poiché i combustibili a base di alcol possono erodere alcuni elastomeri e accelerare la corrosione di alcuni metalli, alcuni componenti dovrebbero essere sostituiti. Utilizzato in forma pura, il bioetanolo evapora con difficoltà alle basse temperature e quindi i veicoli funzionanti con etanolo puro hanno difficoltà di avviamento nella stagione fredda. Per tale ragione il bioetanolo è solitamente miscelato con una piccola percentuale di benzina, in modo da migliorarne l'accensione: la miscela all'85% è la più comune.

■ Punti di forza e aspetti critici ambientali delle biomasse per la produzione di biocombustibili

Punti di forza

Dal punto di vista ambientale, il biocombustibile presenta alcune differenze rispetto al combustibile fossile tradizionale.

- Riduce le emissioni nette di ossido di carbonio (CO) del 50% e di biossido di carbonio del 78,45%, perché il carbonio emesso durante la sua combustione è quello che era già presente nell'atmosfera e che la pianta ha fissato durante la sua crescita e non, come nel caso del petrolio, carbonio che era rimasto intrappolato in tempi remoti nella crosta terrestre. Vanno tuttavia considerati i consumi energetici in fase di coltivazione, di lavorazione e di trasporto della materia prima.

- Praticamente non contiene idrocarburi aromatici; le emissioni di idrocarburi aromatici ad anelli condensati (per esempio benzopireni) sono ridotti fino al 71%.
- Non ha emissioni di diossido di zolfo (SO_2), dato che non contiene zolfo.
- Riduce l'emissione di polveri sottili fino al 65%.
- Produce più emissioni di ossidi di azoto (NOx) rispetto al gasolio, inconveniente che può essere contenuto riprogettando i motori diesel e dotando gli scarichi di appositi catalizzatori.

Aspetti critici ambientali

- Utilizzo di terre coltivabili non per scopi alimentari della popolazione, ma per la produzione di combustibile per le macchine.
- Innalzamento del prezzo delle materie prime, soprattutto nei paesi del Terzo Mondo, con l'effetto collaterale di creare insicurezza alimentare.
- Se le tecniche di coltivazione sono monocolturali, questo riduce la biodiversità, aumenta l'erosione del suolo e il rischio di insetti e batteri che distruggono le coltivazioni.

In figura 9 è riportato lo schema generale di produzione dei biocombustibili.

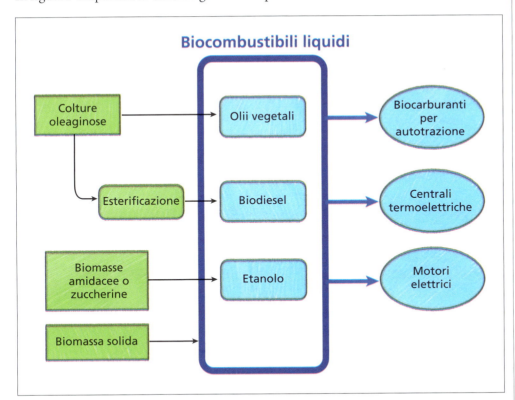

Figura 9 Schema generale di produzione dei biocombustibili.

ESERCIZI

MODULO E LE BIOMASSE

INDIVIDUA LA RISPOSTA CORRETTA

1 La combustione delle biomasse fa incrementare la CO_2 presente nell'ambiente. ☐V ☐F

2 Il carbonio immesso in atmosfera dai combustibili fossili è quello fissato stabilmente nel sottosuolo. ☐V ☐F

3 La combustione dei combustibili fossili incrementa la CO_2 dell'ambiente. ☐V ☐F

4 La fotosintesi rientra nel ciclo del carbonio. ☐V ☐F

5 La frazione organica degli RSU rientra nelle biomasse. ☐V ☐F

6 Il metano è un gas che contribuisce all'effetto serra. ☐V ☐F

7 L'idrogeno solforato o acido solfidrico (H_2S) è un gas che si forma in tracce durante la produzione di biogas da biomasse. ☐V ☐F

8 Utilizzando i biocombustibili si ha una grande emissione di SO_2. ☐V ☐F

9 Esistono aspetti negativi socio-ambientali per l'utilizzo dei biocombustibili. ☐V ☐F

10 Il bioetanolo si ottiene per fermentazione alcolica. ☐V ☐F

TEST

11 Qual è la differenza tra i combustibili fossili e le biomasse?

a. Le biomasse sono solo di origine animale.

b. I combustibili fossili sono di origine animale e vegetale.

c. Le biomasse sono di origine animale e vegetale e non hanno subìto il processo di fossilizzazione.

d. Le biomasse sono di origine animale e vegetale e hanno subìto il processo di fossilizzazione.

12 Cosa si produce durante la fotosintesi?

a. Anidride carbonica e acqua.

b. Ossigeno e anidride carbonica.

c. Glucosio e ossigeno.

d. Glucosio e anidride carbonica.

13 L'energia contenuta nel glucosio è:

a. energia solare.

b. energia radiante.

c. energia magnetica.

d. energia chimica.

14 Dove è contenuta l'energia chimica del glucosio?

a. Nei legami chimici.

b. All'interno della cellula.

c. All'interno dell'atomo.

15 Le biomasse *non residuali* sono:

a. prodotti delle coltivazioni agricole e della forestazione.

b. residui delle lavorazioni agricole e degli scarti dell'industria alimentare.

c. prodotti organici derivanti da attività biologica animale (reflui zootecnici).

d. colture da carboidrati dedicate, caratterizzate da elevato grado zuccherino, utilizzate per produrre bioetanolo attraverso la fermentazione alcolica.

16 Le biomasse *residuali* sono:

a. colture da carboidrati, caratterizzate da elevato grado zuccherino, utilizzate per produrre bioetanolo attraverso la fermentazione alcolica.

b. colture oleaginose, contraddistinte da un elevato contenuto in olio vegetale, che può essere utilizzato direttamente o trasformato in biocarburanti (biodiesel) attraverso una estrazione chimica.

c. colture da biomassa ligneocellulosiche, con elevata produzione di sostanza secca, destinata a diversi fini energetici (combustione, pirolisi, gassificazione, produzione di biocarburanti ecc.).

d. prodotti organici derivanti da attività biologica animale (reflui zootecnici).

17 Dalla combustione completa del carbonio si ottiene:

a. anidride carbonica.

b. monossido di carbonio.

c. ossigeno e acqua.

d. ossigeno e anidride carbonica.

CAPITOLO 8 ENERGIA DA SOSTANZE ORGANICHE — ESERCIZI

18 Quali sono le principali sostanze responsabili delle piogge acide?

a. Metano e anidride carbonica.
b. Anidride carbonica e monossido di carbonio.
c. Ossidi di azoto e zolfo.
d. Anidride carbonica e acqua.

19 Qual è la corretta composizione degli elementi chimici del legno?

a. C al 50%, H al 6%, O al 43,8%, N allo 0,2%.
b. C al 43,8%, H al 6%, O al 50%, N allo 0,2%.
c. C al 50%, H allo 0,2%, O al 43,8%, N al 6%.
d. C al 50%, H al 43,8%, O al 6%, N allo 0,2%.

20 Qual è la composizione della miscela del biogas prodotto dalle biomasse?

a. Metano al 50%, anidride carbonica al 50%.
b. Metano al 50%-80%, anidride carbonica al 25%-40% e altri gas al 0,01%.
c. Metano all'80%-100 %, idrogeno al 20% e altri gas.
d. Metano al 70%, anidride carbonica al 20%, idrogeno al 5%, acqua al 5%.

21 Da cosa si ricava il biodiesel?

a. Oli vegetali (colza, mais e girasole).
b. Petrolio.
c. Canna da zucchero o altri derivati zuccherini.
d. Biomasse per fermentazione anaerobica.

22 Dal punto di vista chimico il biodiesel è costituito da:

a. esteri alchilici.
b. aldeidi e chetoni.
c. acidi grassi.
d. alcoli.

23 Il problema dell'elevata viscosità degli oli si risolve chimicamente tramite il processo di:

a. transesterificazione.
b. distillazione.
c. purificazione.
d. idrolisi.

24 Da cosa si ricava il bioetanolo?

a. Oli vegetali (colza, mais, girasoli).
b. Derivato del petrolio.
c. Estratto dalla canna da zucchero o da altri derivati zuccherini.
d. Ottenuto da biomasse per fermentazione anaerobica.

DOMANDE

1 Cosa si intende con il termine *biomassa*?

2 Cosa si ottiene dal processo di fossilizzazione?

3 Qual è il decreto legislativo che definisce cosa sono le biomasse?

4 Perché le biomasse sono fonti rinnovabili?

5 Qual è la sostanziale differenza tra i combustibili fossili e le biomasse?

6 L'energia contenuta nei legami chimici delle biomasse e dei combustibili fossili da che cosa deriva?

7 Che cos'è la cogenerazione?

8 Come si produce il biogas?

9 Da che cosa si ricava il biodiesel?

10 Da che cosa si ricava il bioetanolo?

Le competenze del tecnico ambientale

Un condominio ti chiede come utilizzare al meglio i rifiuti sia dei condomini sia degli scarti dell'area verde annessa.

- Redigi una relazione di classificazione dei rifiuti organici e inorganici in modo dettagliato per individuare la biomassa utilizzabile come fonte energetica.

ESERCIZI
MODULO E — LE BIAMASSE

Environmental Physics in English

The biomass - Cycle of carbon

Biomass is any organic matter that is renewable over time. More simply, biomass is stored energy. During photosynthesis, plants use light from the sun's energy (light energy) to convert carbon dioxide and water into simple sugars and oxygen. Fossil fuels are hydrocarbon deposits, such as petroleum, coal, or natural gas, derived from organic matter from a previous geologic time. They are essentially fossilized biomass and differ from present-day biomass in that they come from organic matter created millions of years ago, which has been stored below ground. In other words, the key difference between biomass and fossil fuels is age!

Fossil fuels contain carbon that was removed from the atmosphere, under different environmental conditions, millions of years ago. When burned, this carbon is released back into the atmosphere. Since the carbon being released is from ancient deposits, and new fossil fuels take millions of years to form, burning fossil fuels adds more carbon to the atmosphere than is being removed.

Biomass, on the other hand, absorbs atmospheric carbon while it grows and returns it into the atmosphere when it is consumed, all in a relatively short amount of time. Because of this, biomass utilization creates a closed-loop carbon cycle. For example, you can grow a tree over the course of ten or twenty years, cut it down, burn it, release its carbon back into the atmosphere and immediately start growing another tree in its place. With certain fast-growing biomass crops such as switchgrass, this process can occur even faster.

(U.S. Department of Energy (DOE) and U.S. Department of Agriculture (USDA). 2005.)

GLOSSARY

- **Organic matter**: materia organica
- **Photosynthesis**: fotosintesi
- **Carbon dioxide**: diossido di carbonio o anidride carbonica
- **Fossil fuels**: combustibili fossili
- **Hydrocarbon**: idrocarburi
- **Petroleum**: petrolio
- **Coal**: carbone
- **Fossilized biomass**: biomassa fossilizzata
- **Closed-loop carbon cycle**: ciclo del carbonio chiuso
- **Switchgrass**: pianta di panìco

READING TEST

1. Biomass is any organic matter that is renewable over time. ☐ T ☐ F
2. The key difference between biomass and fossil fuels is age! ☐ T ☐ F
3. Fossil fuels not contain carbon that was removed from the atmosphere. ☐ T ☐ F
4. Biomass absorbs atmospheric carbon while it grows and returns it into the atmosphere when it is consumed. ☐ T ☐ F
5. Biomass utilization creates a open-loop carbon cycle. ☐ T ☐ F

Modulo E

CAPITOLO 9
Le centrali a biomassa

Capitolo a cura di Roberta Balducci

9.1 Utilizzo energetico delle biomasse

L'interesse dell'Italia verso lo sfruttamento delle biomasse è legato a diversi motivi:

- produzione energetica fortemente deficitaria; l'Italia importa oltre l'80% del suo fabbisogno energetico primario, di cui circa il 15% come energia elettrica;
- presenza di sottoprodotti e residui agricoli, agroindustriali e forestali, stimati in circa 24 milioni di tonnellate di sostanza secca per anno, da smaltire in maniera ecologicamente corretta;
- eccedenza di superficie agricola destinata a coltivazioni alimentari, da utilizzare per coltivazioni energetiche e/o industriali;
- terreni agricoli abbandonati, pari a circa 3 milioni di ettari, con alto rischio di desertificazione e di dissesto idrogeologico, sui quali si dovrebbe procedere con una intensa politica di riforestazione;
- necessità di manutenzione e riconversione del patrimonio forestale, spopolamento di aree montane.

La *sostenibilità* e la *rinnovabilità delle biomasse* è legata a una grande velocità di rigenerazione che le rende praticamente inesauribili, a patto però di gestirle in maniera appropriata e corretta, cioè *sostenibile*.

Affermare che le biomasse sono *fonti rinnovabili a impatto ambientale nullo* è una grossa forzatura; quel che è certo è che le emissioni di inquinanti sono al di sotto dei valori registrati nel caso delle tradizionali fonti di energia fossile. Inoltre le biomasse sembrano avere un ruolo fondamentale nella riduzione delle emissioni in atmosfera di zolfo e di anidride carbonica: infatti sono definite *fonti energetiche a bilancio nullo di CO_2*.

MODULO E LE BIOMASSE

Altro aspetto importante è quello energetico: infatti il contenuto energetico delle biomasse può essere convertito in calore in modo semplice ed efficace.

A fronte dei suddetti vantaggi questi combustibili presentano, però, problemi di ordine economico e tecnologico dovuti alle loro specifiche proprietà: elevata umidità, necessità di grandi spazi per lo stoccaggio, disponibilità non continua durante l'anno, basso potere calorifico; a oggi non è ancora ottimizzato il loro sfruttamento nei bruciatori esistenti. È quindi necessario migliorare la comprensione dei complessi fenomeni ai quali sono soggetti questi combustibili durante i diversi stadi che contraddistinguono il processo di combustione.

L'utilizzo a fini energetici delle biomasse può essere vantaggioso quando queste si presentano concentrate nello spazio e disponibili con sufficiente continuità nell'arco dell'anno, mentre dispersione sul territorio e stagionalità dei raccolti rendono difficili e onerosi la raccolta, il trasporto e lo stoccaggio.

La produzione di energia attraverso l'uso di biomasse è comunemente detta *biopower*. Le **tecnologie del biopower** convertono i combustibili rinnovabili (biomasse) in calore ed elettricità, utilizzando apparecchiature analoghe a quelle usate tradizionalmente con i combustibili fossili. I processi di conversione possono suddividersi in *biochimici* e *termochimici*.

I **processi di conversione biochimica** permettono di ottenere energia per reazione chimica, dovuta al contributo di enzimi, funghi e microrganismi che si formano nella biomassa sotto particolari condizioni. Questi processi sono adatti per quelle biomasse che hanno un rapporto tra carbonio e azoto (C/N) inferiore a 30 e una umidità alla raccolta superiore al 30%. Risultano idonei a questa tipologia di processo le colture acquatiche, alcuni sottoprodotti colturali, i reflui zootecnici e anche la biomassa eterogenea immagazzinata nelle discariche controllate.

I **processi di conversione termochimica** sono basati sull'azione del calore che permette le reazioni chimiche necessarie a trasformare la materia in energia; sono utilizzabili per i prodotti e i residui cellulosici e legnosi in cui il rapporto C/N abbia valori superiori a 30 e il contenuto d'umidità non superi il 30%. Le biomasse più adatte a subire questi processi sono la legna, i suoi derivati, i più comuni sottoprodotti colturali di tipo lignocellulosico e gli scarti agricoli.

Le alternative più valide per l'utilizzazione energetica delle biomasse sono praticamente le seguenti:

- la combustione diretta, utilizzata per il riscaldamento domestico, civile (teleriscaldamento) e industriale o per la generazione di vapore di processo;

- la pirolisi;

- il cofiring;

- la gassificazione.

9.2 La conversione termochimica

Nella vita quotidiana le reazioni di combustione assumono grande rilevanza perché servono a produrre l'energia per gli usi domestici e per le attività industriali. La quantità di calore liberata da una combustione è direttamente proporzionale alla quantità di materiale che viene trasformata.

CAPITOLO 9 LE CENTRALI A BIOMASSA

Se bruciamo 100 g di carbonella, si ottiene una certa quantità di calore ed è logico supporre che, bruciando 200 g dello stesso materiale, se ne ottiene il doppio. È opportuno quindi conoscere ed esprimere il valore dell'energia prodotta in rapporto alla quantità di materiale trasformato. Per questo motivo è stato definito il **potere calorifico**, cioè il calore sviluppato da 1 kg o da 1 m³ di combustibile.

Normalmente per i combustibili solidi e liquidi ci si riferisce alla massa, mentre per quelli gassosi è più comodo riferirsi al volume (tabella 1).

Tabella 1 Potere calorifico di alcune sostanze

Solidi (MJ/kg)		Liquidi (MJ/kg)		Gas (MJ/m³)	
Legna	~ 11-15	Metanolo	22	Gas	~ 30-44
Cippato	~ 12,1	Benzina	~ 46	Metano	~ 35,8
Pellet	~ 18	Kerosene	~ 38	Acetilene	~ 57
Carbone	~ 35	Olio	~ 39	GPL	~ 94
Lignite	~ 14-22	Gasolio	~ 45	Idrogeno	~ 11

ESEMPIO 1

▶ Calcola quanto olio combustibile occorre bruciare per ottenere una quantità di calore pari a 155 MJ.

■ Il potere calorifico dell'olio vale 39 MJ (tabella 1), quindi per risolvere il problema si imposta una semplice proporzione; indicando con x la quantità di olio da determinare, si ha 1 kg di olio : 39 MJ = x: 155 MJ, quindi

$$x = \frac{(1\,\text{kg})(155\,\text{MJ})}{39\,\text{MJ}} = 3,97\,\text{kg}$$

ESEMPIO 2

▶ In Italia il consumo medio annuo per famiglia di gas metano (CH_4) è 1500 m³; il suo costo al Smc (standard metro cubo) è di 1,20 €/m³; la densità del metano e il suo potere calorifico sono rispettivamente 0,717 kg/m³ e 35,8 MJ/m³. Calcola le tonnellate di pellet (potere calorifico = 18 MJ/kg, costo = 0,25 €/kg) necessarie a produrre una quantità di calore equivalente a quella sviluppata da 1500 m³ di metano. Confronta il costo totale del pellet con il costo del metano.

■ Il calore sviluppato da 1500 m³ di metano, tenendo conto del suo potere calorifico, si può calcolare con una proporzione: 1 m³ : 35,8 MJ = 1500 m³ : x, da cui

$$x = \frac{(35,8\,\text{MJ})(1500\,\text{m}^3)}{1\,\text{m}^3} = 53\,700\,\text{MJ}$$

Per calcolare quanto pellet è necessario consumare per avere questa quantità di calore, si applica sempre una proporzione: 1 kg : 18 MJ = x : 53 700 MJ, da cui

$$x = \frac{(1\,\text{kg})(53\,700\,\text{MJ})}{18\,\text{MJ}} = 2983,3\,\text{kg}$$

■ I costi del pellet e del metano risultano rispettivamente (2983,3 kg)(0,25 €/kg) = 745,83 € e (1500 m³)(1,20 €/m³) = 1800,00 €. Quindi risulta vantaggioso l'uso del pellet al posto del metano.

La conversione termochimica è utilizzata principalmente per:

- biomasse legnose;
- residui agricoli;
- rifiuti solidi urbani.

I **processi di conversione termochimica** sono basati sull'azione del calore, che permette le reazioni chimiche necessarie a trasformare la materia in energia. Inoltre tali processi sono utilizzabili per prodotti e residui cellulosici e legnosi aventi un rapporto C/N superiore a 30 e un contenuto di umidità non superiore al 30% (valori di riferimento).

Nei processi termochimici è importante considerare il potere calorifico del materiale utilizzato. Un aspetto negativo delle biomasse legnose è il loro basso potere calorifico. Infatti le biomasse legnose contengono un certo grado di umidità che incide notevolmente sul potere calorifico e di conseguenza diventa molto importante fare dei pretrattamenti di essiccazione per poter sfruttare al massimo l'energia contenuta in esse.

Tenendo conto che 1 kg di legna secca (15% di umidità residua) fornisce 4,3 kWh di energia, facendo un confronto fra le biomasse legnose e i combustibili fossili risulta che 3 kg di legno equivalgono a 1 kg di gasolio, mentre 2,3 kg di legno corrispondono a 1 m³ di metano.

■ Combustione diretta

La **combustione diretta** è il trattamento termico più antico ed è stato per molto tempo l'unico mezzo per produrre calore a uso industriale e domestico. La combustione è una reazione chimica di *ossidazione* di un *combustibile* con un *comburente* (aria o ossigeno) che avviene con alta velocità e forte sviluppo di energia termica (*reazione esotermica*).

La reazione di combustione generale è la seguente:

$$(CH_2O)_n + n(O_2) \rightarrow n(CO_2) + n(H_2O) + calore$$

dove CH_2O è il combustibile e O_2 è il comburente.

Dal punto di vista termodinamico la combustione è un processo di conversione dell'energia chimica contenuta nel combustibile in calore. Notiamo che la combustione non è altro che la reazione inversa della fotosintesi:

$$n(CO_2) + n(H_2O) + luce \rightarrow (CH_2O)_n + n(O_2)$$

Dal punto di vista termodinamico la **fotosintesi** è una *reazione endotermica*, cioè una conversione di energia termica (calore del sole) in energia chimica, stoccata sotto forma di molecole complesse, costituite principalmente da lunghe catene di carbonio, idrogeno e ossigeno, carboidrati (75%) e lignina (25%). Appare chiaro, quindi, che il calore prodotto dai combustibili deriva tutto dal sole attraverso la fotosintesi. Il valore della temperatura che si ottiene dipende dal potere calorifico del combustibile, dal tipo di comburente usato e dal rapporto combustibile/comburente. Per avere una combustione completa, e quindi lo sfruttamento totale dell'energia chimica disponibile, si opera con eccesso di comburente (ossigeno).

Quando il combustibile viene immesso in camera di combustione, subisce inizialmente un'essiccazione e, man mano che la temperatura aumenta, si succedono i processi di pirolisi, gassificazione e combustione. Il prodotto finale è calore, che può essere usato per il riscaldamento in impianti domestici o impiegato in impianti per la produzione di energia elettrica o per produzione combinata di energia termica ed elettrica (*cogenerazione*).

Le tecnologie più diffuse per l'utilizzo della combustione diretta sono le seguenti:

- forni a griglia (fissa o mobile);
- forni a letto fluido (bollente o circolante);
- forni a tamburo rotante.

Forni a griglia

I forni a griglia (figura 1) godono di notevoli vantaggi in termini di semplicità, economicità e affidabilità di funzionamento e possono essere alimentati con biomasse di diversa tipologia e con diverso contenuto di umidità, ma non hanno rendimenti eccellenti (60%-70%).

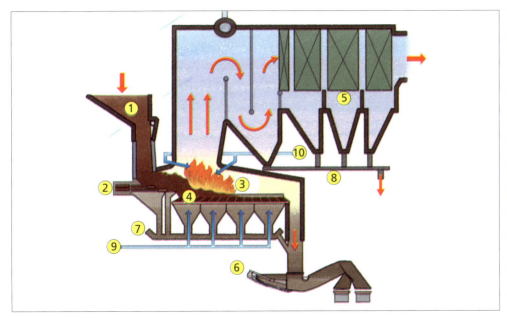

Figura 1 Rappresentazione schematica del forno a griglia: 1, caricamento; 2, spintore; 3, camera di combustione; 4, griglia; 5, generatore di vapore; 6, estrattore scorie; 7, raccolta ceneri sottogriglia; 8, sistemi di trasporto ceneri leggere; 9, sistema aria primaria; 10, sistema aria secondaria.

La tecnologia a griglia è adatta a utilizzare anche combustibili di pezzatura disomogenea, con un grado di umidità e un contenuto di ceneri elevati, e ha il pregio di essere piuttosto semplice. Cosa importante, in questo contesto, è che il combustibile sia ben distribuito sopra la griglia, per garantire una distribuzione omogenea dell'apporto di aria primaria. Perché queste condizioni siano rispettate, nei forni di taglia medio-grande normalmente sono presenti una griglia mobile che si muove continuamente, un sistema di controllo dell'altezza delle braci e ventilatori indipendenti per l'aria primaria delle varie sezioni della griglia.

I forni policombustibile a griglia utilizzano normalmente tutti i tipi di combustibili solidi triti: sansa, vinacce, gusci triti di mandorle, gusci di nocciole, gusci di pistacchio, gusci di pinoli e possono funzionare anche a legna di grossa pezzatura alimentata attraverso lo sportello di caricamento.

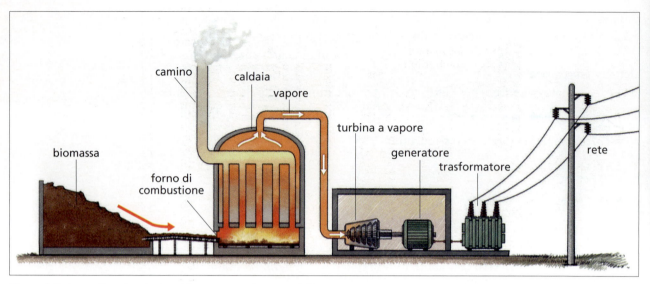

Figura 2 Schema di un impianto a biomassa con forno a griglia.

I forni a griglia mobile vengono utilizzati maggiormente per i rifiuti urbani (figura 2); l'impianto consta di una griglia preposta a sostenere e movimentare il rifiuto (per gravità o mediante appositi dispositivi meccanici) durante tutto il processo di combustione.

L'aria comburente viene addotta alla camera di combustione in parte attraverso la griglia – dal basso, provvedendo così al raffreddamento della griglia – e in parte mediante iniezione nella zona sovrastante la griglia – per creare una zona ricca di ossigeno che assicuri la completa ossidazione dei prodotti di combustione, con relativa distruzione dei composti organici tossici (diossine, furani ecc.). All'uscita della camera di combustione i fumi entrano in una caldaia a recupero per la generazione di vapore in pressione.

Cogenerazione

La produzione combinata di energia meccanica (solitamente trasformata in energia elettrica) e di energia termica in uno stesso impianto prende il nome di **cogenerazione**. Gli impianti di produzione combinata convertono quindi la stessa energia primaria in due diverse forme di energia, prodotte congiuntamente.

Questa tecnologia è la più importante dal punto di vista dell'ottimizzazione della resa energetica. Infatti può incrementare l'efficienza di utilizzo del combustibile fossile (usato come fonte primaria) fino al 90%, quasi il doppio rispetto alla produzione separata di elettricità e di calore.

Le centrali termiche tradizionali per la produzione di energia elettrica hanno, in generale, una bassa efficienza energetica: soltanto il 40% dell'energia termica contenuta nei combustibili fossili viene trasformata in energia elettrica, mentre la restante quantità è dissipata nell'ambiente senza alcun utilizzo. Tuttavia tale energia termica residua può trovare impiego nell'industria, ad esempio sotto forma di vapore, oppure può essere destinata a usi civili, come il riscaldamento degli edifici e dell'acqua sanitaria. Gli impianti di cogenerazione sfruttano sistematicamente il «sottoprodotto» calore di scarico.

Oltre ai combustibili fossili tradizionali come carbone, metano e olio sintetico, gli impianti di cogenerazione possono utilizzare anche energie rinnovabili, come biogas, gas di depurazione, gas di discarica, oppure pellet, cippato e olio vegetale.

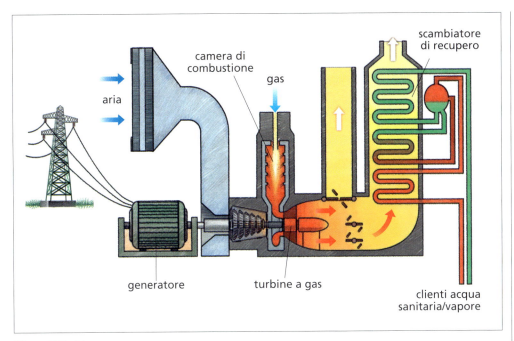

Figura 3 Turbina a gas.

Un esempio di impianto a cogenerazione è rappresentato dagli impianti per la produzione di energia elettrica realizzati con *turbina a gas*. Essi prevedono l'impiego di uno scambiatore di calore gas/acqua per il recupero del calore residuo contenuto nei gas di scarico della turbina (figura 3).

Forni a letto fluido

Le diverse tipologie di forni a griglia coprono la maggioranza delle applicazioni commerciali, ma gli ultimi anni hanno segnato la crescita di una tecnologia alternativa: il *letto fluido* (figura 4).

Sono forni cilindrici verticali in acciaio rivestito internamente di materiale refrattario, contenenti un letto di sabbia incandescente. I rifiuti sono nel letto fluido, costituito da particelle solide tenute in sospensione (fluidizzate) da un flusso di gas ossidante. I diametri commerciali più usuali vanno da 2,5 a 8,0 m.

Si usa distinguere tra *letti fluidi bollenti* e *letti fluidi circolanti*. Nei primi la velocità di passaggio dei gas è limitata a 1,3 m/s, così da determinare un'espansione limitata del letto sabbioso. Nei secondi la velocità viene elevata a 4,6 m/s (con punte fino a 9,0 m/s) in modo da determinare il completo trascinamento di polveri e sabbia. La temperatura nel forno è uniforme (1200 °C) ed è controllata tramite bruciatori ubicati a differenti altezze.

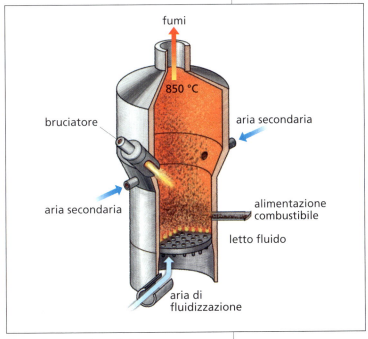

Figura 4 Forno a letto fluido.

Forni a tamburo rotante

Le caratteristiche principali del forno rotante (figura 5) sono le seguenti:

- è in grado di termodistruggere rifiuti ad alto e basso potere calorifico;

- è privo di parti metalliche a contatto con i rifiuti, in modo da evitare problemi di intasamento, corrosione e usura;

- è in grado di variare il tempo di permanenza dei rifiuti in camera di combustione, variando i giri del tamburo rotante.

Il forno rotante è costituito da una camera cilindrica metallica a forte spessore, leggermente inclinata (3%), che ruota lentamente attorno il proprio asse. Il tamburo al suo interno è rivestito interamente con materiale refrattario. Variando la velocità di rotazione del tamburo si varia il tempo di permanenza dei rifiuti all'interno della camera di combustione. In questo modo si consente al rifiuto di bruciare completamente.

Figura 5 Forno a tamburo rotante.

■ Carbonizzazione e pirolisi

Le sostanze organiche con basso tasso di umidità (intorno al 20%) e alto contenuto in carbonio possono essere sottoposte a un processo di *pirolisi*.

La pirolisi è un processo di decomposizione termochimica di materiali organici, ottenuto mediante l'applicazione di calore, a temperature comprese tra 400 °C e 800 °C, in completa assenza di un agente ossidante oppure con una ridottissima quantità (nel qual caso il processo può essere descritto come una parziale gassificazione) e alla pressione di 10 mmHg (corrispondenti a 1333,22 Pa); si provoca nei materiali la scissione dei legami chimici originari con la conseguente formazione di molecole più semplici.

Il processo di pirolisi è stato utilizzato fino dall'antichità nelle *carbonaie*, per la produzione di *carbone vegetale* (figura 6), anche se bisogna precisare che nella carbonaia le reazioni avvengono in presenza di ossigeno, seppure in difetto rispetto a quanto necessario per una corretta combustione.

CAPITOLO 9 LE CENTRALI A BIOMASSA

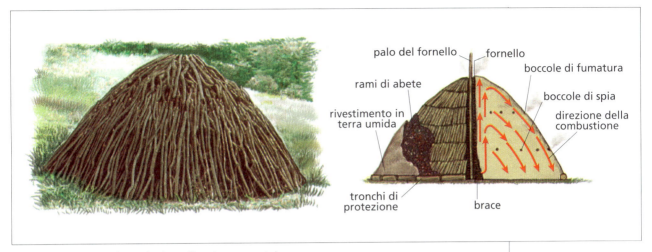

Figura 6 Cataste per la produzione di carbone vegetale.

Un impianto di pirolisi opera, come già detto, effettuando scissione e riformazione di legami chimici, che permettono di «spezzare» una molecola complessa in parti più semplici mediante l'applicazione di condizioni termiche adatte. Questo processo porta come risultato alla produzione di due differenti prodotti, che vengono utilizzati come combustibili, detti appunto *biocombustibili*, anche se il loro uso è limitato, dato il basso potere calorifico:

- *frazione solida*, indicata con il termine *char*;
- *frazione volatile*, che a sua volta si suddivide in *componente liquida*, dovuta alla condensazione della frazione volatile dei prodotti, e in *componente gassosa*, detta *gas di pirolisi* o *syngas* (gas di sintesi), costituita dalle componenti non condensabili della frazione volatile dei prodotti.

La *char* è costituita principalmente dal residuo carbonioso della materia organica, da ceneri, inerti, metalli ecc.; la frazione liquida principalmente da catrame, acqua e differenti sostanze organiche (oli); la frazione gassosa è costituita principalmente da idrogeno, metano, etilene, etano, ossidi di carbonio e altri gas combustibili.

Tali componenti sono prodotti in percentuali e proporzioni reciproche variabili, che dipendono dalle condizioni termiche e di reazione alle quali avviene il processo.

Riassumendo, i possibili utilizzi della pirolisi sono i seguenti:

- produzione di carbone vegetale attraverso l'impiego della carbonaia;
- produzione di combustibili di derivazione vegetale, ovvero i cosiddetti *biocombustibili*;
- trattamento e smaltimento dei rifiuti.

Il trattamento dei rifiuti risulta uno dei campi di applicazione più interessanti per questo tipo di impianti, in quanto permette di operare con emissioni inquinanti estremamente contenute e in totale assenza delle tanto discusse diossine, poiché le temperature operative dell'impianto sono tali da non permetterne la loro formazione.

Inoltre, utilizzando questi impianti, si prevede lo sfruttamento dell'energia termica prodotta nel sistema per la produzione di energia elettrica. Il *pyrogas* e il *pyrocoke* (*char*) è quello prodotto nell'impianto e viene utilizzato per il processo di riscaldamento dei

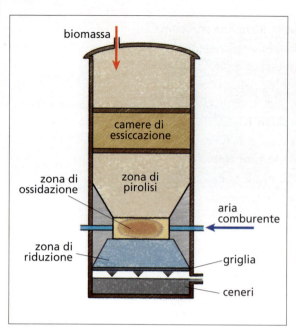

Figura 7 Forno a pirolisi.

forni e per la produzione di vapore, che viene convertito in energia elettrica tramite una turbina a vapore (figura 7).

■ Co-combustione (cofiring)

Una soluzione percorribile a breve termine è rappresentata dal **cofiring**, vale a dire la combustione combinata di biomassa e carbone negli impianti esistenti. La miscela può essere preparata prima dell'ingresso in camera di combustione o direttamente al suo interno con alimentazioni separate, sostituendo fino al 15%-20% del carbone con biomassa. Ciò consente la riduzione delle emissioni di protossido d'azoto, anidride solforosa e anidride carbonica.

■ Gassificazione

La **gassificazione**, analogamente alla pirolisi, è un processo di degradazione termochimica attraverso il quale del materiale di natura organica liquida o solida, in presenza di una quantità di ossigeno substechiometrica (ovvero inferiore alla quantità strettamente necessaria per ottenere una combustione completa) subisce una trasformazione, generando principalmente prodotti gassosi utili sia come combustibili sia come materia prima per diversi processi chimici (ossido di carbonio, anidride carbonica, metano, idrogeno e miscele come il syngas). Benché nel processo di gassificazione venga consumata parte dell'energia termica posseduta dal combustibile originario, l'operazione risulta conveniente in quanto la combustione con combustibili gassosi risulta più facilmente regolabile e controllabile e non porta a formazioni di ceneri. Tale processo avviene mediante riscaldamento a temperature superiori rispetto a quelle impiegate nella pirolisi, ovvero a temperature in genere comprese tra 900 °C e 1000 °C. Il syngas prodotto ha un basso potere calorifico, con valori che oscillano tra 4000 kJ/Nm^3 a 7500 kJ/Nm^3. Questa tecnologia presenta ancora alcuni problemi, principalmente per il basso potere calorifico dei gas ottenuti e per le impurità in essi presenti (polveri, catrami e metalli pesanti). Inoltre l'utilizzo del syngas è limitato per i problemi connessi ai costi di stoccaggio e trasporto, a causa del basso contenuto energetico per unità di volume rispetto ad altri.

> **APPROFONDIMENTO**
>
> #### Impianto a biomassa delle Cantine Lungarotti, a Torgiano
>
> Un esempio intelligente ed efficace di utilizzo delle biomasse ci viene fornito da una azienda in provincia di Perugia, la Cantina Lungarotti, fondata negli anni '60 da Giorgio Lungarotti. Questa azienda ha dato vita a una dimensione nuova dell'economia umbra, iniziando con l'imbottigliamento in catena di montaggio dei vini locali.
>
> Oggi l'azienda ha 270 ettari di terreni e grazie a un progetto del CRB (Centro Ricerca Biomasse) dell'Università di Perugia, è stata selezionata dal Ministero delle Politiche agricole e forestali come cantina pilota a livello europeo per trarre energia rinnovabile dai residui di potatura della vite attraverso un impianto a biomasse. Primato che ha portato all'azienda ampio riconoscimento della propria coscienza «green» e rappresenta un modello per impianti simili italiani e stranieri.

Il recupero del materiale avviene direttamente sul campo, dove una macchina raccoglie le potature delle viti e fa delle rotoballe (figura 8a), le quali vengono poi portate a essiccare; dopo un anno di essiccamento sono pronte per essere usate come combustibile. La rotoballa, tramite una particolare macchina trituratrice del fieno, viene ridotta in cippato, il quale tramite un nastro trasportatore viene portato all'interno della caldaia e utilizzato come combustibile. La caldaia (figura 8b) scalda dell'olio termico (160-190 °C) per produrre acqua calda sanitaria e vapore, permettendo all'azienda un risparmio del 70% di gasolio e riducendo l'emissione di CO_2. Inoltre, cosa ancora più importante, c'è la possibilità di produrre freddo in cantina tramite una macchina assorbitore-condensatore che raffredda una miscela di acqua e glicole etilenico da 230 °C fino a –10 °C.

Figura 8 (a) Macchina trituratrice del fieno; (b) caldaia.

9.3 Conversione biochimica

I processi di **conversione biochimica**, come detto precedentemente, permettono di ottenere energia attraverso reazioni chimiche operate da enzimi, funghi e microrganismi che si formano nelle biomasse. La reazione inizia con una *digestione anaerobica*, processo biologico attraverso il quale la sostanza organica (lipidi, proteine e zuccheri), in condizioni anaerobiche (cioè in assenza di ossigeno), viene trasformata in *biogas*, cioè una miscela gassosa, costituita prevalentemente da metano (da un minimo del 50% a un massimo dell'80% circa), da biossido di carbonio (15%-45%) e da altri componenti minori (H_2S, CO, H_2, vapore acqueo), avente un potere calorifico medio di 23 000 kJ/m^3. La variabilità della percentuale di metano all'interno del biogas dipende principalmente dalla tipologia di sostanza organica digerita e dalle condizioni di processo (principalmente dalla temperatura). Il biogas così prodotto viene raccolto, essiccato, compresso e immagazzinato e può essere utilizzato come combustibile per alimentare caldaie a gas per la produzione di calore (anche accoppiate a turbine per la produzione di energia elettrica) o centrali a ciclo combinato.

Attraverso la digestione anaerobica avviene la trasformazione di buona parte dei composti organici putrescibili presenti, lasciando una matrice organica più lentamente biodegradabile, ma con livelli di azoto e fosforo pressoché inalterati. I sottoprodotti (*digestato*) di tale processo biochimico sono ottimi fertilizzanti, poiché parte dell'azoto che sarebbe andato perso sotto forma di ammoniaca è ora in una forma fissata e quindi direttamente utilizzabile dalle piante. Al termine del processo di fermentazione si conservano integri i principali elementi nutritivi (azoto, fosforo, potassio), già presenti nella materia prima, favorendo così la mineralizzazione dell'azoto organico in ione ammonio (NH_4^+) e ione nitrato (NO_3^-).

La popolazione microbica responsabile del processo di fermentazione è costituita da diversi tipi di batteri, sia anaerobi obbligati sia facoltativi, attraverso i quali avviene la trasformazione della sostanza organica in composti intermedi, principalmente acido acetico (CH_3COOH), anidride carbonica e idrogeno, utilizzabili dai microrganismi metanigeni che concludono il processo producendo metano (CH_4).

Le tecniche di **digestione anaerobica** si possono suddividere in due gruppi principali:

- **a secco**, quando il substrato avviato a digestione ha un contenuto di sostanza secca superiore al 20%;

- **a umido**, quando il substrato ha un contenuto di sostanza secca inferiore al 10% (tecnica solitamente utilizzata per i liquami zootecnici).

L'intero processo si articola in tre fasi:

- **idrolisi** e **acidogenesi**; i *batteri idrolitici* e *fermentatori acidogeni* sono preposti all'attacco delle sostanze complesse (carboidrati, proteine e lipidi), per demolirle in sostanze più semplici (acidi grassi, alcoli ecc.);

- **acetogenesi**; gli acidi grassi, nonché tutti gli altri prodotti formatisi nel precedente stadio, vengono convertiti da *batteri acetogenici* e *batteri omoacetogenici* in acido acetico CH_3COOH (acetato), idrogeno (H_2) e biossido di carbonio (CO_2);

- **metanogenesi** (figura 9); in questa fase si ha la formazione di metano a opera dei *batteri metanigeni*, a partire da acido acetico (*acetoclastici*) oppure da idrogeno e anidride carbonica (*idrogenotrofi*).

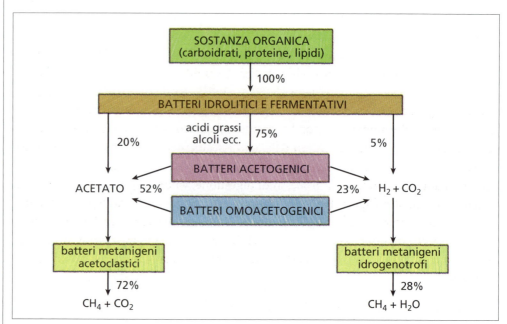

Figura 9 Processo di metanogenesi.

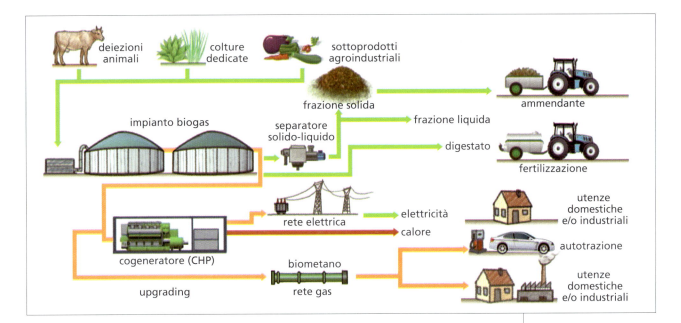

Figura 10
Schema generale di produzione di biogas.

Il processo di digestione così descritto può avvenire in un unico stadio, quando le fasi di idrolisi, fermentazione acida e metanigena avvengono contemporaneamente in un unico reattore; in alternativa si può avere un processo *bistadio*, ovvero si ha una prima fase nella quale il substrato organico viene idrolizzato e contemporaneamente avviene la fase acida, mentre la fase metanigena avviene in un momento successivo.

Processi bistadio si ritrovano ad esempio in impianti per il trattamento di reflui industriali a elevata concentrazione di sostanza organica (soprattutto distillerie, industrie conserviere e alimentari in genere).

Il biogas generato nella fase di metanogenesi rappresenta il principale sottoprodotto del processo di digestione. Il processo può avvenire in diverse condizioni di temperatura, in quanto a temperature di 30-40 °C possono svilupparsi batteri metanigeni *mesofili*, mentre a temperature superiori di 50-60 °C si creano le condizioni ottimali per organismi termofili e a temperature tipiche ambientali 10-25 °C operano, ma con velocità assai più lente, batteri definiti *psicrofili*.

Naturalmente la scelta delle diverse condizioni di temperatura implica tempi di processo differenti: si passa dai 14-16 giorni in termofilia ai 30 giorni in mesofilia fino a oltre 30 giorni (con punte massime di 90) in condizioni di psicrofilia. L'anaerobiosi in condizioni di mesofilia è ritenuta il migliore compromesso tra rendimento e velocità del processo, che aumentano con l'aumentare della temperatura, e il consumo energetico necessario per mantenere un adeguato riscaldamento del liquame, che invece cresce con la temperatura. Oltre a garantire determinate condizioni di temperatura, occorre mantenere, durante il processo di digestione, valori di pH intorno a 7-7,5. Il biogas così prodotto (figura 10) viene trattato, accumulato e utilizzato come combustibile per alimentare caldaie a gas accoppiate a turbine per la produzione di energia elettrica o utilizzato per centrali a ciclo combinato o per motori a combustione interna. Il biogas derivante dal processo di digestione anaerobica può essere utilizzato attraverso:

- produzione diretta di acqua calda tramite caldaia;
- produzione combinata di calore ed energia elettrica.

MODULO E LE BIOMASSE

■ Tipologie impiantistiche applicabili a liquami o reflui

Le tipologie impiantistiche dei sistemi di digestione anaerobica attualmente disponibili vanno da sistemi estremamente semplificati, applicati per lo più al trattamento di reflui zootecnici in scala aziendale, a quelli molto sofisticati a elevato contenuto tecnologico, che si prestano per lo più al trattamento di reflui industriali (filtri anaerobici, reattori UASB ecc.).

Analizziamo ora due tipologie di impianti: i digestori semplificati e i reattori miscelati.

I **digestori semplificati** sono una tipologia di impianto che trova grandi possibilità applicative nel settore zootecnico, grazie alla semplicità costruttiva e gestionale. Essi infatti sono costituiti da una vasca di stoccaggio, spesso preesistente, dotata di copertura gasometrica. I sistemi più semplici sono quelli «a freddo» (psicrofili) e sono caratterizzati da rendimenti variabili in funzione della stagione dell'anno e dei tempi di permanenza elevati, tipicamente intorno ai 60 giorni. Indicativamente, per un liquame suino, le produzioni annuali di biogas sono circa 25 m³ per 100 kg di sostanza. I sistemi dotati invece di sistema di riscaldamento, con calore fornito dall'impiego del biogas, consentono di mantenere un regime di mesofilia (35-37 °C) e di ottenere rendimenti più elevati e più costanti durante l'anno, con tempi di ritenzione più ridotti e pari mediamente a 20 giorni. Le produzioni annuali di biogas da liquame suino, in questo caso, si aggirano intorno ai 35 m³ per 100 kg di sostanza. Le *coperture gasometriche* hanno il compito di trattenere e di accumulare il biogas e possono essere principalmente a cupola o galleggianti.

- *Copertura a cupola semplice*: non è pressurizzata ed è costituita da un telone di materiale flessibile ancorato sul perimetro della vasca. Il gas, essendo a pressione molto bassa, viene estratto e inviato agli utilizzi per mezzo di una soffiante.

- *Copertura a cupola a doppia o tripla membrana*: sono fissate al bordo della vasca e costruite con due o tre strati sovrapposti di membrane; le membrane più esterne costituiscono una camera d'aria che funge da elemento di spinta pneumatica sulla membrana più interna che racchiude il biogas. Lo scarico del biogas è realizzato con valvole di sovrapressione, regolate da appositi sensori.

- *Copertura galleggiante*: sono membrane dotate di un sistema di zavorra realizzato con tubi flessibili riempiti con acqua, per garantire la pressione di accumulo del biogas. In caso di necessità di una maggiore capacità di accumulo di biogas è possibile ricorrere all'utilizzo di gasometri esterni, di forma sferica, costituiti da due o tre membrane di volume regolabile.

I **reattori miscelati** si dividono, a loro volta, in due tipologie.

I **reattori a digestore verticale** rappresentano la tipologia di digestore più classica. La struttura, in cemento armato o in acciaio, è configurata a forma di silos. Sono reattori riscaldati con funzionamento in regime di mesofilia o di termofilia, per cui sono muniti di sistema di riscaldamento costituito da uno scambiatore di calore e di coibentazione perimetrale. Il materiale da digerire viene miscelato mediante agitatori meccanici a basso regime di rotazione. Sulla sommità del reattore è posizionata la calotta gasometrica (gasometro), per lo più costituita da un telo polimerico che ha il compito di trattenere il biogas, protetto da una copertura in acciaio o cemento armato. Questa tipologia di reattore consente il trattamento di liquami con un contenuto in sostanza secca inferiore al 10%, con tempi di permanenza medi in funzione della composizione del substrato e della temperatura di processo, compresi tra 15 e 35 giorni.

I **reattori a digestore orizzontale** sono reattori con scorrimento del liquame a flusso orizzontale, dotati di sistema di riscaldamento, agitatori e gasometro. Vengono utilizzati esclusivamente a scala ridotta, in quanto motivi tecnici ed economici ne limitano il volume a un massimo di 300-400 m^3. Questi sistemi sono particolarmente adatti al trattamento di liquami con contenuto in sostanza secca fino al 13% e ciò consente di ottenere rendimenti in biogas superiori rispetto ai reattori miscelati, a parità di temperatura.

Nella figura 11 viene mostrato un esempio di sistema semplificato.

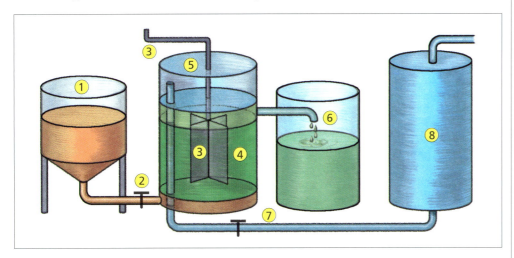

Figura 11 Fermentatore: 1, in un serbatoio aperto viene quotidianamente aggiunta biomassa mescolata a un minimo d'acqua; 2, la miscela entra per gravità nell'impianto quando si apre la valvola; 3, il miscelatore ha lo scopo di impedire la formazione di schiume e di sedimenti; 4, il recipiente digestore è ermeticamente chiuso e coibentato; 5, il gas prodotto gorgoglia attraverso il liquame fino alla parte superiore del digestore; 6, ogni aggiunta di liquame fresco comporta uno scarico di liquame digestato in un recipiente esterno; 7, il recipiente digestore è collegato a una condotta con silicone; 8, il gas prodotto viene portato fino al serbatoio.

9.4 Conversione chimica

La produzione di *biocarburanti*, come il biodiesel e il bioetanolo, avviene attraverso una serie di reazioni chimiche:

- estrazione ed esterificazione, nel caso del biodiesel;
- biologiche e fermentazione, nel caso del bioetanolo.

■ Biodiesel

Il **biodisel** si estrae da piante oleaginose aventi un contenuto di acqua maggiore del 35%. La lavorazione degli oli ottenuti è costituita da tre fasi: estrazione, raffinazione degli oli e transesterificazione.

La *fase di estrazione* inizia con la preparazione della materia prima: sbucciatura, pulitura, spremitura e asciugatura. Il processo di estrazione è generalmente meccanico: spremitura per i frutti e pressatura per i semi. Dopo la spremitura gli oli vengono filtrati. Per aumentare la resa l'estrazione viene fatta anche con solventi chimici, come

MODULO E LE BIOMASSE

l'esano, che viene poi recuperato separandolo dall'olio grezzo per evaporazione. I residui di lavorazione vengono utilizzati per la produzione di mangimi animali. Gli oli vegetali grezzi devono essere raffinati per rimuovere le sostanze indesiderate, come proteine, acidi grassi liberi, glicerolo, carboidrati ecc.

Il *processo di raffinazione* prevede una serie di passaggi: degommazione, raffinazione fisica o chimica, sbiancamento e deodorazione. Alla fine di questi processi si ottiene come prodotto principale l'olio vergine puro, che teoricamente potrebbe già essere utilizzato nei motori diesel. Il problema principale degli oli è l'alta viscosità e viene risolto tramite un *processo di esterificazione* o *transesterificazione* (v. capitolo «Energia da sostanza organiche»).

■ Bioetanolo

Il **bioetanolo** (v. capitolo «Energia da sostanza organiche») è un alcol ottenuto mediante processo di fermentazione di diversi prodotti agricoli ricchi di zuccheri, quali mais, sorgo, frumento, orzo, canna da zucchero e barbabietola, frutta, patate e vinacce. Attualmente l'alcol etilico viene prodotto, per via petrolchimica, dall'etilene o da biomasse di tipo amidaceo-zuccherino, mediante tecnologie ormai ben conosciute. Indipendentemente dal tipo di biomassa di partenza, la produzione di etanolo comprende tre stadi principali:

- trattamento della biomassa per ottenere la soluzione zuccherina;

- conversione dello zucchero in etanolo e CO_2, a opera di lieviti o batteri (fermentazione);

- distillazione dell'etanolo dal brodo di fermentazione.

Lo sciroppo zuccherino, che si estrae direttamente da alcune piante, tipo la barbabietola e la canna da zucchero, viene fatto successivamente fermentare. Nel caso della patata, il glucosio che si fa fermentare è contenuto all'interno di un polimero (l'amido) ed è necessaria un'operazione di idrolisi per la frammentazione del polimero in unità onometriche fermentabili. È possibile ottenere l'etanolo anche dal materiale rinnovabile più abbondante che esista, la cellulosa, ma i relativi processi non sono ancora competitivi sotto il profilo tecnico ed economico.

Le caratteristiche strutturali dei materiali a composizione cellulosica fanno aumentare il costo del processo di idrolisi rispetto all'equivalente processo per l'amido. In particolare, la presenza di legami a idrogeno nella struttura della cellulosa genera domini cristallini che la rendono più difficilmente idrolizzabile. In condizioni confrontabili di carico di enzimi in rapporto al materiale da trasformare, l'idrolisi dell'amido risulta fino a 100 volte più efficace.

La figura 12 illustra in maniera schematica la sequenza di passaggi necessaria per la trasformazione di biomasse lignocellulosiche in etanolo.

La figura 13 mostra l'impianto industriale di Crescentino, in provincia di Vercelli: è il primo impianto al mondo progettato e realizzato per produrre bioetanolo da residui agricoli o da piante non a uso alimentare.

Durante le due Guerre mondiali si cominciò a produrre bioetanolo in grande scala utilizzando processi acidi per idrolizzare la cellulosa. Tuttavia i problemi di corrosione, l'elevato impatto ambientale e l'azione aspecifica dell'attacco acido al materiale hanno limitato la diffusione successiva di questo processo. Più di recente si è rivelato conveniente l'impiego di processi idrolitici enzimatici. Per rendere la cellulosa più facilmente accessibile all'azione selettiva degli enzimi, è necessario un trattamento preliminare della biomassa (pretrattamento). L'effetto desiderato è rendere più «aperta» la struttura del materiale (effetto di destrutturazione) demolendo, in parte, la struttura della cellulosa.

Nella figura 14 sono schematizzate le principali *filiere energetiche da biomassa*.

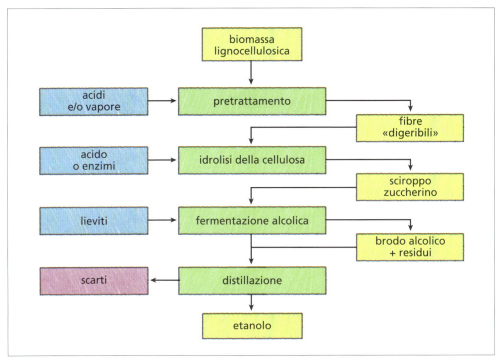

Figura 12 Fasi di un processo di conversione di biomasse lignocellusosiche in bioetanolo.

Figura 13 Impianto per la produzione di bioetanolo di Crescentino (Vercelli). L'impianto è totalmente autosufficiente dal punto di vista dei consumi energetici, ottenendo 13 MW di potenza grazie alla sola lignina, e assicura un riciclo dell'acqua pari al 100%, quindi non produce scarichi industriali nei corsi d'acqua circostanti.

MODULO E LE BIOMASSE

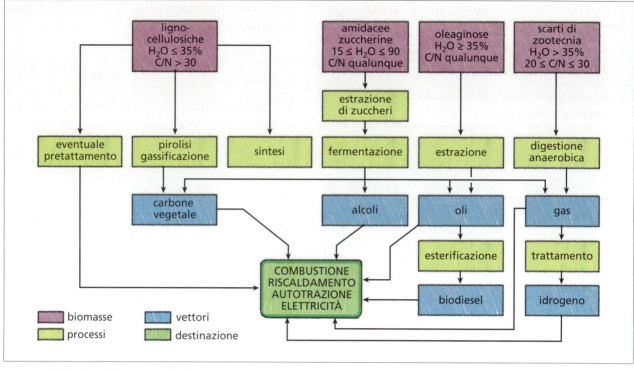

Figura 14 Principali filiere energetiche.

ESERCIZI

INDIVIDUA LA RISPOSTA CORRETTA

1 È corretto affermare che le biomasse sono fonti energetiche a impatto ambientale nullo. V F

2 La conversione termochimica è utilizzata principalmente per le biomasse legnose. V F

3 La reazione di combustione è una reazione esotermica. V F

4 La fotosintesi clorofilliana è una reazione endotermica. V F

5 La combustione è una reazione di ossidazione. V F

6 L'azoto contenuto nel digestato è in una forma fissata direttamente utilizzabile dalle piante. V F

7 Durante il processo di digestione, oltre a mantenere la temperatura a determinate condizioni, il pH deve essere maggiore di 8. V F

8 Il biodiesel è ottenuto per estrazione da piante oleaginose. V F

9 Il bioetanolo è ottenuto per fermentazione alcolica di piante zuccherine. V F

10 Da un punto di vista chimico il bioetanolo è un estere. V F

TEST

11 Quanta legna da ardere bisogna bruciare per avere in un anno una quantità di calore pari a 50 000 MJ? (Si assuma come potere calorifico del legno il valore 11 MJ/kg).

a. 454,5 kg
b. 45450 kg
c. 4545 hg
d. 4545 kg

CAPITOLO **9** LE CENTRALI A BIOMASSA | **ESERCIZI**

12 Per un processo biochimico quali caratteristiche deve avere la biomassa?

a. Il rapporto C/N minore di 30 e l'umidità alla raccolta superiore al 30%.

b. Il rapporto C/N superiore a 30 e il contenuto di umidità non superiore al 30%.

c. Il rapporto C/N e il tasso di umidità sono indifferenti.

d. Il rapporto C/N minore di 30 e il contenuto di umidità inferiore al 30%.

13 Per un processo termochimico quali caratteristiche deve averc la biomassa?

a. Il rapporto C/N minore di 30 e l'umidità alla raccolta superiore al 30%.

b. Il rapporto C/N superiore a 30 e il contenuto di umidità non superiore al 30%.

c. Il rapporto C/N e il tasso di umidità sono indifferenti.

d. Il rapporto C/N maggiore di 30 e il contenuto di umidità superiore al 30%.

14 Il processo di conversione biochimica inizia con:

a. digestione anaerobica.

b. digestione aerobica.

c. idrolisi.

d. acetogenesi.

15 Il digestato è:

a. il sottoprodotto del processo biochimico.

b. il prodotto principale del processo biochimico.

c. il prodotto di partenza del processo biochimico.

d. il prodotto intermedio del processo biochimico.

16 Come si articola il processo di conversione biochimica?

a. Idrolisi e acidogenesi, acetogenesi, metanogenesi.

b. Metanogenesi, idrolisi e acidogenesi, acetogenesi.

c. Acetogenesi, metanogenesi, idrolisi e acidogenesi.

d. Idrolisi e acidogenesi, metanogenesi, acetogenesi.

17 Qual è la temperatura di sviluppo dei batteri mesofili?

a. 30-40 °C

c. 10-15 °C

b. 50-60 °C

d. 60-70 °C

18 Qual è la temperatura di sviluppo dei batteri termofili?

a. 30-40 °C

c. 10-15 °C

b. 50-60 °C

d. 60-70 °C

19 Qual è la temperatura di sviluppo dei batteri psicrofili?

a. 30-40 °C

c. 10-25 °C

b. 50-60 °C

d. 60-70 °C

20 Quanti giorni richiede il processo biochimico in condizione di termofilia?

a. 14-16 giorni.

c. Tra 30 e 90 giorni.

b. 30 giorni.

d. Più di 90 giorni.

21 Quanti giorni richiede il processo biochimico in condizione di mesofilia?

a. 14-16 giorni.

c. Tra 30 e 90 giorni.

b. 30 giorni.

d. Più di 90 giorni.

DOMANDE

1 Elenca i motivi per i quali l'Italia negli ultimi anni dimostra un crescente interesse nello sfruttamento delle biomasse.

2 A cosa sono legate la sostenibilità e rinnovabilità delle biomasse?

3 Quali sono i problemi di ordine economico e tecnologico legato all'utilizzo delle biomasse a fini energetici?

4 Che cosa si intende per *biopower*?

5 Indica i due processi di conversione per ottenere energia dalle biomasse.

6 Come si ottiene energia dal processo biochimico?

165

ESERCIZI

MODULO E LE BIOMASSE

7 Su che cosa si basa il processo di conversione termochimico?

8 Indica i principali processi termochimici.

9 Scrivi la reazione corretta di combustione di un combustibile con formula generale $(CH_2O)_n$.

10 Scrivi la reazione generale della fotosintesi.

11 Scrivi la reazione bilanciata del bioetanolo (C_2H_6O).

12 Scrivi e bilancia la reazione di combustione del metano.

Le competenze del tecnico ambientale

Un'azienda vitivinicola della tua zona ti chiede come poter utilizzare gli scarti della propria lavorazione al fine di ridurre la produzione di rifiuti destinati alla discarica.

■ Organizza il lavoro di ricerca e classifica il tipo di rifiuto. Prepara una relazione tecnica dettagliata, con indicazione delle tecnologie per lo sfruttamento ai fini energetici.

🇬🇧 Environmental Physics in English

What is biomass?

The vegetation that covers our planet is a natural store of solar energy. The organic material which it is composed of is called biomass. Biomass is produced by means of chlorophyll photosynthesis. During this process, atmospheric carbon dioxide (CO_2) and water (H_2O) combine to produce carbohydrates $(CH_2O)n$ which is necessary for life.

$$n(CO_2) + n(H_2O) + light(heat) \rightarrow$$
$$\rightarrow (CH_2O)_n + n(O_2)$$

In the chemical bond of these substances the same solar energy that activates photosynthesis is stored. Photosynthesis is extremely important because it natures life on Earth and because it extracts $2 \cdot 10^{11}$ tonnes of carbon a year from the atmosphere, which means an energy content of around 70 billion tonnes of petroleum equivalent, or ten times the world's annual energy needs. When biomass is burned, atmospheric oxygen combines with carbon contained in the biomass, while carbon dioxide and water are released, thus producing heat.

$$(CH_2O)_n + n(O_2) \rightarrow$$
$$\rightarrow n(CO_2) + n(H_2O) + heat$$

In the field of energy, the term 'biomass' indicates various material of mainly vegetable origin, plus only a small amount of material of animal origin which are used to produce energy from:

- agricultural and forest refuse
- lumber industry waste
- biofuel crops
- livestock industry waste
- agri-food industry residues

■ Some history

Fire, undoubtedly the most important invention in the history of mankind, was discovered thanks to the accidental combustion of wood and has provided man with light, heat, protection and nourishment for thousands of years. That is to say, fire promoted the birth of civilization. What is more, wood was for many centuries the most widely-used raw material not only for combustion, but also as a building material. Then thanks to the invention of the steam engine, it became possible to obtain mechanical energy from the combustion of wood, while up until the XVIII century wind and water, thanks to the windmill, had been the only forms of mechanical energy used by man. Wood became scarce during the Industrial Revolution because of massive deforestation to provide firewood for energy. Man needed to find other energy sources, and turned to coal and oil. At first supplies were abundant, although non-renewable. Only recently, growing energy needs, the depletion and exhaustion of fossil fuel deposits and the pollution caused by their combustion have prompted man to 'rediscover' timber and biomass as energy sources.

(Prof. Roberta Balducci)

CAPITOLO **9** LE CENTRALI A BIOMASSA

ESERCIZI

GLOSSARY

- **chlorophyll photosynthesis:** fotosintesi clorofilliana
- **carbohydrates:** carboidrati
- **chemical bond:** legame chimico
- **agricultural and forest refuse:** rifiuti agricoli e forestali
- **lumber industry waste:** scarti dell'industria del legno
- **biofuel crops:** colture di biocarburanti
- **livestock industry waste:** scarti dell'industria del bestiame
- **agri-food industry residues:** residui dell'industria agro-alimentare
- **char:** frazione solida della combustione
- **cofiring:** co-combustione
- **syngas:** gas di sintesi

READING TEST

1. The vegetation that covers our planet is defined natural store of solar energy. T F

2. The chlorophyll photosynthesis is the chemical process that produces biomass. T F

3. The photosynthesis is not very important for natures life. T F

4. In biomass combustion is produced carbon dioxide and water and heat. T F

5. You used to produced energy: agricultural and forest refuse, lumber industry waste, biofuel crops, livestock industry waste, agri-food industry residues. T F

6. The fire is not man's greatest discovery of all time. T F

Modulo F

CAPITOLO 10
Le centrali idroelettriche

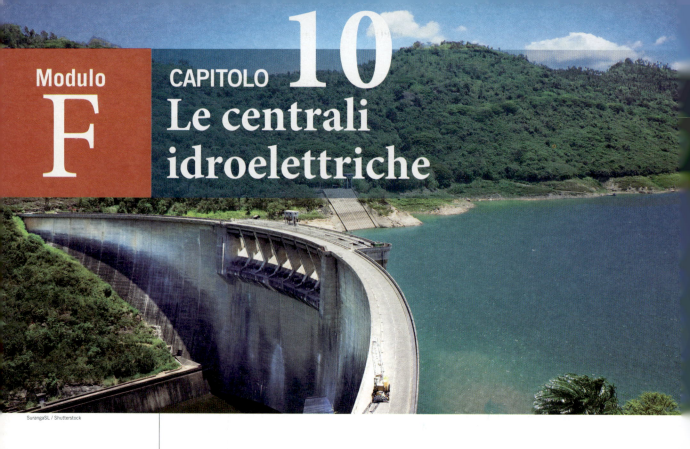

10.1 Dinamica dei fluidi

Tutte le grandi civiltà del passato si sono sviluppate in prossimità di fiumi, la cui acqua ha sempre avuto un'importanza strategica. Già gli antichi romani utilizzavano la forza motrice posseduta dalla corrente dell'acqua per azionare le pale che facevano girare le macine dei mulini. In seguito l'energia posseduta dall'acqua è stata usata per agevolare il lavoro degli uomini in molti altri casi, dalla produzione della carta alla conciatura delle pelli e alla produzione di olio di oliva.

La forza motrice dell'acqua, così come quella del vento, è stata la prima a essere usata dall'uomo, per agevolare i propri lavori. Lo sfruttamento dell'una, piuttosto che dell'altra, è stato in generale favorito dalle condizioni geografiche del luogo: dove era

Figura 1 L'uomo ha sempre sfruttato l'energia dell'aria tramite i mulini a vento, sviluppati in tutte le regioni particolarmente ventose.

Figura 2 In zone ricche di corsi d'acqua, l'uomo ha sfruttato, con i mulini ad acqua, l'energia che viene trasportata dalla corrente.

CAPITOLO 10 LE CENTRALI IDROELETTRICHE

preponderante il vento, si sono sviluppati maggiormente i **mulini a vento** (figura 1), dove era preponderante la presenza di correnti d'acqua, si sono sviluppati maggiormente i **mulini ad acqua** (figura 2). Tra l'altro l'acqua ha una densità maggiore di circa 800 volte rispetto all'aria, per cui è molto più efficace dal punto di vista della produzione di forza motrice, in quanto riesce a trasmettere alle pale di una girante molta più spinta.

Con la scoperta dell'elettricità e della produzione di energia elettrica, la forza motrice posseduta dall'acqua ha cominciato a essere sfruttata anche per il movimento di nuove ruote ad acqua, capaci di far girare dinamo o alternatori.

Per **energia idroelettrica** si intende l'energia elettrica ottenuta trasformando l'energia cinetica posseduta da una massa d'acqua nel movimento di una turbina collegata a un motore elettrico.

Una delle grandezze fondamentali da cui dipende la possibilità di produzione di energia idroelettrica è la portata d'acqua.

La **portata d'acqua** è definita come il volume d'acqua che attraversa una determinata sezione nell'unità di tempo.

L'unità di misura della portata è quindi il m^3/s. Spesso vengono usate anche altre unità di misura, come L/s o kg/s; in questo secondo caso è più corretto parlare di **portata in massa** (Q_m), per distinguerla dalla **portata in volume** (Q_V), detta semplicemente *portata* (Q).

ESEMPIO 1

▶ Trova il fattore di conversione tra la portata in volume espressa in m^3/s e la portata in volume espressa in L/s.

■ Poiché $1\ m^3 = 1000\ L$ si ha $Q\ (m^3/s) = 1000\ Q\ (L/s)$

ESEMPIO 2

▶ Trova il fattore di conversione tra la portata in volume e la portata in massa dell'acqua.

■ La *densità* dell'acqua è $d = 1000\ kg/m^3$. Poiché $1\ m^3$ di acqua ha una massa pari a 1000 kg e 1 L di acqua ha una massa pari a 1 kg, segue che la portata in volume, espressa in m^3/s, equivale a una portata in massa, espressa in kg/s, pari a $Q\ (m^3/s) = 1000\ Q\ (L/s) = 1000\ Q\ (kg/s)$.

Un risultato fondamentale, legato alla portata di un fluido (nel nostro caso acqua), è rappresentato dall'**equazione di continuità**, che esprime la conservazione della massa: se in un condotto non sono presenti né percorsi attraverso i quali il fluido può entrare né percorsi attraverso i quali il fluido può uscire, la quantità d'acqua che entra, in un intervallo di tempo Δt, deve uguagliare quella che esce, nello stesso intervallo di tempo (poiché i liquidi sono pressoché incomprimibili, la densità rimane costante).

Possiamo esprimere la massa d'acqua in ingresso al condotto come quella contenuta in un cilindretto avente un volume pari alla sezione del condotto moltiplicata per l'altezza del cilindretto stesso; questa, a sua volta, è pari al prodotto tra la velocità con cui il fluido entra nel condotto e l'intervallo di tempo Δt considerato:

$$m_i = d_1 V_1 = d_1 S_1 h_1 = d_1 S_1 v_1 \Delta t$$

Analogamente, per la massa in uscita possiamo scrivere:

$$m_u = d_2 V_2 = d_2 S_2 h_2 = d_2 S_2 v_2 \Delta t$$

Per il principio di conservazione della massa possiamo uguagliare le due masse, ottenendo:

$$d_1 S_1 v_1 = d_2 S_2 v_2$$

Pertanto, essendo $d_1 = d_2 = d$ la densità dell'acqua, si ottiene la formula che esprime l'**equazione di continuità**:

$$S_1 v_1 = S_2 v_2$$

Se nel condotto non sono presenti né sorgenti né pozzi, la velocità del liquido è maggiore dove la sezione è minore (cioè dove il condotto si stringe) e, viceversa, minore dove la sezione è maggiore (figura 3).

Dall'espressione $m = dSv \, \Delta t$ si ricava, dividendo per Δt, la **portata in massa**:

$$Q_m = \frac{m}{\Delta t} = dSv$$

Dall'espressione $V = Sv \, \Delta t$ si ricava, dividendo per Δt, la **portata in volume**:

$$Q_V = \frac{V}{\Delta t} = Sv$$

Si osserva che dalla portata in massa, dividendo per d, si ricava la portata in volume (o semplicemente portata):

$$Q_V = Q_m \Delta t$$

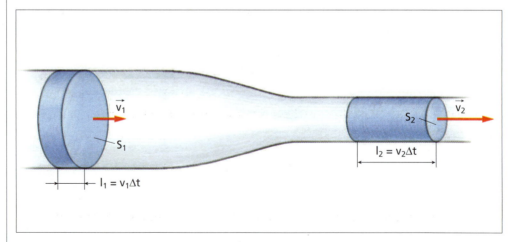

Figura 3 Equazione di continuità. In assenza di pozzi e/o sorgenti, la quantità d'acqua contenuta nel volumetto in ingresso al tubo deve essere uguale a quella contenuta nel volumetto in uscita.

CAPITOLO 10 LE CENTRALI IDROELETTRICHE

L'*equazione di continuità* può quindi esprimersi affermando che in un fluido che scorre in un condotto, in assenza di pozzi o sorgenti, la portata è costante.

ESEMPIO 3

▶ Nel territorio del Comune di Perugia, presso la stazione di campionamento di Ponte Pattoli, il Tevere ha una profondità media di 0,30 m e una larghezza dell'alveo di 32 m circa. Sapendo che la velocità media della corrente è pari a 0,30 m/s, determina la portata media.

■ Dall'equazione di continuità si ha

$$Q = Sv$$

La sezione media dell'alveo può essere ricavata moltiplicando la larghezza per la profondità media:

$$S = lh = (32 \text{ m})(0,30 \text{ m}) = 9,6 \text{ m}^2$$

La portata media risulta quindi

$$Q = Sv = (9,6 \text{ m}^2)(0,30 \text{ m/s}) = 2,9 \text{ m}^3/\text{s}$$

Altro risultato fondamentale, nello studio della dinamica dei liquidi, è rappresentato dal *teorema di Bernoulli*, che permette di determinare il contenuto energetico di un fluido in movimento. Un fluido in movimento, infatti, ha un contenuto energetico pari alla somma di tre termini, che rappresentano:

- l'energia cinetica, legata alla velocità di scorrimento del liquido;

- l'energia potenziale, legata alla quota a cui si trova il liquido;

- l'energia piezometrica, legata alla pressione del liquido.

Se il liquido è ideale, trascurando le perdite di energia per attrito, la somma di questi tre termini deve rimanere costante.

L'energia cinetica dipende dalla velocità della corrente di liquido. Riferendosi a un peso unitario di liquido si ottiene l'energia cinetica per unità di peso, chiamata in idrodinamica **carico cinetico**:

$$C_1 = \frac{1}{2}\frac{mv^2}{mg} = \frac{v^2}{2g}$$

Analogamente introduciamo il **carico potenziale gravitazionale**, pari all'energia potenziale di un peso unitario di liquido:

$$C_2 = \frac{mgh}{mg} = h$$

Infine il **carico piezometrico**, determinato dalla pressione del liquido, è dato da

$$C_3 = \frac{p}{dg}$$

171

ESEMPIO 4

▶ Dimostra che il carico piezometrico ha la stessa unità di misura del carico cinetico, cioè J/N.

■ Poiché $p = F/S$, si ha la seguente uguaglianza tra le unità di misura:

$$1 \text{ Pa} = 1 \text{ N/m}^2$$

da cui, esplicitando le unità di misura della definizione di carico piezometrico, si ottiene

$$\frac{\text{Pa}}{\frac{\text{kg}}{\text{m}^3}\frac{\text{m}}{\text{s}^2}} = \frac{\frac{\text{N}}{\text{m}^2}}{\frac{1}{\text{m}^3}(\text{kg} \cdot \text{m/s}^2)} = \frac{\frac{\text{N}}{\text{m}^2}\text{m}^3}{\text{kg} \cdot \text{m/s}^2} = \frac{\text{N} \cdot \text{m}}{\text{kg} \cdot \text{m/s}^2} = \text{J/N}$$

Il **teorema di Bernoulli** si può esprimere affermando che in un liquido ideale, in assenza di vortici, la somma dei tre carichi, detta **carico totale**, rimane costante in ogni punto del condotto:

$$C_{\text{tot}} = C_1 + C_2 + C_3 = \text{cost}$$

Passando a un fluido reale, per considerare le perdite di energia dovute prevalentemente ad attriti (sia interni sia con le pareti del condotto) si inserisce un termine, detto **perdita di carico**, per cui, applicando il teorema di Bernoulli tra due punti A e B e considerando una perdita di carico Y tra tali punti (figura 4), possiamo scrivere:

$$C_{1,A} + C_{2,A} + C_{3,A} = C_{1,B} + C_{2,B} + C_{3,B} + Y$$

Consideriamo un fiume che scorre verso valle con una certa pendenza. Possiamo identificare due sezioni ad altezza differente, H_A e H_B (figura 5). Applicando il teorema di

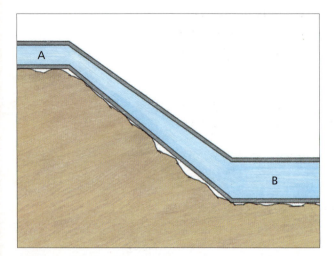

Figura 4 Quando il liquido passa da A a B parte della sua energia viene dissipata causa l'attrito con le pareti del condotto oppure causa moti turbolenti. Si usa esprimere questa perdita di energia tramite le perdite di carico.

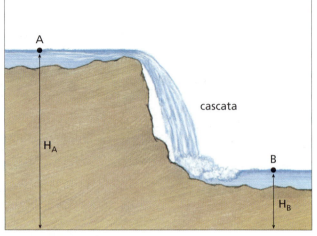

Figura 5 Poiché l'acqua nel punto A e nel punto B ha pressoché la stessa velocità (a parità di sezione), la variazione di energia potenziale è completamente dissipata in attriti, turbolenze ecc.

Bernoulli ed esplicitando la formula dei carichi è possibile scrivere:

$$C_{1,A} + C_{2,A} + C_{3,A} = C_{1,B} + C_{2,B} + C_{3,B} + Y$$

e

$$H_A + \frac{v_A^2}{2g} + \frac{p_A}{dg} = H_B + \frac{v_B^2}{2g} + \frac{p_B}{dg} + Y$$

Poiché la pressione è costante (pari a quella atmosferica) e, in generale, la velocità della corrente del fiume a monte e a valle di un dislivello è sostanzialmente la stessa, si ha:

$$p_A = p_B = p_{\text{atm}} \qquad v_A = v_B$$

Queste considerazioni permettono di semplificare l'equazione precedente, che diventa:

$$H_A - H_B - Y = 0$$

Quindi in un fiume la variazione di energia potenziale tra due punti, a monte e a valle di un dislivello, è quasi completamente dissipata per attriti e urti.

10.2 Definizioni operative

Abbiamo visto che durante il passaggio da una quota H_A a una quota inferiore H_B l'energia potenziale complessivamente posseduta dall'acqua viene dissipata in attriti e movimenti vorticosi.

La costruzione di una *centrale idroelettrica* comporta la realizzazione di un percorso artificiale alternativo per l'acqua del fiume, che ha lo scopo di ridurre il più possibile le perdite di carico rispetto a quelle che si hanno nel caso del percorso naturale:

$$Y_{\text{art}} < Y_{\text{nat}}$$

In questa maniera si ottiene

$$H_A - H_B - Y_{\text{art}} > 0$$

e quindi l'energia residua può essere trasformata in energia meccanica di movimento della *turbina*. Direttamente collegato alla turbina è montato l'*alternatore*, una macchina elettrica rotante in grado di trasformare l'energia meccanica ricevuta dalla turbina in energia elettrica. Il parametro principale che descrive le caratteristiche di una centrale idroelettrica è il dislivello H, o salto lordo, definito come segue.

> Il **salto lordo** è la distanza verticale percorsa dall'acqua per produrre energia, cioè il *dislivello* tra la superficie libera dell'acqua alla quota più alta e la superficie libera dell'acqua alla quota più bassa nell'impianto:
>
> $$H = H_A - H_B$$

In un caso ideale di *perdite di carico nulle* la corrente d'acqua avrebbe un'energia pari a

$$E = mgH$$

e quindi sarebbe in grado di sviluppare una potenza (teorica) pari a

$$P_0 = \frac{mgH}{\Delta t}$$

MODULO F L'ENERGIA IDROELETTRICA

che, ricordando la definizione di portata in massa, si può scrivere nel seguente modo:

$$P_0 = Q_m \, gH$$

Il rapporto tra la portata in massa e la portata in volume è pari alla densità del fluido:

$$\frac{Q_m}{Q_V} = \frac{\dfrac{m}{\Delta t}}{\dfrac{V}{\Delta t}} = \frac{m}{V} = d$$

ossia $Q_m = dQ_V$ che nel caso dell'acqua diventa $Q_m = (1000 \text{ kg/m}^3) \, Q_V$.

La potenza sviluppata dalla corrente d'acqua nel caso ideale di perdite di carico nulle, detta **potenza massima teorica**, è esprimibile, utilizzando la densità del fluido, con la relazione:

$$P_0 = dQ_V \, gH$$

Poiché in un caso reale le perdite di carico non possono essere nulle, per il calcolo della **potenza massima effettiva** si inserisce nell'espressione della potenza massima teorica un parametro moltiplicativo minore di 1, detto **rendimento idraulico**:

$$P_{max} = \eta \, dQ_V \, gH = dQ_V \, gH'$$

essendo $H' = \eta \, H$ il **salto netto**.

In conclusione, la potenza massima che può effettivamente produrre una centrale idroelettrica è legata al salto netto.

ESEMPIO 5

▶ Nel territorio del Comune di Umbertide (Perugia), lungo il fiume Tevere esiste una centrale idroelettrica che ha le seguenti caratteristiche: salto medio = 5,2 m; portata media = 7,7 m^3/s; energia prodotta in 1 anno = 2,82 GWh. Determina la potenza massima teorica e il rendimento idraulico.

■ Ricaviamo la potenza massima teorica ipotizzando che l'impianto abbia un rendimento del 100% ($\eta = 1$):

$$P_0 = dQ_V \, gH = (1000 \text{ kg/m}^3) \, (7,7 \text{ m}^3/\text{s}) \, (9,8 \text{ m/s}^2) \, (5,2 \text{ m}) =$$
$$= 392\,000 \text{ W} = 392 \text{ kW}$$

■ Ricaviamo la potenza media effettiva partendo dall'energia prodotta in 1 anno. Ricordando che 1 GWh = $1 \cdot 10^6$ kWh e che 1 anno = (365 giorni) (24 h/giorno) = = 8760 h si ottiene:

$$P_{media} = \frac{E}{t} = \frac{2,82 \cdot 10^6 \text{ kWh}}{8760 \text{ h}} = 322 \text{ kW}$$

Il rendimento dell'impianto è

$$\eta = \frac{P_{media}}{P_0} = \frac{322 \text{ kW}}{392 \text{ kW}} = 0,82 = 82\%$$

10.3 Classificazione delle centrali idroelettriche

Le centrali idroelettriche possono essere classificate in base alla tipologia di approvvigionamento, all'altezza del salto lordo e all'energia prodotta. Un impianto idroelettrico può essere:

- *a bacino di accumulo*;
- *ad acqua fluente*;
- *all'interno di un acquedotto*.

Analizziamo più in dettaglio le diverse tipologie di impianto.

■ Impianti idroelettrici con centrale a valle di un bacino di accumulo

Sono gli impianti che possono produrre maggiore potenza e quindi maggiore energia. Il *bacino di accumulo*, realizzato mediante una *diga* o uno *sbarramento*, può essere sia naturale sia artificiale (figura 6). Questa tipologia di impianto ha il vantaggio di non essere legata alla portata del fiume (variabile sulla base delle stagioni) e quindi di avere una produzione energetica pressoché costante durante tutto l'anno; la potenza prodotta è quindi funzione principalmente del salto lordo. Il grande svantaggio è dovuto al notevole impatto ambientale, causato dagli invasi che occupano notevoli porzioni di territorio: ad esempio, la centrale delle Tre Gole in Cina, realizzata con una diga sul fiume Yangtze, ha un bacino di accumulo artificiale di circa 10 000 km².

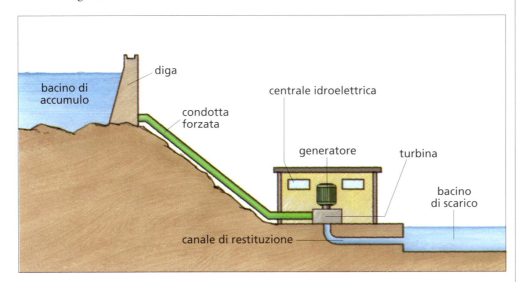

Figura 6 Impianto idroelettrico con bacino di accumulo e centrale a valle. L'acqua, prelevata dal *bacino di accumulo*, viene portata alla *centrale idroelettrica* tramite *condotte forzate*. Qui mette in movimento una *turbina*, collegata a un *generatore* per la produzione di energia elettrica, ed esce tramite il *canale di restituzione*.

■ Impianti idroelettrici ad acqua fluente

Sono gli impianti che derivano direttamente dai vecchi mulini ad acqua e sfruttano la portata dell'acqua disponibile nel particolare periodo dell'anno (figura 7). La potenza prodotta dipende quindi fortemente dalla portata e varia in funzione della stagione dell'anno. Ha il vantaggio di un limitato impatto ambientale e di un basso costo di realizzazione rispetto all'impianto con bacino di accumulo.

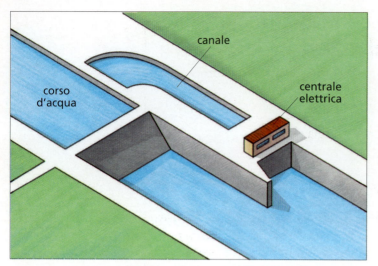

Figura 7 Impianto idroelettrico ad acqua fluente. Lo *sbarramento* del corso d'acqua è limitato alla regione in cui è posizionata la centrale.

■ Impianti idroelettrici inseriti negli acquedotti

Nelle città l'acqua potabile viene prelevata tramite serbatoi di accumulo, situati in posizione sopraelevata; l'energia posseduta dall'acqua in fondo alla tubazione di adduzione è dissipata tramite opportune valvole. Una possibilità è quella di inserire una turbina in fondo alla tubazione per sfruttare l'energia dell'acqua che verrebbe comunque dissipata. È un sistema di produzione energetica interessante anche se deve essere progettato accuratamente, in quanto la rete di distribuzione degli acquedotti italiani è spesso obsoleta.

■ Ulteriori classificazioni delle centrali idroelettriche

Una possibile classificazione delle centrali idroelettriche è sulla base dell'altezza del salto lordo. Un impianto idroelettrico può quindi essere:

- *a bassa caduta*, quando il salto lordo è inferiore a 50 m;
- *a media caduta*, quando il salto lordo è compreso tra 50 e 250 m;
- *ad alta caduta*, quando il salto lordo è compreso tra 250 e 1000 m;
- *ad altissima caduta*, con salto maggiore di 1000 m.

Un'altra possibile classificazione è sulla base della potenza generabile. Si distinguono in questo caso:

- *micro impianti*, con potenza inferiore a 100 kW;
- *mini impianti*, con potenza compresa tra 100 e 1000 kW;
- *piccoli impianti*, potenza tra 1 e 10 MW;
- *grandi impianti*, potenza superiore a 10 MW.

Attualmente sta prendendo piede il cosiddetto **mini idroelettrico**. Secondo l'Organizzazione delle Nazioni Unite per lo sviluppo industriale, viene classificato come mini idroelettrico un impianto con potenza inferiore a 10 MW. La Comunità europea ha lasciato agli stati membri la possibilità di scegliere autonomamente la propria soglia. In Italia i maggiori incentivi vengono dati a centrali idroelettriche con potenza inferiore a 3 MW, per cui tale è da considerarsi il valore limite perché un impianto possa essere definito come mini idroelettrico. In generale sono strutture private di dimensioni limitate (rispetto a impianti con bacini di accumulo) e hanno un funzionamento ad acqua fluente. Poiché esiste una relazione tra dimensione dell'impianto e impatto ambientale, sono da considerasi impianti a basso impatto ambientale.

10.4 Parti costitutive di un impianto idroelettrico

Un impianto idroelettrico è costituito da:

- opere di presa, filtraggio e convogliamento della acque;
- centrale di trasformazione dell'energia idrica in energia elettrica;
- opere di scarico dell'acqua;
- opere di trasformazione e trasporto dell'energia elettrica prodotta.

Le **opere di presa** sono costituite dall'insieme delle strutture che servono a captare parte dell'acqua del fiume: l'acqua viene convogliata, tramite canali o tubazioni, verso il locale ove sono alloggiate le turbine. Prima di giungere alla turbina l'acqua viene adeguatamente filtrata. La tipologia di strutture necessarie per la realizzazione delle *opere di captazione, filtraggio* e *convogliamento* dell'acqua dipende dalla portata che si intende prelevare, dall'orografia della zona, dal tipo di corso d'acqua che si intende sfruttare e dalla tipologia di turbina prevista. Devono essere realizzate anche opere il cui scopo è quello di minimizzare l'impatto ambientale, salvaguardando le biodiversità e l'ambiente, come vedremo nel prossimo capitolo.

La **centrale di trasformazione dell'energia idrica in energia elettrica** è il luogo dove sono alloggiate le *turbine*, che sono messe in rotazione dalla forza dell'acqua. Le turbine sono accoppiate, direttamente o tramite un moltiplicatore di giri, al *generatore* vero e proprio, che trasforma l'energia di rotazione delle turbine in energia elettrica continua (dinamo) o alternata (alternatore).

Le **opere di scarico dell'acqua** sono costituite dai canali tramite i quali l'acqua, dopo il transito nel locale ove sono alloggiate le turbine, viene restituita al corso d'acqua.

Infine il **trasformatore**, interposto tra la centrale e la rete elettrica, ha lo scopo di variare la tensione in uscita all'alternatore fino alla tensione della linea elettrica (alta o media tensione, spesso pari a 132 kV); il trasporto dell'energia avviene infatti a tensioni elevate per minimizzare le perdite per effetto Joule (figura 8).

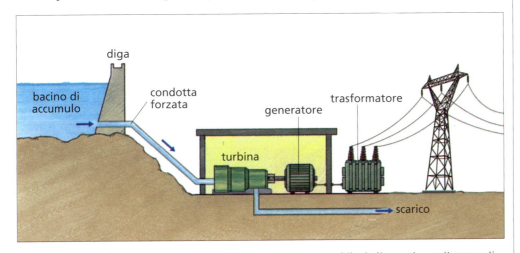

Figura 8 Schema di una centrale idroelettrica. Lo *sbarramento* (diga), il *canale* per il convogliamento e il *filtro* costituiscono le opere di presa. L'acqua pone in rotazione la *turbina*, collegata al *generatore*, che converte l'energia dell'acqua in energia elettrica. Il *trasformatore* porta la tensione della corrente elettrica al valore utile per il suo trasporto.

MODULO F L'ENERGIA IDROELETTRICA

10.5 Il rendimento

Abbiamo già accennato che la potenza che un impianto idroelettrico può produrre risulta pari al prodotto tra la potenza teorica producibile e il rendimento dell'impianto.

Il **rendimento complessivo** dell'impianto è definito come rapporto tra la potenza elettrica in uscita dall'impianto e la potenza massima teorica:

$$\eta = \frac{P_e}{P_0}$$

Percorrendo il *canale di adduzione*, che trasporta l'acqua dall'opera di presa fino alla turbina, l'acqua perde parte della sua potenza per effetto delle cosiddette perdite di carico (dovute prevalentemente ad attriti con tubazioni, a curve nelle stesse ecc.). Introduciamo allora il

rendimento delle opere di adduzione, definito dal rapporto tra la potenza massima producibile in uscita al canale di adduzione (P_{max}) e la potenza massima teorica (P_0), cioè in assenza di perdite di carico:

$$\eta_a = \frac{P_{max}}{P_0}$$

Come abbiamo già visto in precedenza

$$P_{max} = dQ_V \, gH' \qquad P_0 = dQ_V \, gH$$

quindi il rendimento delle opere di adduzione risulta pari al rapporto tra salto netto e salto lordo:

$$\eta_a = \frac{H'}{H}$$

La potenza dell'acqua in ingresso alla turbina non viene integralmente ceduta alle palette della turbina stessa (infatti l'acqua dopo avere colpito le palette ha ancora una certa energia cinetica). Possiamo allora introdurre il

rendimento idraulico, definito dal rapporto tra la potenza ceduta dall'acqua alle palette della turbina (P_i) e quella posseduta dall'acqua in ingresso alla turbina (P_{max}), cioè la potenza massima producibile:

$$\eta_i = \frac{P_i}{P_{max}}$$

La potenza ceduta alle palette viene trasformata pressoché integralmente in potenza dell'asse di rotazione della turbina e solo una piccola parte è usata per vincere l'attrito dell'asse stesso; quindi il

rendimento della turbina è dato dal rapporto tra la potenza trasmessa all'asse della turbina (P_t) e quella ceduta alle pale (P_i):

$$\eta_t = \frac{P_t}{P_i}$$

Infine la potenza della turbina viene ceduta all'alternatore, che la trasforma in potenza elettrica. Anche in questo processo si verificano delle perdite di potenza e quindi può essere definito un

rendimento elettrico, definito dal rapporto tra la potenza in uscita (P_e) e quella in ingresso (P_i) al generatore:

$$\eta_e = \frac{P_e}{P_i}$$

In definitiva il **rendimento complessivo dell'impianto** risulta dato dal prodotto dei quattro rendimenti visti:

$$\eta = \eta_a \eta_i \eta_t \eta_e = \frac{P_{max}}{P_0} \frac{P_i}{P_{max}} \frac{P_t}{P_i} \frac{P_e}{P_t} = \frac{P_e}{P_0}$$

Con gli impianti idroelettrici si riescono a ottenere valori elevati del rendimento complessivo, dell'ordine dell'80%.

Utilizzando tale valore per il rendimento di una centrale idroelettrica, possiamo valutare in prima approssimazione l'energia producibile da un impianto tramite la formula:

$$P(\text{kW}) = \eta \, dQ_V \, gH = 0{,}80 \, dQ_V \, (9{,}8 \text{ m/s}^2) \, H \approx (8 \text{ m/s}^2) \, d(\text{kg/m}^3) \, Q_V(\text{m}^3/\text{s}) \, H(\text{m})$$

avendo specificato tra parentesi le unità di misura nelle quali vanno espresse le grandezze in gioco.

Riferendosi a un intervallo di tempo ΔT durante il quale si può considerare la portata pressoché costante, possiamo calcolare la

energia teorica ricavabile (o *energia teorica producibile*) dall'impianto nel tempo ΔT:

$$E_0(\text{kWh}) = P_0(\text{kW}) \, \Delta T(\text{h}) = Q_m \, gH \, \Delta T$$

Esprimendo il tempo T in secondi, si ha:

$$E_0 = Q_m gH \frac{\Delta T(\text{s})}{3600 \text{ s}} = dQ_V H \Delta T(\text{s}) \frac{9{,}8 \text{ m/s}^2}{3600 \text{ s}} \approx \frac{dQ_V H \Delta T(\text{s})}{367 \text{ s/m}}$$

Il prodotto dell'energia teorica producibile dall'impianto per il rendimento dello stesso fornisce la

producibilità dell'impianto nel tempo ΔT, definita come l'energia effettivamente producibile nel tempo ΔT:

$$E = \eta \, E_0$$

Qualora la portata in ingresso all'impianto vari nel corso dell'anno, come ad esempio in quelli ad acqua fluente, il calcolo dell'energia effettivamente producibile in un anno va eseguito suddividendo il periodo di tempo in più parti, in ognuna delle quali la portata del corso d'acqua può essere considerata costante, calcolando l'energia prodotta in ognuno di questi intervalli e quindi sommando i valori ottenuti.

MODULO F L'ENERGIA IDROELETTRICA

ESEMPIO 6

▶ Un impianto idroelettrico ad acqua fluente ha un rendimento totale dell'83% e un salto lordo di 15 m; la portata può essere assunta pari a 8 m³/s per quattro mesi all'anno (periodo 1) e pari a 18 m³/s per i restanti otto (periodo 2). Determina la potenza massima effettiva in entrambi i periodi di tempo, l'energia teorica ricavabile in un anno e la producibilità dell'impianto.

■ La potenza massima effettiva è data dalla formula

$$P_{max} = \eta \, dQ_V \, gH$$

dove $d = 1000$ kg/m³ è la densità dell'acqua.

1. Quando la portata vale $Q_{V,1} = 8$ m³/s si ha

$$P_{max,1} = 0{,}83 \, (1000 \text{ kg/m}^3)(8 \text{ m}^3\text{/s})(9{,}8 \text{ m/s}^2)(15 \text{ m}) =$$
$$= 976 \cdot 10^3 \text{ W} = 976 \text{ kW}$$

2. Quando la portata vale $Q_{V,2} = 18$ m³/s si ha

$$P_{max,2} = 0{,}83 \, (1000 \text{ kg/m}^3)(18 \text{ m}^3\text{/s})(9{,}8 \text{ m/s}^2)(15 \text{ m}) =$$
$$= 2196 \cdot 10^3 \text{ W} = 2196 \text{ kW}$$

■ L'energia teorica ricavabile è data dalla formula

$$E_0(\text{kWh}) = P_0(\text{kW}) \, \Delta T(\text{h}) = dQ_V \, gH \, \Delta T$$

oppure, esprimendo il tempo T in secondi, dalla formula

$$E_0 = Q_m gH \frac{\Delta T(\text{s})}{3600 \text{ s}} = dQ_V H \Delta T(\text{s}) \frac{9{,}8 \text{ m/s}^2}{3600 \text{ s}} \approx \frac{dQ_V H \Delta T(\text{s})}{367 \text{ s/m}}$$

1. Quando la portata è $Q_{V,1}$, quindi per quattro mesi all'anno, $\Delta T_1 = 2922$ h (avendo considerato 1/3 delle ore presenti in 1 anno):

$$P_{0,1} = dQ_{V,1} \, gH \, \Delta T_1 = (1000 \text{ kg/m}^3)(8 \text{ m}^3\text{/s})(9{,}8 \text{ m/s}^2)(15 \text{ m}) =$$
$$= 1176 \cdot 10^3 \text{ W} = 1176 \text{ kW}$$

$$E_{0,1} = P_{0,1} \, \Delta T_1 = (1176 \text{ kW})(2922 \text{ h}) = 3{,}44 \cdot 10^6 \text{ kWh}$$

oppure

$$E_{0,1} = \frac{dQ_V H \Delta T(\text{s})}{367 \text{ s/m}} =$$

$$= \frac{(1000 \text{ kg/m}^3)(8 \text{ m}^3\text{/s})(15 \text{ m})(2922 \cdot 3600 \text{ s})}{367 \text{ s/m}} = 3{,}44 \text{ GWh}$$

2. Quando la portata è $Q_{V,2}$, quindi per otto mesi all'anno, $\Delta T_2 = 5844$ h (avendo considerato 2/3 delle ore presenti in 1 anno):

$$P_{0,2} = dQ_{V,2} \, gH \, \Delta T_2 = (1000 \text{ kg/m}^3)(18 \text{ m}^3\text{/s})(9{,}8 \text{ m/s}^2)(15 \text{ m}) =$$
$$= 2646 \cdot 10^3 \text{ W} = 2646 \text{ kW}$$

$$E_{0,2} = P_{0,2} \, \Delta T_2 = (2646 \text{ kW})(5844 \text{ h}) = 15{,}46 \cdot 10^6 \text{ kWh}$$

oppure

$$E_{0,2} = \frac{dQ_V H \Delta T(\text{s})}{367 \text{ s/m}} =$$

$$\frac{(1000 \text{ kg/m}^3)(18 \text{ m}^3\text{/s})(15 \text{ m})(5844 \cdot 3600 \text{ s})}{367 \text{ s/m}} = 15{,}46 \text{ GWh}$$

> L'energia teorica ricavabile in un anno risulta quindi
>
> $$E_0 = E_{0,1} + E_{0,2} = 3{,}44 \text{ GWh} + 15{,}46 \text{ GWh} = 18{,}9 \text{ GWh}$$
>
> ■ La producibilità dell'impianto è
>
> $$E = \eta \, E_0 = 0{,}83 \, (18{,}9 \text{ GWh}) = 15{,}6 \text{ GWh}$$
>
> Si tratta quindi di un impianto piccolo ($P_{0,1}$, $P_{0,2}$ < 10 MW) e a bassa caduta (H < 50 m).

10.6 Le turbine

La turbina idraulica è l'elemento che trasforma l'energia dell'acqua (cinetica, potenziale o di pressione) in energia di rotazione. È essenzialmente costituita di due parti, una fissa, detta *distributore*, e una mobile, detta *girante*.

Il **distributore** ha il compito di indirizzare l'acqua verso le pale della turbina, regolando la portata e trasformando, completamente o in parte, l'energia dell'acqua in energia cinetica. Se tale trasformazione avviene integralmente all'interno del distributore, la turbina è detta *ad azione*, altrimenti, se la frazione di energia cinetica dell'acqua in uscita dal distributore è inferiore al 100% (e quindi l'acqua si trova a una pressione superiore a quella dell'ambiente) la turbina è detta *a reazione*.

La **girante** è costituita dall'insieme di pale e dall'albero motore, messi in rotazione dall'acqua. È l'elemento che trasforma l'energia dell'acqua in energia di rotazione, che viene trasmessa al generatore.

■ Turbine ad azione

Nelle turbine ad azione si sfrutta l'energia della vena fluida sotto forma di energia cinetica; la girante non è completamente riempita di acqua, ma vi è anche dell'aria alla pressione atmosferica. Avendo solo energia cinetica, l'acqua si trova a pressione ambiente; la girante di una turbina ad azione deve quindi essere posta a livello superiore, rispetto al livello di scarico dell'acqua.

La turbina ad azione più diffusa è la **turbina Pelton**, dal nome del suo inventore (brevetto del 1880). In una turbina Pelton (figura 9) l'acqua, proveniente dal distributore con una velocità pari a $(2gH)^{1/2}$ investe tangenzialmente la girante tramite uno o più getti, distribuiti a una distanza l'uno dall'altro tale da non interferire (in pratica fino a un massimo di sei getti differenti). La girante è costituita da una ruota alla quale sono fissate, nella parte esterna, delle pale a forma di doppio cucchiaio. L'acqua investe il doppio cucchiaio ed esce con una

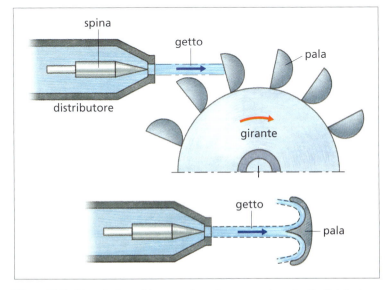

Figura 9 Turbina Pelton. L'acqua viene immessa, tramite il *distributore*, con direzione tangenziale e il flusso d'acqua colpisce le pale della *girante* a forma di doppio cucchiaio.

velocità residua che ha direzione opposta a quella in ingresso. La girante deve essere posta a una certa altezza dal canale di scarico (almeno 2-3 metri, per evitare sia che la girante entri in acqua sia che degli spruzzi ne rallentino la velocità di rotazione), limitando così il rendimento idraulico. Le turbine Pelton, per questo motivo, vengono prevalentemente usate per salti elevati, in maniera da limitare la riduzione del salto netto. Tramite le turbine Pelton si riescono ad avere rendimenti superiori al 90%.

La **turbina Turgo** è un altro tipo di turbina ad azione che, rispetto alla turbina Pelton, può essere usata anche per salti modesti (comunque superiore a 15 m). In questo tipo di turbina l'acqua può colpire simultaneamente più pale.

Infine nella **turbina cross-flow** le pale sono costituite da semplici lamelle che vengono colpite dall'acqua, proveniente dal distributore, in due istanti diversi. La sua semplice tecnologia la rende molto utile anche nei paesi in via di sviluppo.

■ Turbine a reazione

Nelle turbine a reazione l'energia dell'acqua, al termine del transito nel distributore, non è stata completamente convertita in energia cinetica. L'acqua ha quindi ancora una pressione superiore rispetto a quella ambiente e cede energia alle pale, diminuendo sia la velocità sia la pressione. In una turbina a reazione la girante è completamente sommersa dall'acqua.

La turbina a reazione più diffusa è la **turbina Francis**. L'acqua arriva con un flusso tangenziale (figura 10) e viene poi convogliata nella direzione giusta da un distributore fisso, disposto attorno alla girante, realizzando un flusso centripeto. Quindi l'acqua entra con un flusso radiale ed esce, solitamente, con un flusso assiale.

Nella **turbina Kaplan**, o *turbina a elica*, l'acqua entra nella girante con un flusso assiale ed esce, alla stessa maniera, con un flusso assiale (figura 11). Quindi l'acqua, all'interno della girante, non subisce rotazioni.

In generale la scelta del tipo di turbina dipende sia dall'altezza del salto sia dalla portata dell'acqua. Poiché impianti con salti modesti, per essere convenienti, necessitano di una portata elevata, è possibile una scelta della turbina sulla base solo del salto, secondo quanto riportato nella tabella 1.

Figura 10 Turbina Francis. L'acqua entra con direzione radiale e viene convogliata verso le pale dal distributore. La turbina è completamente immersa in acqua, trattandosi di una turbina a reazione.

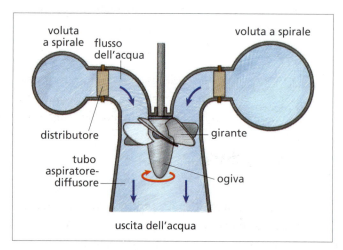

Figura 11 Turbina Kaplan. L'acqua entra ed esce con simmetria assiale.

Tabella 1 Scelta della turbina in base al salto

Tipo di turbina	Salto (m)
Kaplan	$2 < H < 20$
Francis	$10 < H < 350$
Pelton	$50 < H < 1300$
Cross-flow	$3 < H < 200$
Turgo	$50 < H < 250$

CAPITOLO **10** LE CENTRALI IDROELETTRICHE

ESERCIZI

INDIVIDUA LA RISPOSTA CORRETTA

1 L'uomo ha sfruttato l'energia del vento e dell'acqua solo in tempi recenti con l'avvento delle centrali idroelettriche e delle pale eoliche. V F

2 L'equazione di continuità traduce, con formalismo matematico applicato ai fluidi, il principio di conservazione della massa. V F

3 Se in un condotto, in assenza di pozzi e sorgenti, la sezione triplica, allora la velocità si riduce di 1/3. V F

4 Per far scorrere acqua su un tubo orizzontale con velocità costante non è necessario applicare una differenza di pressione tra i due estremi del tubo. V F

5 Poiché in un fiume la quota diminuisce progressivamente e la pressione rimane sempre costante, la velocità della corrente aumenta, essendo minima alla sorgente e massima alla foce. V F

6 In una centrale idroelettrica si cerca di minimizzare le perdite di carico rispetto al percorso naturale del fiume. V F

7 Il salto netto può essere anche maggiore del salto lordo. V F

8 Il funzionamento di un impianto ad acqua fluente è influenzato dalla portata del corso d'acqua. V F

9 Le turbine trasformano direttamente l'energia dell'acqua in energia elettrica. V F

10 Una turbina ad azione è sempre completamente sommersa dall'acqua. V F

11 Un impianto idroelettrico a bassa caduta, per essere economicamente conveniente, deve avere una portata elevata. V F

12 Un impianto idroelettrico può essere realizzato solo in montagna per poter sfruttare le differenze di quote tra il letto del fiume a monte e a valle dell'impianto. V F

TEST

13 Una portata d'acqua di 5 m³/s corrisponde a:

a. 5 L/s

c. 5 kg/s

b. 5000 L/s

d. 50 kg/s

14 Una portata di 0,5 m³/s di acqua scorre in una condotta di sezione 0,10 m². La velocità dell'acqua è:

a. 5 m/s

c. 0,05 m/s

b. 50 m/s

d. 0,02 m/s

15 La potenza teoricamente ottenibile da un impianto idroelettrico con portata di 1 m³/s e salto netto pari a 1 m è:

a. 1 W

c. 1 kW

b. 9,8 W

d. 9,8 kW

16 In una centrale idroelettrica il salto lordo è 14 m e la portata è pari a 70 m³/s. Considerando un rendimento complessivo dell'83%, la potenza ottenibile è:

a. 800 kW

c. 8000 kW

b. 700 kW

d. 10 kW

17 In un impianto idroelettrico, con un salto di 35 m, le perdite di carico corrispondono a 2,5 m. Il rendimento idraulico è pari al:

a. 93%

b. 97,5%

c. 90%

d. (Non ci sono dati sufficienti)

18 In un impianto idroelettrico il rendimento delle opere di adduzione è pari a 95%, quello idraulico delle palette della girante è del 90%, quello della turbina è del 92%; sapendo che il rendimento complessivo è del 78%, il rendimento del trasformatore è pari al:

e. 100%

g. 90%

f. 99%

h. 80%

19 Un impianto idroelettrico ha una potenza teorica di 800 MW; se la potenza elettrica ceduta dal trasformatore è 640 MW, il rendimento dell'impianto è pari al:

a. 80%

c. 64%

b. 90%

d. 100%

20 La producibilità nel tempo di 1 mese di una centrale idroelettrica con potenza pari a 800 kW, vale:

a. 800 kWh

c. 576 MWh

b. 2,40 MWh

d. 576 MW

183

ESERCIZI

MODULO F L'ENERGIA IDROELETTRICA

PROBLEMI

1. Un getto d'acqua esce da un tubo con una velocità di 20 cm/s, quando la sezione del tubo è di 0,1 m². Con quale velocità uscirebbe se si restringesse la sezione fino a 0,02 m²? [1 m/s]

2. Una portata d'acqua pari a 1,8 m³/s scorre in un tubo. Determina il modulo della velocità dell'acqua quando attraversa una sezione del tubo di raggio 0,30 m. [6,4 m/s]

3. L'acqua entra in una casa dall'acquedotto alla pressione di 150 kPa e alla velocità di 40,0 cm/s in un tubo di 4,00 cm di diametro. Un tubo di 2,00 cm di diametro è situato sul pavimento del secondo piano, alla quota di 6,00 m, ed è collegato al tubo verticale che porta l'acqua al secondo piano. Quanto vale la pressione nel primo tubo quando non fluisce acqua nel tubo verticale? Quando l'acqua comincia a fluire nel tubo verticale, quanto vale la velocità con cui esce dal tubo? [90 kPa; 1,6 m/s]

4. Una tubazione ha una portata di 30 L/s. Nella sezione A, avente un diametro di 12 cm, viene misurata una pressione di 0,25 MPa. La sezione B, di diametro 15 cm, è posta a una quota altimetrica di 5 m inferiore. Trascurando gli attriti, calcola la velocità e la pressione nella sezione B. [1,7 m/s; 3,0 MPa]

5. Si vuole progettare la producibilità annua per un impianto con bacino di accumulo a quota 141 m e con un ricettore a quota 46 m. La portata si assume costante e pari a 0,6 m³/s. Considerando un rendimento complessivo dell'84%, calcola la potenza dell'impianto e la producibilità annua. [560 kW; 4,9 GWh]

6. La centrale idroelettrica Esterle, a Porto d'Adda, nel Comune di Cornate d'Adda (MB), sfrutta una portata di 111,8 m³/s e un salto lordo di 37 m. La potenza netta dell'impianto è di 31,5 MW. Determina il rendimento complessivo dell'impianto. [78%]

7. La centrale idroelettrica di Nova Levante, nel lago di Carezza (BZ), produce 1,8 GWh di energia all'anno, sfruttando una portata massima di 657 L/s e un salto di 88 m. Assumendo un rendimento pari all'85%, calcola la potenza massima producibile e la portata media in ingresso all'impianto. [480 kW; 280 m³/s]

8. La centrale idroelettrica Rio Riva, nel Comune di Campo Tures (BZ), sfrutta un salto lordo di 435 m e un salto utile di 416,5 m. La portata massima derivabile è 4,80 m³/s e quella media è 2074 L/s. Calcola il rendimento delle opere di adduzione e la potenza nominale media. Sapendo che l'impianto produce mediamente 64 GWh all'anno, qual è il rendimento complessivo dell'impianto? [96%; 8841 kW; 82%]

9. L'impianto idroelettrico di Balme (TO) sfrutta una portata massima di 650 L/s e un salto netto di 248,25 m. La potenza utile dell'impianto è pari a 1434 kW. Determina il rendimento dell'impianto. Sapendo che l'impianto produce annualmente 7,6 GWh di energia, calcola la portata media in ingresso. [91%; 390 L/s]

Le competenze del tecnico ambientale

La centrale di Piottino, nel Canton Ticino (CH), costruita tra il 1928 e il 1932, ha le seguenti caratteristiche:

- quota massima del bacino di accumulo = 945 m;
- salto utile netto = 341 m;
- portata nominale = 24 m³/s;
- potenza installata = 63 MW;
- numero e tipo di turbine = 3 Francis;
- produzione media di energia in un anno = 310 GWh.

Usando i dati tecnici sopra riportati e deducendo da essi le informazioni essenziali, redigi una breve relazione tecnica, spiegando il funzionamento della centrale, la tipologia della stessa e il rendimento complessivo.

Environmental Physics in English

Role of hydropower in sustainable development

In recent years, it has been increasingly recognized that all human socio-economic development necessitates modification of natural systems, but also that humankind is dependent on functioning ecosystems to survive; ecological processes sustain life on the planet. To support long-term human needs requires more intensive and wiser management of all natural resources, including water. The hydropower sector, encapsulated by both water and energy policy, has often found itself at the centre of the debate on sustainability.

Hydropower projects are available in various forms and offer a wide diversity of scales that can meet many needs and contexts. According to the IEA (2000), hydropower projects can be classified in a number of ways, which are not mutually exclusive:

- by purpose (single or multi-purpose);
- by storage capacity (run-of-river or reservoir projects);
- by size ranging from micro (less than 100 kW), mini (100 kW-1 MW) and small (1 MW-10 MW) sizes up to medium and large-scale projects.

The large dam versus small dam debate is still unfolding. This debate has significant energy policy consequences and could also have serious implications for future hydropower projects. From an environmental standpoint, the distinction between renewable small dams and non-renewable large dams is arbitrary. By the laws of physics, all hydropower projects are renewable. It is not size that defines whether a project is sustainable or not, but the specific characteristics of the project, its location and the way the project is planned, implemented and operated.

Furthermore, when one compares small hydro with large hydropower on the basis of equivalent electricity production, the environmental advantage of small over large hydro becomes much less obvious. What is less damaging for the environment? One very large powerplant, on one river, with an installed capacity of 2000 MW, or 400 small hydropower plants of 5 MW on a hundred rivers? Could the overall impact of a single 2000 MW project be less than the cumulative impact of 400 small hydropower projects of 5 MW, given the number of rivers and tributaries that will be affected? In addition, geometry demonstrates that a small object has more surface area in proportion to its volume than a large object, and the difference is quite significant. When doubling the sides of a cube, its surface area is 4 times larger but its volume is 8 times larger. This implies that to obtain the same water storage volume, the land mass inundated by 400 small hydropower plants of 5 MW is several times larger than the land mass inundated by a single 2000 MW plant. This involves several times the impacts on habitats to provide the same storage volume of a single very large reservoir.

Although the total area inundated by the smaller projects may be larger than that of one big project, the overall impacts may be less severe (e.g. resettlers can move to higher grounds and remain in the village, wildlife movement is unimpaired, etc.) While it is obvious that a smaller human intervention on a specific habitat has fewer impacts than a very large intervention on the same habitat, hydropower projects should be compared from the point of view of the energy and power produced, that is to say, on the service provided to society. From this standpoint, the cumulative impacts of a multitude of small hydro projects might be larger than those of a single project, given the diversity of ecosystems that may be affected and the much larger cumulative surface area to be inundated for equivalent storage volume with small projects.

For many years engineers, environmental scientists and ecologists have sought to understand how dams affect the ecology of rivers and to determine how the adverse effects are best prevented or rectified. These efforts have resulted in the development of a broad range of avoidance and mitigation strategies. The integration of environmental considerations into the planning and operation of large dams is now more or less standard practice and, although not always completely successful, mitigation and compensation measures have reduced the incidence of negative environmental impacts.

Furthermore, all options for electricity generation result in some negative environmental impacts, so when considering the environmental consequences of hydropower it is necessary to compare the environmental impacts of alternative power generation options. Fossil fuel generation is a significant threat to ecosystems because of its numerous emissions. As well as global warming, deposition of these pollutants causes, amongst other negative impacts, soil and freshwater acidification. In many developing countries, hydropower is the only large-scale alternative to coal and

ESERCIZI

MODULO F L'ENERGIA IDROELETTRICA

because it emits no NO_x, SO_x, particles, mercury and very little CO_2 may overall, have less impact on the biosphere. Hydropower supplies about 19% of the world's electricity needs, offsetting mainly fossil-fuel-fired thermal generation.
Not all the environmental impacts of a dam are necessarily negative. Often the construction of a reservoir results in benefits to some species.

Once a reservoir has formed and reached a state of stability, its subsequent dynamic behavior is often (although not always) similar to that of a natural lake. Consequently, the reservoir will benefit those aquatic species that prefer still water to moving water. In England and Wales, there are more than 500 reservoirs. These provide habitat for birds and other water

associated organisms and are particularly valuable because extensive areas of wetland have been drained.

(Adapted from "Role of Hydropower in Sustainable Development" International Hydropower Association, in AA. VV., Mini Hydro e Impatti Ambientali, Politecnico di Torino, 2011).

GLOSSARY

- **Sustainability**: sostenibilità
- **IEA**: International Energy Agency
- **Run of river project**: progetto ad acqua fluente
- **Reservoir project**: progetto con bacino di accumulo
- **Dam**: diga
- **Tributary**: affluente
- **Unimpaired**: inalterato
- **Avoidance stategy**: strategia di elusione
- **Threat**: minaccia
- **Global warming**: riscaldamento globale
- **Overall**: complessivamente
- **Wetland**: terreno umido, acquitrinoso, palude

READING TEST

1 The size of hydropower plant defines wheter a project is sustainable or not. ☐T ☐F

2 To obtain the same mass storage volume, the total area inundated by smaller projects may be larger than that of one big project. ☐T ☐F

3 The efforts of many engineers, environmental scientists and ecologists, about the infleunce of dams in the ecology of rivers have resulted in the development of a broad range of avoidance and mitigation strategies. ☐T ☐F

4 The environmental impact of a dam can be also positive. ☐T ☐F

5 In many developing countries, hydropower is the only large-scale alternative to coal. ☐T ☐F

Modulo F
CAPITOLO 11
Sviluppo dell'energia idroelettrica

11.1 Interazione con l'ambiente

In Italia la produzione di energia idroelettrica si è sviluppata a partire dalla fine dell'Ottocento. Il primo impianto idroelettrico di una certa importanza fu costruito nel 1889, sfruttando le acque di due laghetti artificiali sul fiume Gorzente, nei pressi di Genova; la sua energia alimentava alcune zone della città, tra cui la stazione ferroviaria, e il suo trasporto avveniva in corrente continua. Nel 1892 fu costruita un'altra centrale idroelettrica per alimentare la città di Roma, sfruttando le cascate dell'Aniene a Tivoli. Fu tra le prime centrali idroelettriche al mondo nelle quali il trasporto dell'energia avveniva in corrente alternata, per limitare la dissipazione di energia per effetto Joule.

A partire dalla fine dell'Ottocento, in Italia, l'energia elettrica divenne pressoché di sola origine idroelettrica. Ancora nel 1960 l'energia idroelettrica rappresentava circa l'80% della energia elettrica totale in Italia.

Il grande sviluppo dell'idroelettrico, che consentì l'industrializzazione del paese e la ripresa dopo la Seconda guerra mondiale, portò con sé anche una sempre maggiore consapevolezza delle problematiche a esso connesse. È del 1959 il crollo della diga sul fiume Malpasset, nei pressi di Frejus, e del 1963 la tragedia del Vajont (Belluno), nella quale morirono circa 2000 persone, causata da una frana che, distaccatasi dal monte Toc, precipitò all'interno dell'invaso artificiale, sollevando una ondata d'acqua che distrusse il territorio del Comune di Longarone.

Parallelamente la crescente sensibilità ambientale portò a evidenziare l'interazione, non sempre positiva, che i grandi invasi e la riduzione della portata dei corsi d'acqua avevano con gli ecosistemi locali. Le prospettive di ulteriore sviluppo del settore idroelettrico, comunque arrivato a una percentuale di sfruttamento molto elevata, dovettero quindi essere riviste.

MODULO F L'ENERGIA IDROELETTRICA

Allo stato attuale esistono, a livello di Comunità europea, due tendenze differenti che risultano in contrasto tra di loro. In un'ottica ambientalista, con la Direttiva 2000/60/CE del Parlamento europeo e del Consiglio del 23 ottobre 2000, si punta al raggiungimento del buono stato ecologico-ambientale di tutti i corpi idrici naturali e degli ecosistemi a essi connessi. Poiché, come vedremo, l'impatto ambientale degli impianti idroelettrici sugli ecosistemi può essere rilevante, la Direttiva ha di fatto posto limitazioni all'ulteriore sviluppo dell'idroelettrico.

Al tempo stesso la Direttiva 2009/28/CE del Parlamento europeo e del Consiglio del 23 aprile 2009 (recante modifiche e successiva abrogazione delle Direttive 2001/77/CE e 2003/30/CE) promuove l'utilizzo delle *fonti energetiche rinnovabili* (FER), con l'obiettivo di raggiungere, a livello di Comunità europea, entro il 2020, una quota di energia da FER pari al 20% dei *consumi finali lordi* (CFL), e al contempo migliorare del 20% l'efficienza energetica.

Il duplice aspetto contrastante, quindi, impone di trovare il giusto compromesso perché sia salvaguardato l'ecosistema fluviale e, al tempo stesso, si possa incrementare l'utilizzo di una fonte di energia rinnovabile, come l'idroelettrico, la cui tecnologia è oramai molto conosciuta e che comporta emissioni nulle di gas serra.

Le maggiori interazioni tra un impianto idroelettrico e l'ambiente circostante riguardano:

- inquinamento acustico;
- inquinamento estetico;
- ricadute sugli ecosistemi.

L'*inquinamento acustico* è prevalentemente dovuto all'utilizzo delle turbine. La sua rilevanza dipende prevalentemente dalla presenza, o meno, di abitazioni nelle zone limitrofe. In generale la tecnologia attuale consente di contenere il rumore al di sotto di 70 dBA all'interno dell'impianto, e a livelli appena percettibili all'esterno di esso. A Norrköping, in Svezia, si è riusciti a contenere il rumore rivolgendosi a un unico fornitore, per qualsiasi componente da installare, con lo scopo di studiare soluzioni innovative.

L'*inquinamento estetico* nasce da una maggiore sensibilità verso la salvaguardia della bellezza dell'ambiente naturale. È difficilmente mitigabile per quello che riguarda i grandi impianti, mentre si possono ottenere buoni risultati per quello che riguarda impianti di minori dimensioni.

Le *ricadute sugli ecosistemi* sono quelle che producono le maggiori interazioni con l'ambiente circostante. Queste consistono in una diminuzione e un aumento della quantità d'acqua, rispettivamente a valle e a monte della diga, con conseguente variazione della qualità dell'acqua stessa.

> Importante, ad esempio, è l'individuazione del cosiddetto **deflusso minimo vitale (DMV)**, caratteristico di ogni particolare corso d'acqua, che può essere definito come la minima quantità d'acqua fluente in alveo necessaria a consentire il perpetuarsi della comunità biologica.

L'inserimento in un corso d'acqua di uno sbarramento, infatti, determina, come già visto, una variazione nella quantità d'acqua presente con conseguente mutamento della temperatura dell'acqua stessa, del livello di ossigenazione, della capacità di diluizione di eventuali sostanze inquinanti ecc.

CAPITOLO 11 SVILUPPO DELL'ENERGIA IDROELETTRICA

In Italia non esiste una norma nazionale che consenta di individuare il DMV caratteristico di ogni corso d'acqua e la sua determinazione è lasciata alle Regioni. In Piemonte, ad esempio, il DMV deve essere pari al 10% della portata istantanea e le turbine devono essere fermate quando la portata scende al di sotto di tale valore o al di sotto di valori specifici determinati per ogni singolo fiume.

Parallelamente è necessario uno studio accurato della tipologia di pesci che popolano il fiume di interesse. Vi sono infatti dei pesci che risalgono la corrente e dei pesci che la discendono. Ovviamente l'introduzione di uno sbarramento può causare una modifica nelle abitudini di questi pesci con rischi per la biodiversità. È necessario allora introdurre dei passaggi per pesci che consentano di risalire gradualmente il dislivello sfruttato per produrre l'energia elettrica, e predisporre opportune reti che impediscano ai pesci di entrare nelle opere di presa (alcuni tipi di turbine sono causa di mortalità della fauna ittica, a causa delle collisioni con le pale delle stesse).

Tra i metodi usati per consentire la risalita dei pesci vi sono le cosiddette *scale per pesci*, gli *ascensori* e le *chiuse*. Gli ascensori e le chiuse vengono usati per consentire il superamento di dislivelli notevoli, mentre le scale vengono usate per superare piccoli dislivelli. Lo scopo di una scala è quello di suddividere il dislivello in tanti scalini di altezza inferiore, dissipando, al tempo stesso, l'energia dell'acqua, e deve essere progettata, in collaboazione tra ingegneri e biologi, sulla base del particolare pesce da instradare: pesci che nuotano sul fondo della corrente avranno bisogno di passaggi, tra i vari gradini posti sul fondo; pesci che saltano lungo la corrente devono avere la possibilità di salire ogni gradino. Devono inoltre essere previste delle aree di sosta, così come particolare attenzione deve essere rivolta al metodo per attirare i pesci: il pesce migratore, infatti, viene attirato dalle correnti, ma, al tempo stesso, le evita se sono troppo forti.

Nei primi impianti idroelettrici i pesci che discendevano la corrente passavano attraverso la turbina, con una mortalità che poteva arrivare fino al 40% a causa delle ferite provocate da impatti contro corpi rigidi o da variazioni di pressione o da correnti d'acqua con direzioni differenti. Oggi si tende a usare delle griglie, poste all'imbocco del canale di presa. Queste non devono essere poste trasversalmente rispetto al flusso della corrente, in quanto generano una tendenza all'accumulo di detriti, con conseguente intasamento. La disposizione migliore quindi è quella inclinata da monte a valle, con un canale per i pesci posto all'estremità della griglia. Il pesce così, dopo avere urtato contro la griglia, scivola lungo la stessa fino a raggiungere il passaggio che gli consente di superare il dislivello, senza finire all'interno degli organi meccanici.

Ovviamente l'impianto idroelettrico gode del grande vantaggio di essere a emissione zero di gas serra, polveri inquinanti o calore. Rispetto alla produzione di energia mediante tecniche termoelettriche, ogni kWh di energia prodotta con tecnologia idroelettrica consente di evitare l'immissione in atmosfera di 670 g di CO_2. Una centrale idroelettrica che genera energia pari a 6 GWh consente di ridurre l'emissione annua di CO_2 fino a 4000 t rispetto a una centrale a carbone.

Da quanto esposto, sembra che la soluzione migliore possa essere rappresentata dal *mini-hydro*. Infatti un impianto piccolo consente di mitigare l'impatto sul territorio e di limitare il trasporto dell'energia elettrica prodotta, che può essere utilizzata direttamente nei pressi delle centrale. Esistono, al tempo stesso, voci contrarie rappresentate prevalentemente dalle associazioni ambientaliste, secondo le quali impianti di dimensioni ridotte non determinano impatti modesti nell'habitat naturale, poiché qualunque opera di captazione idrica produce alterazioni ambientali. Inoltre il sistema delle

189

MODULO F L'ENERGIA IDROELETTRICA

incentivazioni, fornite ai privati che intendono gestire impianti idroelettrici, ha determinato una corsa sfrenata all'utilizzo di quei pochi corsi d'acqua ancora non utilizzati.

Possiamo concludere che le fonti energetiche rinnovabili a emissioni zero di CO_2, polveri e calore, come l'idroelettrico, presentano notevoli vantaggi rispetto ad altre forme di produzione energetica, sottolineando che la tutela dell'ambiente può comunque essere garantita, per lo meno, a un costo ambientale minore.

Di certo i grandi impianti comportano costi ambientali elevati: la centrale idroelettrica più grande del mondo, quella delle Tre Gole sul fiume Yangtse (Cina), con una diga alta 185 metri e lunga 2,4 km, che produce annualmente circa 100 TWh di energia, con una portata di 102 500 m^3/s (realizzata anche per contenere le piene del fiume), ha di certo causato l'estinzione del delfino dello Yangtse, la quasi scomparsa dello storione cinese e inoltre ha determinato l'inondazione di 632 km^2 di territorio, con centri abitati e siti archeologici, e l'emigrazione forzata di circa 1 200 000 persone.

11.2 La situazione nel mondo

Attualmente la produzione annua di energia idroelettrica costituisce circa il 16,3% del totale di energia elettrica prodotta, corrispondente a circa 3500 TWh (nel 2010), la maggiore quota tra tutte le fonti di energia alternative e/o rinnovabili. La produzione di energia nucleare è pari a circa il 12,8%, mentre le altre fonti di energia alternativa e/o rinnovabili (solare, eolico, geotermico ecc.) complessivamente costituiscono circa il 3,6%. La produzione di energia elettrica da fonti fossili è pari a circa il 67,2% del totale dell'energia elettrica.

L'energia idroelettrica prodotta da Cina, Brasile, Canada e USA è pari al 50% circa della produzione mondiale, mentre 10 paesi complessivamente producono il 70% (tabella 1).

Tabella 1 Principali produttori di energia idroelettrica (International Energy Agency, 2010)

Stato	Energia idroelettrica prodotta (TWh)	Percentuale di energia idroelettrica rispetto al totale di quella prodotta (%)
Cina	694	14,8
Brasile	403	80,2
Canada	376	62,0
Stati Uniti	328	7,6
Russia	165	15,7
India	132	13,1
Norvegia	122	95,3
Giappone	85	7,8
Venezuela	84	68
Svezia	67	42,2

La quantità di energia idroelettrica complessivamente prodotta è passata da circa 925 TWh nel 1965 a 3500 TWh nel 2011 (figura 1), con l'aumento percentuale più elevato in Asia (da 150 TWh nel 1965 a 1100 TWh nel 2011, con un aumento percentuale medio annuo pari al 16% circa) e in America latina (da 60 TWh nel 1965 a 750 TWh nel 2011, con un aumento percentuale medio annuo del 27% circa).

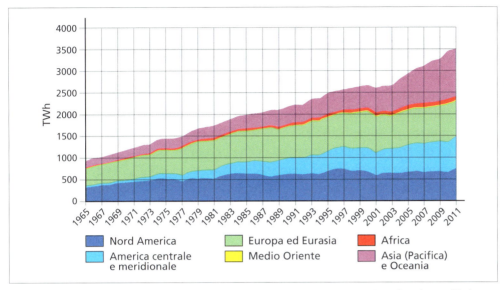

Figura 1 Produzione di energia idroelettrica dal 1965 al 2011. (Technology Roadmap: Hydropower; International Energy Agency, 2012.)

Complessivamente la produzione di energia idroelettrica è in aumento e ha raggiunto i 1000 GW alla fine del 2010, con un tasso di crescita annuo medio del 2,5%.

Si ritiene che il potenziale mondiale possa arrivare dagli attuali 3500 TWh/anno fino a 15 000 TWh/anno, corrispondente a una potenza di circa 3750 GW (considerando una operatività per 4000 ore/anno). Si stima che il massimo incremento sia in Africa, dove può essere sfruttato ancora il 92% circa del potenziale, e il minimo in Europa, con un margine del 47% circa.

L'aumento annuo di potenza prodotta, misurato negli ultimi anni, risulta di circa 24,2 GW, avendo raggiunto i 1100 GW circa alla fine del 2011. Si stima che nel 2017 la produzione annua arriverà a 1300 GW (figura 2).

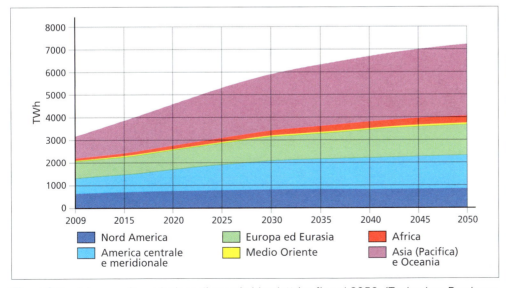

Figura 2 Previsione per la produzione di energia idroelettrica fino al 2050. (Technology Roadmap: Hydropower; International Energy Agency, 2012.)

11.3 La situazione in Italia

In Italia, fino alla seconda metà degli anni Sessanta del secolo scorso, l'energia idroelettrica riusciva a soddisfare circa il 60% della domanda. Il successivo aumento della richiesta, dovuto a una sempre maggiore industrializzazione e diffusione del benessere, ha portato tale percentuale a diminuire.

Nel 2008 l'energia idroelettrica prodotta in Italia è stata pari a 41 623 GWh, cioè circa l'11,7% del fabbisogno nazionale e circa il 72% del totale dell'energia prodotta da fonti rinnovabili (eolica, solare, geotermica e da bioenergie). Nel 2011 l'energia idroelettrica prodotta in Italia è stata pari a 45 823 GWh, pari al 13,2% circa del fabbisogno nazionale e al 55% circa del totale dell'energia prodotta da fonti rinnovabili (eolica, solare, geotermica e da bioenergie), a causa del notevole incremento di produzione di energia elettrica da fotovoltaico.

Il patrimonio nazionale idroelettrico è costituito prevalentemente da pochi grandi impianti: quelli con potenza superiore a 10 MW, alla fine del 2011, erano infatti 301 (circa il 10,4% del numero totale di impianti, pari a 2902), con una potenza complessiva di 15 200 MW (contro una potenza totale di 18 100 MW, pari quindi all'84% circa).

Negli ultimi anni vi è stato un aumento del numero degli impianti dovuto prevalentemente all'aumento degli impianti mini idroelettrici, con potenza inferiore a

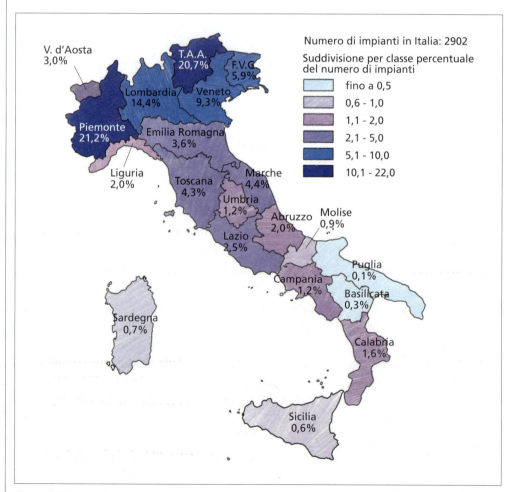

Figura 3 Distribuzione del numero degli impianti idroelettrici nel territorio nazionale al 2011. (Rapporto Statistico 2011, GSE.)

CAPITOLO 11 SVILUPPO DELL'ENERGIA IDROELETTRICA

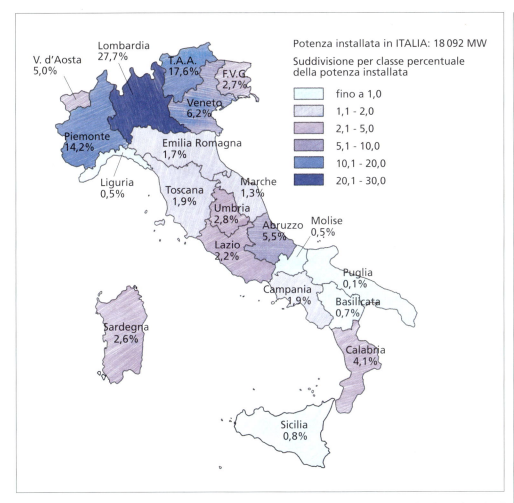

Figura 4 Distribuzione della potenza prodotta dagli impianti idroelettrici nel territorio nazionale al 2011. (Rapporto Statistico 2011, GSE.)

1 MW. Infatti nell'anno 2000, erano presenti, sul territorio nazionale, 1958 impianti, con una potenza complessiva di 16 641 MW (quindi la potenza media per impianto risultava pari a 8,5 MW); nel 2011 il numero degli impianti è passato a 2902, con un incremento medio annuo del 4% e la potenza complessivamente installata è passata da 16 641 MW (nel 2000) a 18 092 MW, con un incremento medio annuo pari allo 0,72% (con una potenza media per impianto di 6,2 MW).

Nelle figure 3 e 4 sono riportate rispettivamente la distribuzione degli impianti idroelettrici sul territorio nazionale e la distribuzione della potenza.

La fonte idraulica viene sfruttata prevalentemente nel Settentrione, dove si concentra l'80% circa del numero di impianti e il 76% circa della produzione complessiva; la Lombardia è la regione con la maggiore potenza installata (pari a 5016 MW, che corrisponde al 18% circa della produzione complessiva, localizzata in 418 impianti); il Piemonte è la regione con il maggior numero di impianti (605, pari al 21% circa del totale, con una potenza complessiva di 2572 MW, pari al 14% del totale).

Si nota ad esempio che, tra le Regioni del centro Italia, l'Umbria ha un basso numero di impianti (35, pari all'1,2% del totale nazionale) ma una potenza installata percentualmente maggiore (511 MW, pari al 2,8% del totale nazionale) per effetto della centrale idroelettrica di Marmore (Terni).

11.4 Barriere allo sviluppo dell'idroelettrico

Le *barriere* attualmente esistenti allo sviluppo dell'idroelettrico sono in generale di tre tipologie:

- *barriere normative*;
- *barriere economiche*;
- *barriere ambientali.*

A livello normativo le procedure necessarie per poter installare un impianto idroelettrico nell'Unione Europea variano da Stato a Stato e spesso anche all'interno della stessa nazione. Generalmente il tempo di attesa, in Italia, è dell'ordine dei 3 anni e numerosi sono i passi da compiere: dall'autorizzazione al diritto di derivazione dell'acqua pubblica, a quella per l'impatto ambientale e per l'allacciamento alla rete pubblica, alle procedure per la realizzazione delle opere civili.

Tutte queste procedure, che spesso cambiano in corso d'opera, tendono, evidentemente, a scoraggiare eventuali investitori.

Alcuni studi hanno indicato nella lentezza del procedimento autorizzativo la principale barriera allo sviluppo dell'idroelettrico in Italia; sarebbe necessario avere garanzie sui tempi necessari (che devono comunque essere ragionevoli), e costi ragionevoli per il disbrigo dell'intero iter (costi che, invece, diventano molto elevati, sia per la Pubblica Amministrazione, sia per l'investitore, specialmente se viene richiesta una Valutazione di impatto ambientale).

Risulta difficile calcolare a priori il costo di un impianto idroelettrico, in quanto fortemente dipendente dalla tipologia dell'impianto e dal sito nel quale si vuole inserire. A titolo puramente indicativo, si può stimare il costo dell'investimento iniziale, compreso tra 1500 e 2700 € per kWh installato, mentre il costo operativo annuo oscilla tra il 2% e il 3% dell'investimento iniziale.

Considerando una durata dell'impianto di circa 20 anni (è difficile stabilire un costo medio dell'energia prodotta, in quanto le opere civili hanno una durata molto maggiore di quelle meccaniche, per cui i tempi di ammortamento delle spese sostenute inizialmente sono differenti ed è quindi estremamente difficile tenerne conto in maniera corretta) e un funzionamento di 3700 ore annue, è stato calcolato un costo dell'energia prodotta compreso tra 0,043 e 0,103 €.

Come le altre forme di energia prodotta da fonti rinnovabili, anche quella idroelettrica gode di incentivazioni, attualmente stabilite sulla base del DM 6 luglio 2012.

Nonostante la crescente sensibilità ambientale abbia determinato uno sviluppo nelle conoscenze circa la mitigazione dell'impatto ambientale, si continua a ritenere che l'energia idroelettrica rappresenti una fonte di energia a elevato impatto ambientale e a moderato rischio per la popolazione. Va comunque ricordato che tutti i meccanismi di produzione di energia comportano un certo grado di interazione con l'ambiente, e l'energia idroelettrica, che tra le fonti rinnovabili è la più nota in quanto usata da maggior tempo, è forse quella che garantisce un minore impatto sull'ambiente.

Dal punto di vista della sicurezza va ricordato che oggi la tecnologia idroelettrica comporta rischi minimi per la popolazione. In particolare in Italia, dove risulta abbastanza improbabile la realizzazione di nuovi impianti di grandi dimensioni e lo sviluppo dell'idroelettrico è affidato prevalentemente al mini idroelettrico, il rischio per la popolazione può essere ritenuto del tutto trascurabile.

CAPITOLO **11** SVILUPPO DELL'ENERGIA IDROELETTRICA

ESERCIZI

INDIVIDUA LA RISPOSTA CORRETTA

1 In Italia, a partire dal 1960, la frazione di energia elettrica di origine idrica cominciò ad aumentare. ☐V ☐F

2 L'inquinamento estetico può essere mitigato prevalentemente nei piccoli impianti. ☐V ☐F

3 La progettazione delle scale per pesci deve essere eseguita considerando le caratteristiche dei pesci del fiume in esame. ☐V ☐F

4 Gli impianti mini-hydro hanno impatto nullo sull'ambiente. ☐V ☐F

5 In Italia la produzione annua di energia idroelettrica costituisce il 55% dell'energia prodotta da fonti rinnovabili o alternative. ☐V ☐F

TEST

6 In Italia la regione con il più alto numero di impianti idroelettrici è:

a. il Trentino Alto Adige.

b. il Friuli Venezia Giulia.

c. il Piemonte.

d. il Veneto.

7 In Italia la regione con la massima potenza installata è:

a. il Veneto.

b. la Valle d'Aosta.

c. l'Umbria.

d. la Lombardia.

8 In Italia il costo operativo annuo di un impianto idroelettrico è:

a. circa il 2,5% circa del costo iniziale.

b. circa il 10% del costo iniziale.

c. circa 1000 €.

d. dipendente dal tipo di impianto, ma comunque superiore al 5%.

9 In Italia il tempo di attesa per l'autorizzazione alla realizzazione di un impianto idroelettrico è:

a. il più basso in Europa.

b. di circa 3 anni.

c. di 1 anno.

d. nullo, cioè non c'è tempo di attesa in quanto non è richiesta alcuna autorizzazione.

10 In Italia la regione con il minor numero di impianti idroelettrici è:

a. la Puglia.

b. la Basilicata.

c. la Sicilia.

d. la Sardegna.

DOMANDE

1 In Italia lo sviluppo del settore idroelettrico ha avuto un arresto nella seconda metà del '900. Quali furono i motivi di tale arresto?

2 Quali sono le posizioni attuali della Comunità europea in materia di impianti idroelettrici?

3 Individua quali sono i maggiori problemi a livello ambientale causati dalla costruzione di un impianto idroelettrico. Spiega inoltre se è possibile limitarli.

4 Cos'è il deflusso minimo vitale?

5 Perché ha senso uno studio congiunto da parte di biologi e ingegneri nella fase di progettazione di un impianto?

6 Quali metodi vengono utilizzati per consentire la risalita dei pesci?

7 Quali sono i vantaggi degli impianti idroelettrici rispetto a una centrale a carbone?

8 A quanto ammonta la produzione mondiale annua di energia idroelettrica in termini percentuali? Qual è la previsione per la produzione di energia elettrica a livello mondiale nei prossimi anni?

9 Quali sono le principali barriere allo sviluppo dell'idroelettrico?

195

ESERCIZI
MODULO F L'ENERGIA IDROELETTRICA

Le competenze del tecnico ambientale

Esegui una ricerca, anche in rete, per individuare le centrali idroelettriche nella tua regione.

- Classificale in base sia al tipo sia alla quantità di energia prodotta.
- Riesci anche a individuare dei luoghi dove potrebbe essere installato un impianto mini-hydro?

 Environmental Physics in English

Hydropower in Europe

At present, only about half the technically feasible potential for hydropower in Europe has been developed. The additional potential could be 660 TWh a year, of which 276 TWh would be in EU member states and more than 200 TWh in Turkey.

In countries that have already extensively developed hydropower, environmental regulations and economic considerations may limit its further expansion, and not all technical potential will likely be harvested. For example, hydropower in France already generates 67 TWh/y on average. The overall technical potential has been assessed at 95 TWh/y, but taking the strongest environmental protection in full account brings the total to 80 TWh – still a 19% increase from current level.

EU member states have a common target of 20% renewable energy use by 2020. The European Union has also introduced the Water Framework Directive to turn rivers back to their original environment as far as possible, with a focus on pollution reduction. In certain rivers, this will result in reduced hydropower generation capacity due to increased compensation flow (i.e. the body of water bypassing the hydropower plant – HPP). A significant barrier for future development of hydropower in Europe is the lack of harmonisation between EU energy policy and various EU water management policies. This creates substantial regulatory uncertainties, which are amplified by highly variable national implementation of these conflicting EU legislations. To promote implementation of renewable energy schemes, many EU countries have introduced large economic support programmes, such as feed-in tariffs. Some of these systems include smaller-scale hydropower projects, but most exclude larger-scale hydropower projects.

In this context, reservoir hydropower plants (HPP) and pumped – storage plants (PSP) could facilitate the expansion of variable renewables. Several countries are strengthening or creating ties with Norway, which has considerable hydropower potential. Norway's Statnett and UK's National Grid, for example, are jointly developing a project to construct a HVDC cable between Norway and Great Britain. The North Sea Offshore Grid Initiative aims to provide energy security, foster competition and connect offshore wind power. It will benefit from Norway's HP capacity. Reservoir and cascading HPP in the Alps or the Pyrenees could also play an important role in backing up the expansion of wind power and PV. PSPs, previously used for night pumping and diurnal generation, are now used for frequent pumping and generation during either day or night, as a result of the expansion of variable renewables.

Europe is at the forefront of the development of new PSP, either open-loop or pump-back. Germany, for example, which has very little conventional hydropower, already has about 7 GW of PSP and will add 2.5 GW by 2020. Within the same time frame, France will add 3 GW to its current 5 GW and Portugal will quadruple its 1 GW capacity. Italy, Spain, Greece, Austria and Switzerland also plan to develop new PSP. According to their National Renewable Energy Plans, EU countries will increase their PSP capacities from 16 GW in 2005 to 35 GW by 2020. Storage volumes, however, differ markedly between countries. In Spain, PSP can be used to offset several-day periods of low generation from renewables; in the United Kingdom, storage is limited

CAPITOLO **11** SVILUPPO DELL'ENERGIA IDROELETTRICA

ESERCIZI

to shifting generation by several hours to better match demand. European islands, such as the Spanish El Hierro or the Greek Ikaria, now host the first PSP directly coupled with wind power. Larger islands may have larger ambitions. Ireland, with many U-shaped glacial valleys close to its windy west coast is considering an "Okinawa-style",4 seawater PSP including a dam that would close one of these valleys. The 700 MW base, 2.2 GW peak load power station would be fed by 18 directly coupled 100-MW wind farms. It would send power to the national grid, and export to the United Kingdom and Europe. This roadmap foresees a hydropower capacity in Europe of 310 GW by 2050, with hydroelectricity reaching 915 TWh.

(From: Technology Roadmap: Hydropower, International Energy Agency, 2012)

GLOSSARY

- **Harvested**: raccolto
- **Feed in tariff**: tariffe agevolate per chi investe in energie rinnovabili; conto energia
- **Tie**: legami
- **Statnett**: gestore dell'energia elettrica in Norvegia
- **UK's National Grid**: gestore dell'energia elettrica nel Regno Unito
- **Forefront**: avanguardia

READING TEST

1 Hydropower in France can be increased up to 19%. ⬜ T ⬜ F

2 The hydropower generation capacity of certain plants will reduce to increase compensation flow. ⬜ T ⬜ F

3 In Europe there is harmonization between EU energy policy and various EU water management policies. ⬜ T ⬜ F

4 Norway has considerable hydropower capacity. ⬜ T ⬜ F

5 In Italy there is a plan to develop new hydropower plants. ⬜ T ⬜ F

Modulo G

CAPITOLO **12**

Energia dalla Terra

Janaph- / Shutterstock

12.1 Struttura della Terra

La Terra ha una struttura interna formata da tre strati concentrici di diverso spessore. Procedendo dall'esterno verso l'interno troviamo:

- la **crosta**;

- il **mantello**;

- il **nucleo**, suddiviso in *nucleo esterno* e *nucleo interno*.

La stratificazione è dovuta alla diversa densità dei materiali che costituiscono gli involucri, all'attrazione gravitazionale, nonché alla rotazione terrestre: i materiali più densi si trovano nel nucleo interno e i materiali meno densi nella crosta. Tra uno strato e l'altro sono presenti superfici sferiche, dette **discontinuità**, che evidenziano le variazioni di densità. Procedendo verso il centro della Terra si distinguono tre tipi di discontinuità (figura 1):

- la **discontinuità di Mohorovičić**, a profondità variabile tra 5 e 70 km, separa la crosta dal mantello;

- la **discontinuità di Gutenberg**, a 2900 km di profondità, separa il mantello dal nucleo esterno;

- la **discontinuità di Lehmann**, a 5100 km di profondità, separa il nucleo esterno da quello interno.

È stato possibile conoscere la struttura interna della Terra grazie allo studio delle *onde sismiche*. La velocità di propagazione delle onde sismiche varia in base alla composizio-

198

CAPITOLO 12 ENERGIA DALLA TERRA

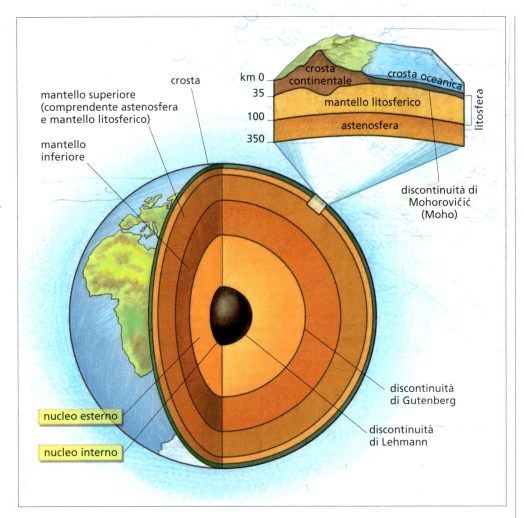

Figura 1 Schema della struttura interna della Terra.

ne, alla densità e alle proprietà meccaniche del tipo di roccia attraversato; esse inoltre modificano la loro direzione nel passaggio da un materiale a un altro poiché subiscono riflessioni e rifrazioni.

In corrispondenza delle discontinuità le onde sismiche vengono dunque deviate dalla loro traiettoria e modificano la loro velocità di propagazione: ciò sta a indicare che gli involucri della Terra sono formati da materiali diversi. Nella crosta terrestre le onde si propagano più lentamente, mentre nel mantello si propagano più velocemente.

La **crosta terrestre** è un sottilissimo involucro di spessore irregolare. Si distinguono due tipi di crosta:

- la **crosta oceanica**, più densa e sottile (7-10 km di profondità), che costituisce il pavimento dei fondali oceanici;

- la **crosta continentale**, meno densa e più spessa (varia tra 25 e 70 km di profondità), che emerge in superficie e risulta più irregolare e complessa.

Il **mantello** è lo strato di maggiore spessore, estendendosi fino a 2900 km di profondità. È costituito principalmente da silicati e ossidi. A causa dell'incremento di temperatura e pressione che si accompagna con l'aumento della profondità, le rocce del mantello sono solide e rigide nella parte più superficiale, subito al di sotto della crosta, e di-

199

ventano più plastiche e viscose man mano che si avvicinano al nucleo. Pertanto si distinguono nel mantello una porzione solida, che insieme alla crosta terrestre forma la **litosfera** (profonda fino a 100 km), e una porzione *semifluida*, più profonda, detta **astenosfera**. Nell'astenosfera avvengono i moti convettivi responsabili dei movimenti tettonici della litosfera.

Nella porzione più profonda del mantello le rocce diventano nuovamente solide a causa della pressione elevata. Il **nucleo** occupa la parte centrale della Terra, con un raggio di circa 3500 km. La temperatura sale da 3000 °C, in prossimità del mantello, a circa 4500 °C al centro della Terra. Il materiale del **nucleo esterno** ha pertanto le caratteristiche di un fluido, mentre il **nucleo interno** è allo stato solido a causa dell'enorme pressione (3,6 milioni di atmosfere). Si ritiene che il nucleo abbia composizione metallica, data da leghe di ferro con nichel e altri metalli.

12.2 Calore dalla Terra

La Terra al suo interno è calda e la sua temperatura aumenta gradualmente con la profondità. Si definisce **gradiente geotermico** l'aumento di temperatura in funzione della profondità, che corrisponde, in media, a circa 3 °C ogni 100 metri nella crosta. Nel mantello e nel nucleo la temperatura aumenta più lentamente, fino a raggiungere i 4500 °C al centro della Terra.

Il **grado geotermico**, invece, corrisponde all'intervallo di profondità per il quale si registra un aumento di temperatura di 1 °C; il valore del grado geotermico è in media di 33 m. Il calore interno della Terra viene continuamente disperso verso l'esterno attraverso la sua superficie. Il nostro pianeta è paragonabile a un grande termosifone che disperde calore, attraverso la superficie, verso lo spazio esterno.

Si definisce **flusso di calore** la quantità di energia termica che viene emessa dalla Terra per unità di superficie in una unità di tempo, e si misura in HFU (*Heat Flow Unit*, unità di flusso di calore): 1 HFU = 1 microcaloria/(cm$^2 \cdot$ s). Ciò significa che ogni metro quadro di superficie terrestre emette una quantità di calore pari a 0,6 calorie al minuto.

Il flusso termico non è omogeneo sulla superficie terrestre ed è maggiore nelle zone in cui avvengono intensi fenomeni vulcanici e sismici, che si accompagnano a processi tettonici. Ad esempio la risalita di magma in corrispondenza delle dorsali oceaniche determina un notevole flusso termico. Le carte di distribuzione del flusso termico consentono di individuare le aree di superficie terrestre in cui poter sfruttare la geotermia.

Il *calore interno terrestre* ha due fonti distinte.

- Il *calore interno residuo* (o *calore fossile*), accumulato durante la formazione del pianeta nella sua prima fase di vita, che risale a circa 4,6 miliardi di anni fa. Da allora la Terra si è raffreddata molto lentamente e conserva ancora una gran parte del calore iniziale.

- Il *calore prodotto dal decadimento radioattivo* di alcuni elementi chimici presenti nelle rocce. Gli elementi radioattivi più diffusi sono ^{238}U, ^{235}U, ^{232}Th e ^{40}K. I nuclei di questi isotopi sono instabili e tendono a raggiungere la stabilità emettendo particelle e radiazioni, trasformandosi così in altri isotopi o altri elementi (figura 2). Le radiazioni attraversano le rocce e le riscaldano. Le maggiori fonti

CAPITOLO 12 ENERGIA DALLA TERRA

Figura 2 Nel decadimento radioattivo la differenza di massa è trasformata in energia.

La massa del nuclide che decade per radioattività è maggiore della massa del nuclide derivato e della particella emessa. La differenza di massa viene trasformata in energia secondo la reazione $E = mc^2$.

di calore radioattivo si trovano alla base della crosta terrestre e nella parte alta del mantello. Oggi si ritiene che il calore radioattivo sia la causa principale del flusso termico.

Il flusso di calore che si registra sulla superficie terrestre può essere il risultato di trasferimenti di calore da zone più calde a zone più fredde all'interno della Terra. Il trasferimento di calore avviene grazie ai **moti convettivi** del mantello (figura 3). Le elevate temperature e le forti pressioni esistenti in prossimità del nucleo rendono le rocce abbastanza plastiche, in grado di comportarsi come un fluido molto viscoso. Un fluido che riceve calore dal basso crea dei moti convettivi di materiale caldo, che sale verso la superficie terrestre, si raffredda e scende verso il basso, dove si crea una nuova corrente convettiva. Tali movimenti sono lentissimi ma costanti e causano gli spostamenti delle placche litosferiche.

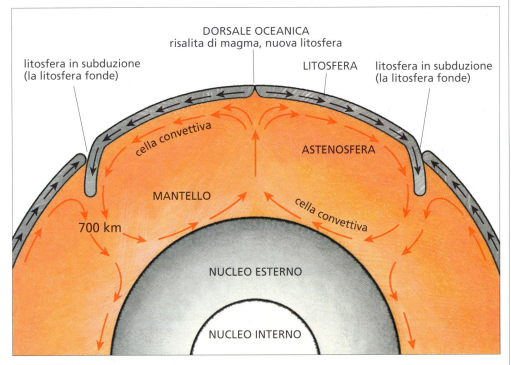

Figura 3 Moti convettivi del mantello.

12.3 Struttura di una centrale geotermica

L'**energia geotermica** è l'energia derivata dal calore presente negli strati più profondi della crosta terrestre. Il calore della Terra può essere sfruttato per produrre energia elettrica oppure per il riscaldamento.

■ Geotermia superficiale

Già a una decina di metri di profondità la temperatura del terreno, indipendentemente dal fatto che sia estate o inverno, rimane costantemente intorno ai 10 °C. Questa temperatura è sufficiente, con l'aiuto di una pompa di calore, a riscaldare le case nella stagione fredda, attività che rappresenta più della metà del consumo energetico delle famiglie nell'Europa centrale.

Si utilizza un impianto, definito **sonda geotermica**, che si ottiene scavando nel terreno un pozzo del diametro di 15 cm circa, in cui vengono inseriti due tubi. Si crea così un circuito chiuso in cui circola acqua che estrae energia termica dal sottosuolo e la trasporta nel locale caldaia. Tramite la pompa il calore viene trasferito all'abitazione. Il sistema funziona come un frigorifero, ma il processo è invertito. Naturalmente anche la pompa necessita di energia elettrica, che viene ricavata con lo stesso procedimento. La sonda produce ottimi risultati, soprattutto perché si può usare quasi dovunque.

Gli impianti di riscaldamento da geotermia superficiale si sono diffusi largamente negli ultimi anni in Svezia e in Germania, dove attualmente un quinto di tutte le nuove costruzioni usa questa tecnologia.

■ Centrale geotermica

Il funzionamento di una centrale geotermica è molto semplice: il flusso di vapore proveniente dal sottosuolo, opportunamente canalizzato, fa girare una turbina alla quale è collegato un alternatore che produce corrente elettrica (figura 4). Se il fluido non ha una temperatura tale da generare vapore, l'acqua calda può essere utilizzata per la produzione di calore, per esempio negli impianti di teleriscaldamento, a servizio di più unità abitative.

La prima centrale geotermica è stata realizzata in Italia, successivamente il maggior sviluppo si è avuto in Islanda, dove l'85% delle case è riscaldato col geotermico. Il più grande complesso geotermico al mondo si trova in Italia sul Monte Amiata, nel Comune di Piancastagnaio; l'impianto ha un potenziale di 1400 MW, sufficiente a soddisfare le richieste energetiche dell'area circostante.

Le centrali geotermiche sfruttano il calore delle profondità terrestri. La temperatura interna

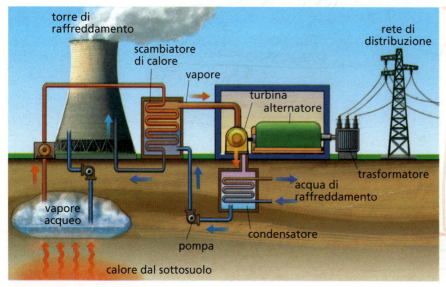

Figura 4 Schema di funzionamento di una centrale geotermica.

della crosta terrestre, come abbiamo visto, aumenta secondo un gradiente geotermico di circa 3 °C ogni 100 metri di profondità. Le acque e i vapori che si sono scaldati in profondità salgono verso la superficie terrestre.

Se il vapore è a una temperatura di 150-250 °C (che si considera alta temperatura), viene fatto risalire in superficie con delle trivellazioni e, attraverso dei vapordotti, è inviato alla **turbina**. L'asse della turbina è collegato al **rotore** dell'**alternatore** che, ruotando, trasforma l'energia meccanica in energia elettrica alternata. Attraverso un **trasformatore**, per mitigare le *perdite di carico*, la tensione viene elevata a 400 000 V e trasportata in prossimità dei centri abitati, dove, con un altro trasformatore, si ottiene la tensione per gli usi domestici (220 V) e gli usi industriali (380 V).

Il vapore uscente dalla turbina, tramite un condensatore, viene riportato allo stato liquido; i gas incondensabili vengono dispersi nell'atmosfera. Una torre di raffreddamento permette di raffreddare l'acqua che esce dal condensatore e di fornire acqua fredda. L'acqua viene poi reimmessa nel terreno, e il ciclo ricomincia.

Quando il vapore non ha un'alta temperatura, può essere utilizzato per scaldare, attraverso uno scambiatore di calore, un altro liquido oppure direttamente acqua.

12.4 Cenni storici sull'energia geotermica

L'Italia è all'avanguardia per quanto riguarda lo sfruttamento dell'energia geotermica: il primo impianto geotermico del mondo è stato infatti costruito a Larderello (Pisa) (figura 5). Nel 1904, nella zona vulcanica di Larderello, l'imprenditore italiano Piero Ginori Conti aveva tentato, per la prima volta e con successo, di produrre elettricità dal vapore che usciva dal terreno per mezzo di una dinamo.

Figura 5 Centrale geotermica di Larderello (Toscana).

Proprio in Toscana, dall'inizio del XX secolo in poi, nella zona dell'Amiata e della Val di Cecina, sono state realizzate oltre 30 centrali geotermiche, in gran parte utilizzate per il riscaldamento di serre.

In breve tempo il calore proveniente dal sottosuolo fu sfruttato come fonte energetica anche in Germania, in Islanda e negli Stati Uniti.

12.5 L'energia geotermica in Italia e nel mondo

La distribuzione del calore geotermico non è omogenea. Più di due terzi di questo calore è emesso dalla crosta terrestre sul fondo degli oceani. È soprattutto lungo la dorsale medio-oceanica che il calore terrestre incontra l'acqua senza poter essere sfruttato. Le isole vulcaniche che emergono su queste «montagne marine», come l'Islanda o la Nuova Zelanda, sono casi eccezionali.

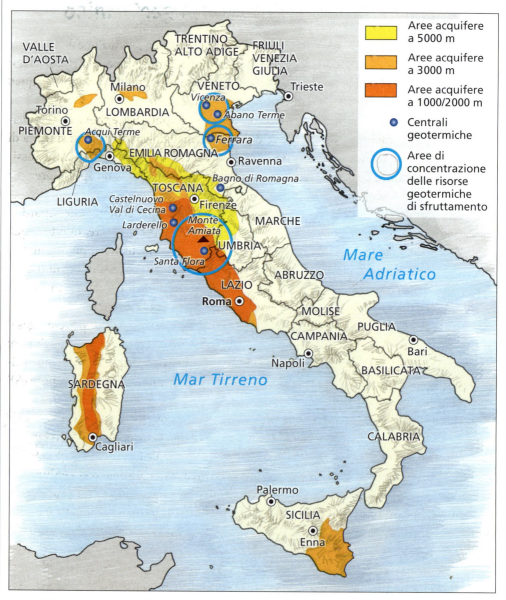

Figura 6 Mappa geotermica italiana.

CAPITOLO **12** ENERGIA DALLA TERRA

L'80% degli impianti geotermici si trova nella cintura di fuoco del Pacifico: è soprattutto ai confini di questo oceano che le placche tettoniche si sovrappongono, dando origine alle isole vulcaniche di Giappone, Indonesia, Filippine e Nuova Zelanda. Anche sotto gli Stati Uniti occidentali, El Salvador e Messico la crosta terrestre è così calda che la scelta geotermica diventa un'opzione importante per l'approvvigionamento energetico. Tuttavia, anche in aree più lontane, come Germania o Australia, è possibile sfruttare il calore terrestre grazie a nuove metodologie. La potenza elettrica complessiva prodotta dalle centrali geotermiche di tutto il mondo equivale a quella di undici centrali nucleari.

L'Italia, situata al confine tra la placca africana e quella europea, è sede di movimenti tettonici e di intensa attività vulcanica. Zone ad alto interesse geotermico si trovano in Toscana, nel Lazio, in Campania, in Veneto, in Sardegna e in Sicilia (figura 6).

12.6 Barriere allo sviluppo del geotermico

L'energia geotermica è considerata un'«energia pulita». La sua produzione non genera, in teoria, polveri o sostanze tossiche da immettere nell'atmosfera e nemmeno rifiuti tossici da smaltire. L'unico sottoprodotto del processo energetico è il vapore acqueo che si libera dalle torri di raffreddamento.

Purtroppo le cose in natura non sono così semplici e «pulite». Le acque che circolano nel sottosuolo raramente sono acque dolci: nella maggior parte dei casi si tratta di soluzioni saline altamente concentrate, contenenti spesso sostanze inquinanti e tossiche. Il vapore acqueo è spesso associato ad altri gas. Nelle acque sono spesso presenti metalli pesanti o arsenico.

Questa caratteristica impedisce un uso diretto delle acque geotermiche; infatti, a causa delle caratteristiche chimiche combinate con le alte temperature, queste acque sono aggressive e corrodono le tubature e le attrezzature con cui vengono a contatto, per cui si rende necessario l'utilizzo di materiali speciali, più costosi di quelli usuali. Acque con queste caratteristiche non possono venire a diretto contatto con suoli e prodotti agricoli, animali o cibi: il loro uso, quindi, deve essere indiretto.

Dal punto di vista ambientale, la qualità dei fluidi geotermici è tale per cui i gas e i fluidi di scarto devono subire necessariamente un trattamento opportuno prima di essere reimmessi in atmosfera o nel circuito delle acque superficiali. La soluzione migliore è quella di condensare e separare i gas inquinanti prima di liberare il vapore e di reimmettere i liquidi nel sottosuolo.

Le grandi *torri di raffreddamento* di una centrale geotermica hanno un impatto ambientale abbastanza importante da un punto di vista estetico, anche se un «inquinamento» di questo tipo è preferibile a quello di una centrale termoelettrica a combustibili fossili. Tuttavia, la presenza di campi geotermici, acque termali o geyser, rendono spesso queste aree particolarmente pregevoli da un punto di vista paesaggistico e ambientale. Spesso in queste zone si trovano stabilimenti termali prestigiosi e di importanza storica, oltre che economica, per cui l'impatto estetico degli impianti può costituire un grave problema.

Le turbine azionate dal vapore producono un inquinamento acustico importante, che si può comunque mitigare con opportuni sistemi di isolamento.

Si può quindi dire che questa energia è *pulita* adottando opportuni accorgimenti.

205

Questa energia è per sempre? L'energia della Terra è apparentemente inesauribile, tuttavia lo sfruttamento dei campi geotermici deve avvenire con un attento controllo e una gestione oculata delle risorse.

12.7 Prospettive future

La prerogativa dell'*energia pulita*, abbinata a un impatto ambientale minimo e a una disponibilità praticamente inesauribile, pone l'energia geotermica tra le fonti da sviluppare in futuro, anche nel caso di impianti di piccola entità, i cosiddetti **impianti domestici**.

Utilizzando infatti sistemi di pompe di calore, che estraggono calore da un fluido impiegando modeste quantità di energia elettrica, da un 1 kWh di energia elettrica si ricevono circa 3-4 kWh di energia termica, i quali possono essere utilizzati per il riscaldamento domestico, per ottenere acque con temperature molto basse, 30-40 °C. Tali temperature sono quelle previste per il riscaldamento a pavimento e a pannelli radianti, invece che a termosifoni.

■ Geotermia per abitazioni

La tecnologia della pompa di calore permette di sfruttare l'energia geotermica in ogni punto della Terra: infatti con tali dispositivi si possono sfruttare anche fonti a bassa temperatura, definite a *bassa entalpia*.

Il sottosuolo riceve energia sia dalle profondità del pianeta sia dal Sole. La geotermia a bassa entalpia sfrutta quindi due fasce ben distinte del sottosuolo:

- la prima fascia va dai 50-150 m fino a circa 350 m di profondità, con temperature che variano dai 12 °C ai 20 °C;

- la seconda fascia, più superficiale, va dai 50-60 cm a pochi metri e sfrutta il calore accumulato dal suolo per irraggiamento.

La geotermia classica utilizza il calore diretto della Terra, con l'uso di acque calde prelevate dal sottosuolo e distribuite nelle abitazioni o negli impianti. L'uso di dispositivi come le pompe di calore permette un utilizzo molto più diffuso e indipendente dalla presenza di un «campo geotermico».

Come funziona un impianto geotermico domestico? Un impianto di geotermia domestica è composto da tre elementi principali:

- **sensori** o **sonde geotermiche**: sono delle semplici tubazioni, contenenti un fluido termovettore a elevata conducibilità termica, inserite nel terreno, che assorbono calore dal sottosuolo;

- **pompa di calore** o **termopompa**: è un generatore che utilizza il calore estratto dalle sonde per renderlo sfruttabile dall'impianto di distribuzione;

- **sistema interno di distribuzione del calore**: impianto di riscaldamento dell'abitazione.

Perché il sistema possa sfruttare al massimo l'energia geotermica, riducendo gli apporti di energia elettrica dall'esterno, è consigliabile un impianto che funzioni a bassa temperatura (30-40 °C) del tipo a pannelli radianti, invece che a termosifoni tradizionali, che utilizzano acqua ad alta temperatura (60-70 °C). Lo stesso impianto può essere utilizzato per il raffrescamento in estate, semplicemente invertendo il funzionamento della pompa di calore. Inoltre si aggiunge un serbatoio per l'accumulo dell'acqua calda.

Vediamo ora i diversi tipi di sonde geotermiche, che possono essere classificate in:

- *sonde verticali*;
- *sonde orizzontali*.

Per utilizzare l'energia geotermica vera e propria si impiegano le **sonde verticali**. Sono costituite da una coppia di tubi a U, del diametro di 10-18 cm, che vengono inseriti in pozzi di profondità tra i 50 e i 350 m (figura 7). Per un'abitazione con una superficie di 100 m², la profondità ottimale è di 70-100 m.

I tubi sono realizzati in polietilene, un materiale inerte rispetto alla composizione chimica del suolo, che non è soggetto a corrosione e garantisce una buona conducibilità termica. Lo spazio vuoto tra i tubi e le pareti del pozzo viene riempito di bentonite, uno speciale conglomerato che garantisce un buon contatto termico tra la sonda e il terreno. I tubi sono poi riempiti di una miscela di acqua addizionata con il 15%-20% di un fluido *termovettore* di composizione simile all'antigelo delle auto, che è in grado di assorbire il calore del terreno in misura maggiore della semplice acqua. Le tubazioni vanno direttamente alla pompa di calore tramite un circuito sigillato: questo garantisce l'assenza di perdite, e quindi nessun inquinamento, e un notevole risparmio d'acqua, che viene continuamente rimessa in circolo senza bisogno di aggiunte. Per il fluido vettore si utilizzano sostanze atossiche e non dannose per l'ozono atmosferico (i cosiddetti composti *ozone friendly*, privi di CFC), per cui anche lo smaltimento al termine della vita dell'impianto non crea problemi all'ambiente.

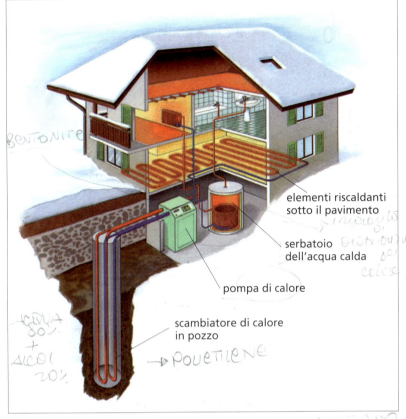

Figura 7 Impianto geotermico domestico con sonde verticali.

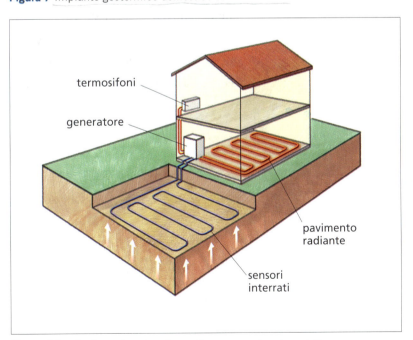

Figura 8 Impianto geotermico domestico con sonde orizzontali.

Un impianto geotermico domestico viene installato in 3-4 giorni, il tempo necessario per eseguire le perforazioni dei pozzi per le sonde e raccordare il sistema all'impianto di distribuzione dell'abitazione. La durata delle sonde è di circa 50-100 anni e l'impianto non necessita di manutenzione.

Per utilizzare l'energia assorbita dal terreno dall'irraggiamento solare, si utilizzano le **sonde orizzontali**. Il principio è lo stesso delle sonde verticali: invece di scendere in profondità, si stende una serpentina di tubi interrati a una profondità di circa 60 cm al di sotto dello strato più superficiale del suolo soggetto a gelare in inverno, oppure si utilizza una serie di «pali energetici» profondi un paio di metri (figura 8).

Per un'abitazione di 100 m², sono necessari circa 120-150 m² di superficie di captazione a contatto con il suolo. Le uniche limitazioni all'uso del terreno in presenza di un impianto a sonde orizzontali sono legate al fatto che la superficie non deve essere pavimentata o asfaltata e che non si piantino alberi di alto fusto, le cui radici potrebbero danneggiare i sensori; per il resto il giardino o l'orto possono essere coltivati e utilizzati come al solito. Anche questo è un sistema pulito e rispettoso dell'ambiente.

Costi e risparmi

Il rendimento di un impianto di geotermia domestica è molto alto: con un riscaldamento a pannelli radianti, i risparmi sui costi di riscaldamento sono di circa il 60% rispetto ai tradizionali sistemi a metano, e possono arrivare fino all'80% rispetto a sistemi che utilizzano gasolio o GPL.

Per dare un'idea del risparmio possibile, basta osservare che il riscaldamento per un anno costa, per ogni m² di superficie riscaldata, dai 5 ai 7 € per un impianto geotermico, dai 9 ai 14 € per uno a metano e dai 14 ai 22 € per un impianto a GPL.

La produzione di acqua calda permette di risparmiare circa il 30% durante l'inverno. Durante l'estate la produzione è gratuita, in quanto l'acqua viene riscaldata a circa 60-70 °C utilizzando il calore sottratto all'aria per la climatizzazione.

Per un'abitazione di 100 m² il costo dell'impianto è di circa 15 000-25 000 €, a seconda delle condizioni geologiche e del tipo di impianto (nel caso dell'impianto con sonde verticali il costo è più elevato); quindi del tutto paragonabile a quello di un impianto tradizionale a gasolio, metano o GPL, a parità di superficie radiante installata. La pompa di calore costa poco più di una buona caldaia a condensazione e il costo maggiore è la realizzazione dell'impianto di distribuzione interno, necessario per ogni forma di riscaldamento. I risparmi energetici permettono di ammortizzare il costo iniziale in circa 5 anni.

La convenienza risulta maggiore per gli impianti da realizzare in nuovi edifici, prevedendo la distribuzione interna a pannelli radianti, che danno il miglior rendimento per impianti di questo tipo.

Vantaggi

I benefici per l'ambiente di questa nuova fonte energetica sono enormi, non solo a livello generale, ma anche all'interno delle singole abitazioni. Infatti, nelle case si crea un'aria più sana: non essendoci fiamme libere, non vi sono gas di scarico, fumi, polveri e non viene bruciato ossigeno, per cui l'aria risulta più pulita. Nelle case dotate di questo tipo di riscaldamento non vi saranno problemi di depositi neri sulle pareti o sugli arredi.

Il riscaldamento a pannelli radianti a bassa temperatura è più salubre: permette di regolare meglio i flussi di calore rendendoli più uniformi negli ambienti ed evitando i picchi di caldo o di freddo.

Questi impianti sono molto sicuri in quanto non vi è combustione, quindi fiamme libere, né tubature o serbatoi con gas; di conseguenza la probabilità di incidenti è praticamente nulla.

CAPITOLO **12** ENERGIA DALLA TERRA   # ESERCIZI

INDIVIDUA LA RISPOSTA CORRETTA

1 L'astenosfera è la parte superiore del mantello. V F

2 La litosfera ha uno spessore medio di 100 km. V F

3 La discontinuità di Gutenberg divide i due strati che formano il nucleo. V F

4 Le onde sismiche aumentano di velocità penetrando nel mantello. V F

5 Il mantello costituisce lo strato più spesso dell'interno della Terra. V F

6 La Moho è la superficie che divide il nucleo interno dal nucleo esterno. V F

TEST

7 Il calore interno della Terra è originato principalmente da

a. calore fossile primordiale.

b. decadimento di elementi radioattivi nella crosta.

c. calore del nucleo terrestre che si diffonde per radiazioni.

d. Nessuna delle risposte precedenti.

8 Il flusso di calore

a. è maggiore in quelle zone in cui avvengono intensi fenomeni vulcanici.

b. è maggiore sui continenti perché la crosta è più ricca di materiali radioattivi.

c. è sostanzialmente uguale sui continenti e sugli oceani.

d. Nessuna delle risposte precedenti.

9 Quali valori raggiunge la temperatura interna della Terra nel nucleo?

a. Circa 1000 °C.

b. 4000-5000 °C.

c. 10 000-15 000 °C.

d. 2500-3000 °C.

10 La discontinuità che si trova a 5100 km di profondità, tra nucleo interno e nucleo esterno, è la discontinuità di

a. Gutenberg.

b. Mohorovičić.

c. Richter.

d. Lehmann.

11 La discontinuità che separa la crosta terrestre dal mantello è definita discontinuità di

a. Gutenberg.

b. Mercalli.

c. Mohorovičić.

d. Lehmann.

12 Indica il nome corretto della discontinuità situata a 2900 km di profondità, tra mantello e nucleo.

a. Gutenberg

b. Richter

c. Mohorovičić

d. Lehmann

13 Gli impianti a bassa entalpia sono utilizzati

a. solo per il riscaldamento degli edifici.

b. solo per il raffrescamento degli edifici.

c. per il riscaldamento e il raffrescamento.

d. Nessuna delle risposte precedenti.

14 Per un appartamento di 100 m² quale superficie è necessaria per le sonde orizzontali?

a. 10 m²

b. 1000 m²

c. 500 m²

d. 120-150 m²

209

ESERCIZI
MODULO G L'ENERGIA GEOTERMICA

DOMANDE

1. Descrivi la struttura e la composizione del mantello.
2. Quali sono le principali discontinuità sismiche?
3. Qual è il significato delle discontinuità sismiche?
4. Quali sono le caratteristiche del nucleo terrestre?
5. Come varia la temperatura all'interno della Terra?
6. Quali sono le cause del calore interno della Terra?
7. Cos'è il grado geotermico?
8. Fornisci una definizione del flusso di calore.
9. A quanto corrisponde 1 HFU?
10. Quali sono i tre elementi principali di un impianto geotermico domestico?

Le competenze del tecnico ambientale

Redigi una relazione tecnica per la progettazione di un impianto geotermico domestico, spiegando il funzionamento dell'impianto, la tipologia e la convenienza rispetto a un altro tipo di impianto.
Ti servono le seguenti conoscenze preliminari:

- saper interpretare le carte geologiche;
- in base al sottosuolo e alle caratteristiche e tipologia dell'edificio, saper indicare il tipo di impianto: a sonde verticali o a sonde orizzontali;
- conoscere tutte le componenti dell'impianto;
- indicare i costi e la convenienza di tale impianto.

Environmental Physics in English

Enhanced Geothermal Systems (EGS)

In general terms, geothermal energy consists of the thermal energy stored in the Earth's crust. Thermal energy in the earth is distributed between the constituent host rock and the natural fluid that is contained in its fractures and pores at temperatures above ambient levels. These fluids are mostly water with varying amounts of dissolved salts; typically, in their natural in situ state, they are present as a liquid phase but sometimes may consist of a saturated, liquid-vapor mixture or superheated steam vapor phase. The amounts of hot rock and contained fluids are substantially larger and more widely distributed in comparison to hydrocarbon (oil and gas) fluids contained in sedimentary rock formations underlying the United States.
Geothermal fluids of natural origin have been used for cooking and bathing since before the beginning of recorded history; but it was not until the early 20th century that geothermal energy was harnessed for industrial and commercial purposes. In 1904, electricity was first produced using geothermal steam at the vapor-dominated field in Larderello, Italy. Since that time, other hydrothermal developments, such as the steam field at The Geysers, California; and the hot-water systems at Wairakei, New Zealand; Cerro Prieto, Mexico; and

CAPITOLO 12 ENERGIA DALLA TERRA **ESERCIZI**

Reykjavik, Iceland; and in Indonesia and the Philippines, have led to an installed world electrical generating capacity of nearly 10,000 MWe and a direct-use, nonelectric capacity of more than 100,000 MWt (thermal megawatts of power) at the beginning of the 21st century. The source and transport mechanisms of geothermal heat are unique to this energy source. Heat flows through the crust of the Earth at an average rate of almost

$$59 \text{ mW/m}^2 \ [1.9 \times 10^{-2} \text{ Btu/h/ft}^2]$$

The intrusion of large masses of molten rock can increase this normal heat flow locally; but for most of the continental crust, the heat flow is due to two primary processes:

1. Upward convection and conduction of heat from the Earth's mantle and core, and

2. Heat generated by the decay of radioactive elements in the crust, particularly isotopes of uranium, thorium, and potassium.

Local and regional geologic and tectonic phenomena play a major role in determining the location (depth and position) and quality (fluid chemistry and temperature) of a particular resource. For example, regions of higher than normal heat flow are associated with tectonic plate boundaries and with areas of geologically recent igneous activity and/or volcanic events (younger than about 1 million years). This is why people frequently associate geothermal energy only with places where such conditions are found – such as Iceland, New Zealand, or Japan (plate boundaries), or with Yellowstone National Park (recent volcanism) – and neglect to

consider geothermal energy opportunities in other regions. In all cases, certain conditions must be met before one has a viable geothermal resource. The first requirement is accessibility. This is usually achieved by drilling to depths of interest, frequently using conventional methods similar to those used to extract oil and gas from underground reservoirs. The second requirement is sufficient reservoir productivity. For hydrothermal systems, one normally needs to have large amounts of hot, natural fluids contained in an aquifer with high natural rock permeability and porosity to ensure long-term production at economically acceptable levels. When sufficient natural recharge to the hydrothermal system does not occur, which is often the case, a reinjection scheme is necessary to ensure production rates will be maintained.

Thermal energy is extracted from the reservoir by coupled transport processes (convective heat transfer in porous and/or fractured regions of rock and conduction through the rock itself). The heatextraction process must be designed with the constraints imposed by prevailing in situ hydrologic, lithologic, and geologic conditions. Typically, hot water or steam is produced and its energy is converted into a marketable product (electricity, process heat, or space heat). Any waste products must be properly treated and safely disposed of to complete the process. Many aspects of geothermal heat extraction are similar to those found in the oil, gas, coal, and mining industries. Because of these similarities, equipment, techniques, and terminology have been borrowed or adapted for use in geothermal development, a fact that has, to some degree,

accelerated the development of geothermal resources. Nonetheless, there are inherent differences that have limited development such as higher well-flow requirements and temperature limitations to drilling and logging operations.

EGS concepts would recover thermal energy contained in subsurface rocks by creating or accessing a system of open, connected fractures through which water can be circulated down injection wells, heated by contact with the rocks, and returned to the surface in production wells to form a closed loop. The idea itself is a simple extrapolation that emulates naturally occurring hydrothermal circulation systems – those now producing electricity and heat for direct application commercially in some 71 countries worldwide.

(Adapted from "The future of geothermal energy", Massachusetts Institute of Technology, 2006)

ESERCIZI

MODULO G L'ENERGIA GEOTERMICA

GLOSSARY

- **Stored**: accumulata
- **Earth's crust**: crosta terrestre
- **Superheated**: surriscaldato
- **Harnessed**: sfruttata
- **Heat flow**: flusso di calore
- **Tectonic plate boundaries**: confine tra placche tettoniche
- **Viable**: fattibile, attuabile
- **Drilling**: perforazione, trivellazione
- **Steam**: vapore
- **Marketable**: commerciabile
- **EGS**: Enhanced Geothermal Systems, Sistemi Geotermici Avanzati

READING TEST

1. The geothermal energy is of the thermal energy stored in the Earth's crust. ☐T ☐F

2. The fluids are mostly water with varying amounts of dissolved salts. ☐T ☐F

3. Geothermal fluids of natural origin have been used for cooking and bathing for industrial and commercial purposes since before the beginning of recorded history. ☐T ☐F

4. The electricity was first produced using geothermal steam at the vapor-dominated field in California in 1904. ☐T ☐F

5. The regions of higher than normal heat flow are associated with tectonic plate boundaries and with areas of geologically recent igneous activity and/or volcanic events. ☐T ☐F

Indice analitico

A

accelerazione, 6
– di gravità, 6
accumulatori, 65
ACE (Attestato di certificazione energetica), 120, 123
acetoclastici, 158
acetogenesi, 158
acqua
– calda
– – per il riscaldamento degli ambienti, 39
– – sanitaria, 39
– – – fabbisogno di, 43
– calore specifico, 44
– opere di scarico, 177
– portata, 169
acque reflue urbane, 138
aeromotori
– lenti, 89
– veloci, 90
alcol etilico, 141
alternatore, 173, 203
anidride
– carbonica, 133
– solforosa, 134
APE (Attestato di prestazione energetica), 120
ascensori, 189
assorbimento, coefficiente di, 38
astenosfera, 200
Attestato di certificazione energetica (ACE), 120, 123
Attestato di prestazione energetica (APE), 120
attrazione gravitazionale, forza di, 6
azimut, 41

azione
– e reazione, 6
– – coppia di forze di, 6
– – principio di, 6
– punto di, 5

B

bacino di accumulo, 175
banda/e
– di conduzione, 55
– di energia, 55
– di valenza, 55
barile equivalente di petrolio (bep), 19
barrel of oil equivalent (boe), 19
batteri
– acetogenici, 158
– idrolitici, 158
– metanigeni, 158
– – mesofili, 159
– omoacetogenici, 158
– psicrofili, 159
battiscopa radianti, 116
bep (barile equivalente di petrolio), 19
Bernoulli, teorema di, 171, 172
Betz, legge di, 80, 84
biocarburanti, 161
biocombustibili, 139, 155
– frazione solida, 155
– frazione volatile, 155
– – componente gassosa, 155
– – componente liquida, 155
biodiesel, 139, 140, 161
– fase di estrazione, 161
– processo di raffinazione, 162
bioetanolo, 139, 141, 162
biogas, 157
biomasse, 127, 128
– centrali a, 147

– classificazione, 129
– da residui agricoli, 134, 135
– di origine vegetale, 129
– legnose, 130, 131
– non residuali, 129
– per la produzione di biocombustibili, 139, 142
– per la produzione di biogas, 136, 138
– residuali, 128
– rinnovabilità, 147
– sostenibilità, 147
– utilizzo energetico, 147
biopower, 148
biossido di azoto, 133
boe (*barrel of oil equivalent*), 19
british thermal unit (btu), 19
bruciatore, 114
btu (*british thermal unit*), 19

C

caldaia/e, 114
– a condensazione, 114
– a premiscelazione, 114
– ausiliaria, 40
– tipologia di, 114
calore, 13
– assorbito, 16
– ceduto, 16
– dalla Terra, 200
– flusso di, 200
– – unità di, 200
– fossile, 200
– interno terrestre, 200
– – prodotto dal decadimento radioattivo, 200
– – residuo, 200
– pompa di, 206
– propagazione per irraggiamento, 23

213

– quantità di, 13
– scambiato, 13
– specifico, 13
– – dell'acqua, 44
calorimetria, equazione fondamentale della, 13
campo, 63
– elettromagnetico, 23
– eolico, 80
– – potenza specifica di un, 80
canale di adduzione, 178
capacità, 65
– termica, 13
captazione, opere di, 177
carbonaie, 154
carbone vegetale, 154
carbonio
– ciclo, 128
– combustione
– – completa, 132
– – incompleta, 132
carbonizzazione, 154
carico
– cinetico, 171
– perdita di, 172, 203
– piezometrico, 171
– potenziale gravitazionale, 171
– totale, 172
casa a costo zero, 117
cella/e
– fotovoltaica, 54
– solari, 58
– – caratteristica tensione-corrente, 60
– – corrente
– – – di cortocircuito, 60
– – – nel punto di massima potenza, 60
– – in parallelo, 62
– – in serie, 61
– – moduli, 61
– – pannelli, 61
– – stringhe, 61
– – tensione
– – – a circuito aperto, 60
– – – nel punto di massima potenza, 60
centrale/i
– a biomassa, 147
– di trasformazione dell'energia idrica in energia elettrica, 177
– geotermica, 202

– – struttura, 202
– idroelettriche, 168, 173
– – a bacino di accumulo, 175
– – a bassa caduta, 176
– – a media caduta, 176
– – ad acqua fluente, 175
– – ad alta caduta, 176
– – ad altissima caduta, 176
– – all'interno di un acquedotto, 175
– – classificazione, 175
– – con centrale a valle di un bacino di accumulo, 175
– – grandi impianti, 176
– – inserite negli acquedotti, 176
– – micro impianti, 176
– – mini impianti, 176
– – parti costitutive, 177
– – piccoli impianti, 176
certificati verdi, 96
CFL (consumi finali lordi), 188
char, 155
chiuse, 189
ciclo del carbonio, 128
cippato, 130
cippatrici, 130
classe energetica, 100
– cambio di, 106
– – isolamento delle pareti, 108
– – vetri basso emissivi (*low-e*), 107
– di un edificio, 105
classifica climatica dei Comuni italiani, 119
Clausius, enunciato di, 17
co-combustione (*cofiring*), 156
coefficiente
– di assorbimento, 38
– di emissione, 38
– di potenza, 83
– globale di scambio termico
– – per trasmissione, 121
– – per ventilazione, 121
cofiring, 156
cogenerazione, 151, 152
– impianti di, 130
collettore, 38
colture
– da biomassa lignocellulosiche, 129
– da carboidrati, 129
– energetiche, 129
– – dedicate, 129
– oleaginose, 129

combustibili, 17
– fossili, 127, 128
combustione
– completa, 132
– del carbonio
– – completa, 132
– – incompleta, 132
– dell'idrogeno, 132
– dello zolfo, 132
– diretta, 150
composti *ozone friendly*, 207
conducibilità termica, 106
– coefficiente di, 106
– materiali a bassa, 106
– materiali ad alta, 106
conduttore, 54, 55
conduzione, 37
consumi finali lordi (CFL), 188
continuità, equazione di, 169, 171
conversione
– biochimica, 157
– chimica, 161
– termochimica, 148
convezione, 37
convogliamento, opere di, 177
copertura
– a cupola
– – a doppia membrana, 160
– – a tripla membrana, 160
– – semplice, 160
– fattore di, 47
– galleggiante, 160
– gasometrica, 160
coppia azione e reazione, 6
corpi scaldanti, 115
corpo nero, 26
– spettro di emissione, 25
costante
– di Planck, 27
– di Stefan-Boltzmann, 26
– di Wien, 26
– solare, 28
crosta, 198
– continentale, 199
– oceanica, 199
– terrestre, 199

D

deflusso minimo vitale (DMV), 188
diagrammi solari, 31

diga, 175
digestato, 158
digestione anaerobica, 157, 158
– a secco, 158
– a umido, 158
– tipologie impiantistiche, 160
digestori semplificati, 160
dinamica
– dei fluidi, 168
– legge fondamentale della, 6
– seconda legge della, 6
– terza legge della, 6
diodo, 57
discontinuità, 198
– di Gutenberg, 198
– di Lehmann, 198
– di Mohorovičić, 198
distributore, 181
DMV (deflusso minimo vitale), 188
drogaggio, 56

E

edificio, 113
– energia termica
– – dovuta agli apporti interni, 121
– – dovuta agli apporti solari, 121
– – fabbisogno, 120, 121
– impianto termico, 113
– prestazione energetica, 119, 123, 120
– – indice di, 119
– – metodo calcolato di progetto, 120
– – metodo di calcolo dal rilievo
dell'edificio, 120
– – requisiti minimi, 123
effetto fotovoltaico, 54, 58
– produzione di corrente elettrica, 57
efficienza
– di conversione, 58
– energetica, 65
elemento
– pentavalente, 56
– tetravalente, 56
– trivalente, 56
elettroni, 54
– assorbimento di energia, 54
– emissione di energia, 54
emissione, coefficiente di, 38
energia, 10
– assorbimento di, 54
– cinetica, 10

– – finale, 10
– – iniziale, 10
– da sostanze organiche, 127
– dalla Terra, 198
– emissione di, 54
– eolica, 78
– gap di, 55
– geotermica, 202
– – barriere allo sviluppo, 205
– – cenni storici, 203
– – in Italia, 204
– – nel mondo, 204
– idroelettrica, 169
– – sviluppo, 187
– – – barriere, 194
– – – – ambientali, 194
– – – – economiche, 194
– – – – normative, 194
– – – interazione con l'ambiente, 187
– – – ricadute sugli ecosistemi, 188
– – – situazione in Italia, 192
– – – situazione nel mondo, 190
– incidente, 39
– interna, 13
– – variazione di, 14
– intervallo proibito, 55
– meccanica, 12
– potenziale, 11
– – gravitazionale, 11
– pulita, 206
– solare disponibile, 46
– teorica producibile, 179
– teorica ricavabile, 179
– trasferita, 39
Energy Star, 104
enunciato
– di Clausius, 17
– di Lord Kelvin, 17
EPi (indice di prestazione energetica),
120
equazione
– di continuità, 169, 171
– fondamentale della calorimetria, 13
equilibrio
– temperatura di, 37
– termico, 37
esterificazione, 140
etichetta energetica, 100
etichettatura energetica, 100
– dei condizionatori, 103
– dei forni elettrici, 103
– delle lampade, 104

– delle lavastoviglie, 103
– delle lavatrici, 102
– di frigoriferi e congelatori, 101
– norme di riferimento, 100
– per apparecchiature da ufficio, 104
– per elettrodomestici, 101
ettronvolt, 19

F

fan coil (ventilconvettori), 116
fanghi prodotti negli impianti di
depurazione delle acque, 138
fasce climatiche, 119
fattore
– di copertura, 47
– di riempimento, 61
FER (fonti energetiche rinnovabili),
188
fermentatori acidogeni, 158
filiere energetiche, 163
fill-factor, 61
filtraggio, opere di, 177
fluido/i, 168
– termovettore, 39, 207
flusso
– di calore, 200
– – unità di, 200
focolare, 114
fonti
– a bassa entalpia, 206
– energetiche a bilancio nullo di CO_2,
147
– energetiche rinnovabili (FER), 188
– rinnovabili, 127
forni
– a griglia, 151
– a letto fluido, 153
– a tamburo rotante, 154
forza, 4
– di attrazione gravitazionale, 6
– peso, 6
– resistente, 7
fotosintesi, 128, 150
– clorofilliana, 128
Fourier, legge di, 106
Francis, turbina, 182
frazione organica dei rifiuti urbani,
137
frequenza, 24

INDICE ANALITICO

G

gap di energia, 55
gas
– di pirolisi, 155
– di sintesi, 155
gassificazione, 156
generatore, 177
– fotovoltaico, 63
– – potenza nominale, 63
– – tensione nominale, 63
geotermia
– per abitazioni, 206
– superficiale, 202
GG (gradi giorno), 119
girante, 181
giunzione *p-n*, 57
– polarizzazione diretta, 57
– polarizzazione inversa, 57
gondola, 88
gradi giorno (GG), 119
gradiente geotermico, 200
grado geotermico, 200
grandezza/e, 1, 2
– fisiche, 1
– vettoriali, 4
Gutenberg, discontinuità di, 198

H

Heat Flow Unit (HFU), 200
hertz, 24
HFU (*Heat Flow Unit*), 200

I

idrogeno, combustione, 132
idrogenotrofi, 158
idrolisi, 158
IEE (indice di efficienza energetica), 102
impianto/i
– di cogenerazione, 130
– di riscaldamento, 113
– – autonomo, 115
– – centralizzato, 115
– eolici
– – dimensionamento degli, 89

– – impatto ambientale, 91
– – norme
– – – accordi internazionali, 94
– – – in Italia, 94
– – – Protocollo di Kyoto, 94
– – – sul paesaggio, 94
– – – sulla Rete Natura 2000, 95
– – – sulla VIA (valutazione di impatto ambientale), 95
– – obiettivi UE
– – – per la produzione di energia da fonti rinnovabili, 94
– – – per la riduzione di gas serra, 94
– – realizzazione, 95
– – – competenze, 95
– – – procedure autorizzative, 95
– fotovoltaici, 58
– – collegati alla rete (*grid-connected*), 65, 68
– – componenti, 58
– – dimensionamento, 66
– – fabbisogno dell'utenza, 66
– – non collegati alla rete (*stand-alone*), 65, 67
– – – a utilizzo diretto, 67
– – vantaggi, 71
– – – ambientali, 73
– – – economici, 71
– geotermico domestico, 206
– – sistema interno di distribuzione del calore, 206
– – sonde geotermiche, 206
– – termopompa, 206
– idroelettrico, *v.* centrali idroelettriche
– solari, 39
– – a circolazione forzata, 41
– – a circolazione naturale, 40
– termico, 113
indice
– di efficienza energetica (IEE), 102
– di prestazione energetica (EPi), 120
– di prestazione energetica globale, 119
inerzia, principio di, 5
inquinamento
– acustico, 188
– estetico, 188
inquinanti atmosferici
– anidride carbonica, 133
– anidride solforosa, 134
– biossido di azoto, 133

– effetti sull'uomo e sull'ambiente, 133
– metano, 133
– ossido di azoto, 133
– polveri sospese, 134
insolazione equivalente, 67
inverter, 64
– efficienza, 64
– rendimento, 64
irraggiamento, 23, 37
isolante, 54, 55
– termico, 106

J

joule, 8

K

Kaplan, turbina, 182
kilocaloria, 19
kilowattora, 18

L

lacuna, 56
lavoro, 7, 12, 13
– compiuto dal sistema sull'ambiente esterno, 14
– compiuto dall'ambiente esterno sul sistema, 14
– elementare, 8
legge/i
– della dinamica
– – legge fondamentale, 6
– – seconda legge, 6
– – terza elgge, 6
– di Betz, 80, 84
– – grafico in funzione del rallentamento percentuale, 86
– di Fourier, 106
– di Stefan-Boltzmann, 26
– di Wien, 26
legna da ardere, 130
Lehmann, discontinuità di, 198
letto fluido, 153
– bollente, 153
– circolante, 153
litosfera, 200

INDICE ANALITICO

livelli energetici, 54
Lord Kelvin, enunciato di, 17
luce, velocità di propagazione
    nel vuoto, 23
lunghezza d'onda, 24

M

MA (*Mass Air*), 30
macchina termica, 15
– rendimento, 16
mantello, 114, 198, 199
– moti convettivi, 201
Mass Air (MA), 30
massa inerziale, 6
materiali
– a bassa conducibilità termica, 106
– ad alta conducibilità termica, 106
metano, 133
metanogenesi, 158
mini idroelettrico, 176
mini-hydro, 189
minieolico, 81
misura, 1
– di grandezze, 1
– operazione di, 1
– unità di, 2
– – campione di, 1
– – del Sistema Internazionale, 2
– – derivate, 2
– – fondamentali, 2
– – multipli, 3
– – prefissi, 3
misurazione, 1
modulo, 62
Mohorovičić, discontinuità di, 198
moto perpetuo
– di prima specie, 15
– di seconda specie, 17
mulini
– a vento, 169
– ad acqua, 169

N

navicella, 88
newton, 6
Newton
– seconda legge di, 6
– terza legge di, 6

notazione esponenziale, 2
nucleo, 198, 200
– esterno, 198, 200
– interno, 198, 200

O

ombre, studio delle, 42
onda/e, 24
– frequenza, 24
– lunghezza, 24
– periodo, 24
– sismiche, 198
opere
– di captazione, 177
– di convogliamento, 177
– di filtraggio, 177
– di presa, 177
– di scarico dell'acqua, 177
ossido di azoto, 133

P

pala eolica, 79
– controllo
– – del sistema, 88
– – di imbardata passivo, 89
– – di stallo, 89
– elementi costitutivi, 87
– freno, 88
– generatore elettrico, 88
– gondola, 88
– navicella, 88
– orientamento, 88
– rotore, 88
– – bipala, 88
– – monopala, 88
– – tripala, 88
– sistema
– – di controllo, 88
– – di misura, 89
– sostegno, 87
– tipologie, 79
– torre, 87
– turbina, 88
pannelli
– radianti
– – a parete, 116
– – a pavimento, 116
– – – vantaggi, 117

– solari, 37, 38
– – dimensionamento di un impianto, 43
– – elementi costitutivi, 38
– – inclinazione, 41
– – – ottimale, 42
– – – – mesi estivi, 42
– – – – mesi invernali, 42
– – – – per un funzionamento annuale, 42
– – modalità di installazione, 41
– – numero di pannelli necessari, 47
– – orientazione, 41
– – posizionamento, 42
– – rendimento, 39, 46
– – superficie captante necessaria, 45
– – tempo di ritorno dell'investimento, 49
– – vantaggi, 48
– – – ambientali, 49
– – – economici, 48
pannello, 63
pareti, isolamento, 108
pellet, 130
Pelton, turbina, 181
perdita di carico, 172, 203
periodo, 24
piastre radianti, 116
pirolisi, 154
– gas di, 155
Planck, costante di, 27
polveri sospese, 134
pompa di calore, 206
portata, 169
– d'acqua, 169
– in massa, 169, 170
– in volume, 169, 170
potenza, 8
– massima effettiva della corrente d'acqua, 174
– massima teorica della corrente d'acqua, 174
– termica
– – al focolare, 114
– – nominale di un radiatore, 115
– – utile, 114
potere calorifico, 129, 149
– inferiore, 129
– superiore, 129
presa, opere di, 177

217

INDICE ANALITICO

principio/i
– della termodinamica
– – primo principio, 14
– – secondo principio, 17
– di azione e reazione, 6
– di inerzia, 5
processo
– bistadio, 159
– di conversione biochimica, 148
– di conversione termochimica, 148, 150
– di esterificazione, 162
– di raffinazione, 162
– di transesterificazione, 162
producibilità dell'impianto, 179
Protocollo di Kyoto, 94
pyrocoke (*char*), 155
pyrogas, 155

R

radiatori, 115
radiazione
– diffusa, 30, 41
– diretta, 29, 41
– riflessa, 30
– solare, 28
– – assorbita, 29
– – caratteristiche, 28
– – diffusa, 29
– – riflessa, 29
– termica, 23, 24
raffinazione, 162
rallentamento percentuale, 83, 86
rapporto tra carbonio e azoto (C/N), 148
reattori
– a digestore orizzontale, 161
– a digestore verticale, 160
– miscelati, 160
reazione
– coppia di forze azione e reazione, 6
– di combustione, 132
– endotermica, 150
– esotermica, 150
reflui zootecnici, 129, 136
rendimento, 178
– complessivo dell'impianto idroelettrico, 178, 179
– della macchina termica, 16
– della turbina, 178

– delle opere di adduzione, 178
– di distribuzione, 122
– di emissione, 122
– di produzione o di generazione, 122
– di regolazione, 122
– elettrico, 179
– europeo, 64
– globale medio stagionale, 122
– idraulico, 174, 178
residui
– agroindustriali, 129
– derivanti dalla lavorazione del legno, 130
– forestali e dell'industria del legno, 129
resistenza termica, 106
rifiuti
– trattamento, 155
– urbani, 129
– – frazione organica dei, 137
riscaldamento, 113
– impianto di, 113
– – autonomo, 115
– – centralizzato, 115
– risparmio energetico, 113
– sistema di distribuzione, 115
– sistema di emissione, 115
risparmio energetico, 100, 113, 117, 118
– normativa europea, 122
– normativa italiana, 122
rotore, 88, 203
– bipala, 88
– monopala, 88
– tripala, 88

S

salto
– lordo, 173
– netto, 174
sbarramento, 175
scale per pesci, 189
scambiatori termici, 40
scarico dell'acqua, opere di, 177
scarti di lavorazione nel settore agroalimentare, 138
semiconduttore, 54, 55
sensori, 206
serbatoio di accumulo, 40
– determinazione del volume, 48

serpentina, 114
SI (Sistema Internazionale di Unità di Misura), 2
sistema
– di distribuzione del riscaldamento, 115
– di emissione del riscaldamento, 115
– isolato, 14
– tecnico di misura, 3
Sistema Internazionale di Unità di Misura (SI), 2
Sole
– diagrammi solari, 31
– orario di levata, 33
– orario di tramonto, 33
– percorso del, 31
sonde
– geotermiche, 202, 206
– orizzontali, 207, 208
– verticali, 207
sorgente termica, 15
sostegno, 87
sottoprodotti agricoli, 129
spettro di emissione del corpo nero, 25
spostamenti elementari, 8
Stefan-Boltzmann
– costante di, 26
– legge di, 26
strato selettivo, 38
stringa, 63
superficie
– di raccolta, 38
– vetrata, 38
syngas, 155

T

temperatura, 13
– di equilibrio, 37
– differenza di, 13
teorema
– del lavoro e dell'energia cinetica, 10
– di Bernoulli, 171, 172
tep (tonnellata equivalente di petrolio), 18
termoconvettore, 116
termodinamica
– primo principio della, 14
– secondo principio della, 17
termopompa, 206
termosifoni, 115

INDICE ANALITICO

Terra
– calore dalla, 200
– struttura, 198
tetto
– a falde, 42
– piano, 42
tilt, 41
toe (*ton of oil equivalent*), 18
torre, 87
– di raffreddamento, 205
transesterificazione, 140
trasformatore, 177, 203
trasformazione
– ciclica, 14
– termodinamica, 14
trasmittanza termica, 106
tronchetti di segatura pressata, 130
tubazioni, 40
tubi radianti a soffitto, 116
turbina, 88, 173, 177, 181, 203
– a elica, 182
– a gas, 153
– a reazione, 181, 182
– ad azione, 181
– cross-flow, 182
– Francis, 182
– Kaplan, 182
– Pelton, 181
– Turgo, 182
Turgo, turbina, 182

U

unità
– di flusso di calore, 200
– di misura, 2
– – campione di, 1
– – del Sistema Internazionale, 2
– – derivate, 2
– – fondamentali, 2
– – multipli, 3
– – prefissi, 3
– – sottomultipli, 3

V

valutazione di impatto ambientale
  (VIA), 95
velocità di propagazione della luce
  nel vuoto, 23
ventilconvettori (*fan coil*), 116
vetri basso emissivi (*low-e*), 107
VIA (valutazione di impatto
  ambientale), 95

W

watt, 9
Wien
– costante di, 26
– legge di, 26

Z

zolfo, combustione, 132

TAVOLE

Dati relativi al sistema solare

Nome	Raggio equatoriale (km)	Massa (relativa a quella della Terra)	Densità media (kg/m³)	Gravità alla superficie (relativa a quella della Terra)	Semiasse maggiore dell'orbita		Velocità di fuga (km/s)	Periodo di rivoluzione (anni)	Eccentricità dell'orbita
					· 10⁶ km	U.A.			
Mercurio	2440	0,0553	5430	0,38	57,9	0,387	4,2	0,240	0,206
Venere	6052	0,816	5240	0,91	108,2	0,723	10,4	0,615	0,007
Terra	6370	1	5510	1	149,6	1	11,2	1,000	0,017
Marte	3394	0,108	3930	0,38	227,9	1,523	5,0	1,881	0,093
Giove	71492	318	1360	2,53	778,4	5,203	60	11,86	0,048
Saturno	60268	95,1	690	1,07	1427,0	9,539	36	29,42	0,054
Urano	25559	14,5	1270	0,91	2871,0	19,19	21	83,75	0,047
Nettuno	24776	17,1	1640	1,14	4497,1	30,06	24	163,7	0,009

Costanti fondamentali

Nome della costante	Simbolo	Valore
costante di gravitazione universale	G	$6{,}67 \cdot 10^{-11}$ $(N \cdot m^2)/kg^2$
temperatura standard (0 °C)	T_0	$273{,}15$ K
costante dei gas perfetti	R	$8{,}315$ J/(mol$\cdot$K)
costante di Boltzmann	k_B	$1{,}38 \cdot 10^{-23}$ J/K
numero di Avogadro	N_A	$6{,}02 \cdot 10^{23}$ (mol)$^{-1}$
velocità della luce nel vuoto	c	$2{,}9979 \cdot 10^{8}$ m/s
costante dielettrica del vuoto	ε_0	$8{,}854 \cdot 10^{-12}$ F/m
permeabilità magnetica del vuoto	μ_0	$4\pi \cdot 10^{-7}$ N/A^2
carica elementare	e	$1{,}60 \cdot 10^{-19}$ C
massa dell'elettrone	m_e	$9{,}11 \cdot 10^{-31}$ kg
massa del protone	m_p	$1{,}673 \cdot 10^{-27}$ kg
massa del neutrone	m_n	$1{,}675 \cdot 10^{-27}$ kg
costante di Planck	h	$6{,}63 \cdot 10^{-34}$ J$\cdot$s
raggio di Bohr	a_0	$5{,}292 \cdot 10^{-11}$ m
magnetone di Bohr	μ_B	$9{,}274 \cdot 10^{-24}$ A$\cdot$m^2

TAVOLE

Unità di misura

Il Sistema Internazionale di unità

Grandezze fondamentali		
Grandezza	**Nome dell'unità**	**Simbolo**
Lunghezza	metro	m
Massa	kilogrammo	kg
Intervallo di tempo	secondo	s
Intensità di corrente elettrica	ampere	A
Temperatura	kelvin	K
Intensità luminosa	candela	cd
Quantità di sostanza	mole	mol

Prefissi per le unità di misura					
Nome	**Simbolo**	**Fattore**	**Nome**	**Simbolo**	**Fattore**
exa	E	10^{18}	deci	d	10^{-1}
peta	P	10^{15}	centi	c	10^{-2}
tera	T	10^{12}	milli	m	10^{-3}
giga	G	10^{9}	micro	μ	10^{-6}
mega	M	10^{6}	nano	n	10^{-9}
kilo	k	10^{3}	pico	p	10^{-12}
etto	h	10^{2}	femto	f	10^{-15}
deca	da	10^{1}	atto	a	10^{-18}

Grandezze derivate			
Grandezza	**Nome dell'unità**	**Simbolo**	**Definizione**
Area	metro quadrato		m^2
Volume	metro cubo		m^3
Velocità	metro al secondo		m/s
Accelerazione	metro al secondo quadrato		m/s^2
Frequenza	hertz	Hz	1/s
Angolo piano	radiante	rad	(numero puro)
Angolo solido	steradiante	sr	(numero puro)
Velocità angolare	radiante al secondo		rad/s
Forza	newton	N	$kg \cdot m/s^2$
Momento torcente	newton per metro		$N \cdot m$
Quantità di moto	kilogrammo per metro al secondo		$kg \cdot m/s$
Momento angolare	kilogrammo per metro quadrato al secondo		$kg \cdot m^2/s$
Energia, lavoro, calore	joule	J	$N \cdot m$
Potenza	watt	W	J/s
Densità (massa volumica)	kilogrammo al metro cubo		kg/m^3
Pressione	pascal	Pa	N/m^2
Capacità termica	joule al kelvin		J/K

TAVOLE

Unità di misura che non fanno parte del Sistema Internazionale

Grandezza	Nome dell'unità	Simbolo	Equivalenza nel SI	
Lunghezza	unità astronomica	UA	1 UA	$= 1{,}50 \cdot 10^{11}$ m
	parsec	pc	1 pc	$= 3{,}09 \cdot 10^{16}$ m
	anno-luce	a.l.	1 a.l.	$= 9{,}46 \cdot 10^{15}$ m
	angstrom	Å	1 Å	$= 10^{-10}$ m
Intervallo di tempo	giorno	d	1 d	$= 8{,}64 \cdot 10^{4}$ s
	anno	a	1 a	$= 3{,}16 \cdot 10^{7}$ s
Volume	litro	l, L	1 l	$= 10^{-3}$ m^3
Angolo piano	grado sessagesimale	°	1 °	$= \pi/180$ rad
Velocità	kilometro all'ora	km/h	1 km/h	$= 1/3{,}6$ m/s
Energia	caloria	cal	1 cal	$= 4{,}19$ J
	kilowattora	kWh	1 kWh	$= 3{,}60 \cdot 10^{6}$ J
	elettronvolt	eV	1 eV	$= 1{,}60 \cdot 10^{-19}$ J
Potenza	cavallo vapore	CV	1 CV	$= 7{,}35 \cdot 10^{2}$ W
Massa	unità di massa atomica	u	1 u	$= 1{,}66 \cdot 10^{-27}$ kg
Pressione	bar	bar	1 bar	$= 10^{5}$ Pa
	millimetro di mercurio, torr	mmHg, torr	1 mmHg	$= 1{,}33 \cdot 10^{2}$ Pa
	atmosfera	atm	1 atm	$= 1{,}01 \cdot 10^{5}$ Pa
Temperatura	grado Celsius	°C	1 °C	$= 1$ K

Tavola periodica degli elementi

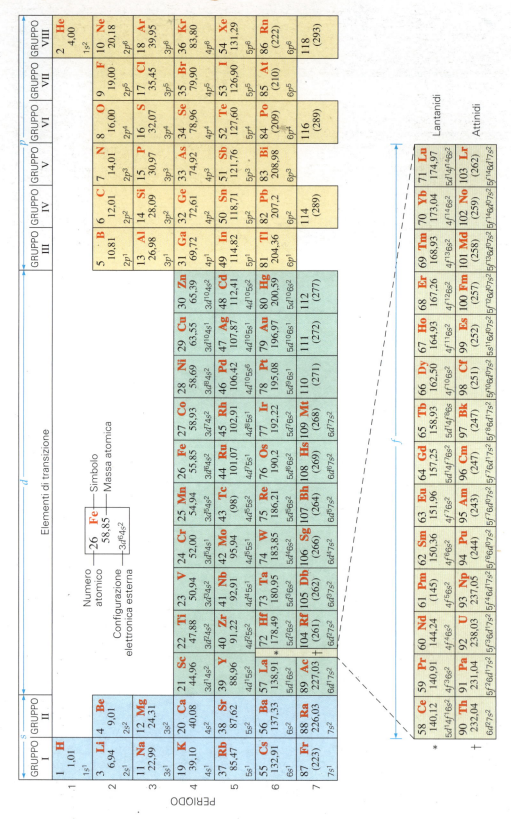